建筑与市政工程施工现场专业人员培训教材

质量事故分析

吴兴国　吴志平　主编

中国环境出版社·北京

图书在版编目（CIP）数据

质量事故分析/吴兴国，吴志平主编. —5 版. —北京：
中国环境出版社，2012.12（2015.6 重印）
建筑与市政工程施工现场专业人员培训教材
ISBN 978-7-5111-1246-0

Ⅰ. ①质⋯ Ⅱ. ①吴⋯②吴⋯ Ⅲ. ①建筑工程—工
程质量事故—分析—技术培训—教材 Ⅳ. ①TU712

中国版本图书馆 CIP 数据核字（2012）第 311491 号

出 版 人	王新程
责任编辑	张于嫣
策划编辑	易 萌
责任校对	扣志红
封面设计	马 晓

出版发行　中国环境出版社
　　　　　（100062　北京市东城区广渠门内大街 16 号）
　　　　　网　　址：http://www.cesp.com.cn
　　　　　电子邮箱：bjgl@cesp.com.cn
　　　　　联系电话：010-67112765（编辑管理部）
　　　　　出版电话：010-67112739（建筑图书出版中心）
　　　　　发行热线：010-67125803，010-67113405（传真）
印　　刷　北京中科印刷有限公司
经　　销　各地新华书店
版　　次　2012 年 12 月第 5 版
印　　次　2015 年 6 月第 5 次印刷
开　　本　787×1092　1/16
印　　张　15.25
字　　数　370 千字
定　　价　32.00 元

建筑与市政工程施工现场专业人员培训教材

编审委员会

高级顾问：明卫华　　刘建忠

主任委员：张秀丽

副主任委员：杨　松　　王小明　　陈光圻（常务）

委　　　员：（以姓氏笔画为序）

王建平　　王昌辉　　汤　斌　　陈文举

陈　昕　　陈　鸣　　张玉杰　　张玉琴

张志华　　谷铁汉　　姜其岩　　程　辉

出版说明

　　住房和城乡建设部 2011 年 7 月 13 日发布，2012 年 1 月 1 日实施的《建筑与市政工程施工现场专业人员职业标准》（JGJ/T 250—2011），对加强建筑与市政工程施工现场专业人员队伍建设提出了规范性要求。为做好该《职业标准》的贯彻实施工作，受贵州省住房和城乡建设厅人事处委托，贵州省建设教育协会组织贵州省建设教育协会所属会员单位 10 多所高、中等职业院校、培训机构和大型国有建筑施工企业与中国环境科学出版社合作，对《建筑企业专业管理人员岗位资格培训教材》进行了专题研究。以《建筑与市政工程施工现场专业人员职业标准》和《建筑与市政工程施工现场专业人员考核评价大纲》（试行 2012 年 8 月）为指导，面向施工企业、中高职院校和培训机构调研咨询，对相关培训人员及培训授课教师进行回访问卷及电话调查咨询，结合贵州省建筑施工现场专业人员的实际，组织专家论证，完成了对该培训教材的编审工作。在调查研究中，广大施工企业和受培人员及授课教师强烈要求提供与大纲配套的培训、自学教材。为满足需要，在贵州省住房和城乡建设厅人教处的领导下，在中国环境科学出版社的大力支持下，由贵州省建设教育协会牵头，组织建设职业院校、施工企业等有关专家组成教材编审委员会，组织编写和审定了这套岗位资格培训教材供目前培训所使用。

　　本套教材的编审工作得到了贵州省住建厅相关处室、各高等院校及相关施工企业的大力支持。在此谨致以衷心感谢！由于编审者经验和水平有限，加之编审时间仓促，书中难免有疏漏、错误之处，恳请读者谅解和批评指正。

建筑与市政工程施工现场专业人员培训教材编审会

2012 年 9 月

目　　录

第一章 质量和工程质量特性

第一节 质 量

一、质量的概念

质量，是"一组固有特性满足要求的程度"（GB/T 19000—2000）。对建筑产品而言，如工业厂房、居住建筑，其一组固有特性，是本来就有的，尤其是那种永久的特性。如必须满足人们生产、居住的特性。这种"要求"是"明示的、通常隐含的或必须履行的需要或期望"。如住宅工程，必须具备的功能，这种期望是不言而喻的。"满足要求的程度"，才能反映质量好与环。通俗地讲，如有防水要求的卫生间、房间和外墙面渗漏、建筑节能保温隔热性能差等，不能满足要求的程度，就可以说质量不好。

质量，对施工企业来说，也可以理解为建筑活动的质量。在建筑活动整个过程中，一组固有的特性，表现为满足合同、规范、规程的要求。并用其满足要求的程度加以表征。

质量，满足要求首先应满足明示的，如建筑工程施工合同，图纸中明确规定的；或必须履行的，如法律、法规、行业规章规则等。

质量，是动态的，会随着时间、地点、环境的变化而变化。随着人们工作生活水平的提高，建筑科技的进步，会对建筑产品和活动过程提出新的质量要求，如修订规范标准，如为在建筑工程中合理使用和有效地利用能源，不断提高能源利用效率，颁布新的设计标准和规范规程等。

二、建筑工程质量的概念

为了正确理解建筑工程质量的含义，应先理解如下术语：

（1）建筑工程

为新建、改造或扩建房屋建筑物和附属构筑物设施所进行的规划、勘察、设计和施工、竣工等各项技术工作和完成的工程实体。

建筑工程质量受建设全过程众多因素的制约。施工阶段是建设工程"过程"中的一环，竣工是"过程的结果"。故对工程质量的影响举足轻重。

（2）建筑工程质量

工程项目质量是国家现行的有关法律、法规、技术标准、设计文件及工程合同中对工程的安全、使用、经济、美观等特性的综合要求。建筑工程质量，《建筑工程施工质量验收统一标准》（GB 50300—2001）对这一术语，从其标准的角度赋予其含义是：反映建筑工程满足相关标准规定或合同约定的要求，包括其在安全、使用功能及其在耐久性能、环境保护等方面所有明显和隐含能力特性的总和。

1）观感质量：通过观察和必要的测量所反映的工程外在质量。观感质量因受定量检查方法的限制，往往靠观察或简单测量进行判断，定性带有主观性，对造成"差"的检查点，要通过返修处理等补救。

2）返修：对工程不符合标准规定的部位采取整修等措施。

3）返工：对不合格的工程部位采取重新制作、重新施工等措施。

为了加深对上述有关术语的理解，现将 GB/T 19000—2000 对相关术语的定义提供作为参考。

不合格（不符合）未满足要求。

缺陷：未满足与预期或规定用途有关的要求。

返修：为使不合格产品满足预期使用而对其所采取的措施。

第二节　工程质量特性

建筑工程作为一种产品，就具有产品共有的质量特性。如性能、寿命、可靠性、安全性、经济性等。

一、建筑工程质量共有的特性

（1）性能

性能可以理解为功能，通俗地讲，就是能满足业主的使用要求，如住宅工程的采光、通风、开间的几何尺寸、保温隔热，屋面、墙面、卫生间不渗漏，室内的装饰等；如工业厂房能满足生产活动的需要等。

（2）耐久性

耐久性即建筑工程的使用寿命。结构设计的使用年限，如普通房屋和构筑物为 50～70 年，纪念性建筑和特别重要的建筑结构为 100 年。

（3）安全性

安全性即建筑工程在动用过程中，能保证结构安全，保证人身和环境免受危害的程度。如建筑结构的安全等级的划分，如抗震、防火、防空等是否能达到规定的要求和标准。

（4）可靠性

可靠性是指结构在规定的时间内，在规定的条件下，完成预定功能的能力。可靠性的定量，又可以用可靠度来表征。所谓可靠度，即结构在规定的时间内，在规定的条件下，完成预定功能的概率。

（5）经济性

经济性是指建设工程全过程的总投资和工程使用阶段的能耗、维护、保养乃至更新改建的费用总和达到预期的目标。建筑工程投资金额巨大，关系到国家、行业或地区的重大经济利益，也会对国计民生产生重大影响。

二、建筑工程质量特性特定的内涵

建筑施工企业通过物化劳动，建造出确保工程结构安全和使用功能的建筑产品及全过程地提供服务，所以就具有产品质量共有的特性。但因其是一种"特殊"的产品，其质量特性还具有特定的内涵。

（1）建筑产品的特性

建筑产品要满足特定的、不同业主的使用功能和结构安全的要求，故产品具有单件性和多样性的属性，不同于其他行业批量生产的工业产品或轻工产品。

（2）施工的流动性

面临的外部环境复杂多变，即使建造同类型的建设工程项目，由于所处的地区不同，工程技术环境、工程劳动环境、工程管理环境不同，工程质量会存在差异。

（3）建筑工程建设周期长，在整个建筑活动全过程中不确定风险因素频率高，使建筑产品存在着质量风险。

小　　结

本章简明扼要地阐明了质量和工程质量的特性。掌握建筑工程质量特性特定的内涵，有助于对工程质量事故的分析。

复习思考题

1. 简述建筑工程质量的概念。

2. 建筑工程质量有哪些特性和特定的内涵？

第二章 质量事故的特点、分类及影响因素

第一节 质量事故的特点

建设工程在整个建筑活动过程中，参与方多，涉及面广。从项目可行性研究到工程竣工验收，中间还有项目决策、工程勘察设计、工程施工等重要环节。就施工环节而言，材料的进场、材料的复检、施工工艺、操作规程等都直接与工程质量有关。为了掌握工程质量事故的特点，有必要先了解工程质量的特点。

一、工程质量的特点

（1）质量的隐蔽性

建筑工程隐蔽分项工程多，若在工序交接时，不及时进行检验，一旦被隐蔽，就很难从表面判断内在的质量。如浇捣混凝土时，少振或漏振，都会降低其强度，但很难从外观上发现。

（2）质量终检的局限性

由于质量的隐蔽性，工程竣工验收时，无法全面对工程的内在质量进行检验，一般难以发现被隐蔽的质量缺陷或质量事故。如某单位工程竣工验收合格，动用半年之后，发现墙体开裂、屋面渗漏。

二、工程质量事故的特点

对工程质量事故这一术语的定义目前尚无共识，一般理解为：工程质量没有满足"明示"的要求，质量没有达到"合格"的标准，而且是以经济损失和造成的社会影响为代价的。

在工程建设整个活动过程中，质量事故是应该防止发生的，并且是能够防止发生的。质量缺陷却存在发生的可能性。如建筑结构完全能满足安全要求，钢筋混凝土结构受拉区出现了规范允许的微细裂缝，只能界定为质量缺陷。但这并不是说质量缺陷完全可以忽视。事物的发展是量变到质变的过程，有些质量缺陷会随着时间的推移、环境的变化，趋向严重性。某地区餐厅，屋面长期漏水，没有得到根治。三年之后某深夜，瞬间倒塌。发生这起重大质量事故的原因，从倒塌的屋面显示，钢筋严重生锈腐蚀，钢筋截面变小，局部混凝土与钢筋失去了握裹力，由此可见质量缺陷是其中的诱发原因。

从以上屋面倒塌的案例中，可见工程质量事故的特点具有复杂性、可变性、多发性、严重性。

（1）复杂性

工程质量事故的复杂性，一是指影响因素多，即使是同一类工程质量事故，造成的原因可能截然不同；二是指对工程质量事故进行分析、判断处理等同样具有复杂性。如混凝

土结构的宏观裂缝产生原因，有可能是外荷载引起的，也有可能是结构次应力引起的，还有可能是变形应力引起的。变形应力引起的裂缝，产生的原因有温度、收缩、膨胀、不均匀沉降等。又如高强度的混凝土产生的裂缝，是由于干燥、温度、塑性、化学或自收缩等，都具有分析、判断、处理的复杂性。

（2）可变性

工程质量缺陷一旦出现，一般不会稳定于初始状态，有可能从量变引发到质变，发展为重大质量事故。如某深基坑支护工程，东侧与多幢高层建筑相距 3.4～18m，南侧与年久失修的民居相距 1.3～4m。为了确保邻近建筑物结构的安全，采取了喷锚网支护方案，达到预期的目的后，放松了管理与监测，对东侧边坡出现浸湿，掉以轻心。两天之后，突然出现坡顶侧向位移突然增大，造成民居窗台及楼面出现 1～5mm 裂缝，裂缝长 0.5～2m。经调查，浸湿时地下水管开裂，任其流淌，使水大量渗入边坡土层中，导致边坡位移。

（3）多发性

多发性，可以理解为质量通病。在有些分部分项工程中，如混凝土灌注桩工程，常易发生断桩、缩颈、桩尖进水；屋面的细部构造、卫生间部位容易发生渗漏。

（4）严重性

建设工程项目具有高风险，尤其是质量风险。一旦出现质量事故，轻则延误工期，增加工程费用，影响使用功能，重则对社会和经济影响往往十分严重。重庆綦江彩虹桥垮塌；××市某 20 层大厦（主体为框架剪力墙结构），浇筑主体使用了不合格水泥，迫使拆除 11～14 层；××市某住宅工程（剪力墙结构、18 层、建筑面积 1.46 万 m²）主体完工后，整体倾斜，采取纠偏措施无效，最后被迫引爆 5～18 层。质量事故的严重性远远超过其他产品。

第二节　质量事故的分类

工程质量事故的分类可按造成损失的严重程度，也可按产生的部位，还可以按产生的原因等进行。国家现行对工程质量事故通常采用按造成损失的严重程度分类，体现了定量定性。分类如下：

（1）一般质量事故

凡属下列情况之一者：

1）直接经济损失在 5 000 元（含 5 000 元）以上，不满 5 万元的；

2）影响使用功能和工程结构安全，造成永久质量缺陷的。

（2）严重质量事故

凡属下列情况之一者：

1）直接经济损失在 5 万元（含 5 万元）以上，不满 10 万元的；

2）严重影响使用功能或工程结构安全，存在重大质量隐患的；

3）事故性质恶劣或造成 2 人以下重伤的。

（3）重大质量事故

凡属下列情况之一者：

1）工程倒塌或报废；

2）由于质量事故，造成人员死亡或重伤 3 人以上；

3）直接经济损失 10 万元以上。

重大质量事故又分为四级：

一级：造成死亡 30 人以上或直接经济损失 300 万元以上；

二级：造成死亡 10 人以上 29 人以下或直接经济损失 100 万元以上，不满 300 万元；

三级：造成死亡 3 人以上 9 人以下或重伤 20 人以上，或直接经济损失 30 万元以上，不满 100 万元；

四级：造成死亡 2 人以下或重伤 3 人以上 19 人以下，或直接经济损失 10 万元以上，不满 30 万元。

（4）特别重大事故

凡属国务院发布的《特别重大事故调查程序暂行规定》情况之一者：

1）一次死亡 30 人及其以上；

2）直接经济损失 500 万元及其以上；

3）其他性质特别严重。

第三节 影响工程质量的因素

影响工程质量的因素，主要是人、材料、机械、方法和环境。

一、人员素质

建设工程项目从可行性研究到竣工验收，工程项目质量要达到设计和合同规定的要求，是参与建设工程项目各主体共同努力的结果。在施工阶段，关键岗位管理者的职业道德、质量意识、理论水平、技能等，对工程质量的影响起着关键作用。

工程技术环境、工程劳动环境、工程管理环境，都与施工企业关键岗位管理者的专业知识和技能水平有关。环境是人创造的，如果管理者成为制约因素，必将影响工程质量。所以确保建设工程质量合格，人员素质是主要因素。近几年来，国家鼓励推广采用新技术，如地基基础和地下空间工程技术、高性能混凝土、高效钢筋与预应力技术、新型模板及脚手架应用技术、钢结构技术、安装工程应用技术、建筑节能和环保应用技术、建筑防水新技术、施工过程监测和控制技术等，使我国的建筑业整体技术水平有了进一步提高，保证了工程质量。

但是，在建筑新技术日新月异的今天，施工企业关键岗位人员的专业素质又明显滞后，技术创新能力差；乡镇建筑企业占据了全国建筑企业总数的一半；建筑从业人员中，农民工占 80% 以上，生产一线操作者的文化素质、专业技能水平偏低，又成为影响工程质量的主要因素。

二、建筑材料

建筑材料是指用于建设工程的所有材料的总称。是建筑物和构筑物重要的物质基础。建筑材料的性能和质量，决定建筑物的结构安全和使用功能，并影响建筑物的观感。施工企业如没有按照工程设计要求、施工技术标准和合同的约定，对建筑材料、构配件、设备和商品混凝土进行检验，必将留下工程质量隐患。

三、机械设备

机械设备是指施工过程使用的各类机具设备。这类机械设备作为生产工具，适用于施工与否，性能是否稳定，使用是否安全，都会直接影响工程质量。例如选择起重机进行吊装施工，起重量、起重高度、起重半径不能满足施工要求；对砂性土的压实采用羊足碾，选用机械性能与施工对象特点及质量要求不相适应，就会导致工程产生质量事故或质量缺陷。

四、工艺方法

工艺方法宏观是指单位工程的施工方案，微观是指工艺操作规程。施工方案是否充分考虑施工合同规定的条件，是否符合国家的法规及技术政策，技术方案是否先进成熟，工艺操作规程是否正确，这些都将对工程质量产生重大影响。

五、施工环境

施工环境是指工程地质、水文、气象，作业面的大小，安全实施，工程项目的质量管理和技术管理体系等。上述环境因素构成一个环境大系统，只要其中一个因素出现异变都会影响工程质量。

小　结

本章重点阐明了工程质量、工程质量事故的特点。影响工程质量的五大因素，是质量事故分析的起始点和归结点，无一例外。

复习思考题

1. 工程质量事故有哪些特点？
2. 简述影响工程质量的主要因素。

第三章 质量事故分析的作用、依据、方法及技术处理

第一节 分析的作用

质量事故分析的主要作用：

一、防止事故进一步恶化

建筑工程出现质量事故或质量缺陷，为了弄清原因、界定责任、吸取教训、实施处理方案，必须停止有质量问题部位及下道工序的作业，这样就能在"过程"中，采取措施，防止事故恶化。

在施工过程中，例如发现现浇混凝土结构强度达不到设计的要求，不能进入下道工序，通常采用修补处理或返工处理，遏制了事故恶化。

事故得到了处理，排除了质量隐患，又为下道工序正常施工创造了条件。

二、为制定和修改标准规范提供依据

按照市场开放、非歧视和公平贸易等原则，我国的建筑市场逐步融入全球经济。目前，我国建筑技术的贡献率约为 36%，与世界发达国家的 70% ~ 80% 的水平差距很大。要缩小差距，只有依靠建筑科技水平的提高。而新的建筑科学技术的运用，有一个进一步完善和成熟的过程。在施工方面，通过质量事故的分析，并结合这方面的经验教训，就为制定和修改标准规范提供了极有价值的参考依据。

工程质量事故分析的过程，是总结经验教训、提高判断能力、增长专业才干、提高工程质量的过程。

第二节 分析的依据

质量事故的分析，必须依据客观存在的事实，尤其需要与建设工程项目密切相关的具有特定性质的依据。

质量事故分析的主要依据是指质量事故翔实的资料。翔实的资料主要包括：

质量事故发生或发现的时间，所处的工程部位，分布状态及范围；质量事故现象的宏观和微观的描述；质量事故的控制记录、照片或录像；与质量事故有关的施工组织设计或施工方案，施工记录，发生质量事故的施工环境，施工工艺及建筑材料的质量证明等。

第三节 分 析 的 方 法

掌握质量事故分析的方法，首先要把握住分析的对象，做到有所选择，有所侧重。质量事故和质量缺陷一般采用的分析方法：

一、深入调查

充分了解和掌握事故或缺陷的现象和特征。例如：某大旅店，框架结构，七层，钢筋混凝土独立柱基础，柱网 3.8m×7m。该工程主体封顶后，发现地梁严重开裂。现场调查，测得不均匀沉陷，柱子最大沉降为 41cm；大部分楼层梁、柱、墙出现裂缝（最大裂缝宽度 30mm）；在距建筑物 1.8m 处取土测定，其天然含水率为 65% ~ 75%，桩基底压力与地基允许承载力相差近 4 倍，从调查研究提供的资料表明，结构设计严重错误，倒塌势在必然。

二、收集资料

一切与施工特定阶段有紧密关联的各种数据，都要全面准确地进行收集，然后分类比较。例如某住宅工程，对房间地面起砂进行了调查统计，收集资料如下：

调查的房间数：100 间，其中有 50 间是因砂粒径过细引起地面起砂。有 25 间是因砂含泥量过大引起地面起砂，其他 35 间是分别由养护不良、砂浆配合比不当、水泥强度等级过低等诸原因引起的。通过这些数据的采集比较，就容易分析出地面起砂主要原因是砂粒径过细，次要原因是砂含泥量超过允许范围值。

三、数理统计

质量事故分析，应遵循"一切用数据证明的原则"。数据就是质量信息。对数据进行统计分析，找出其中的规律，发现质量存在的问题，就可以进一步分析影响的原因。对质量波动及变异，及时采取相应的对策。

统计分析的主要方法：

（1）分层法

将收集到的数据，按不同情况、不同条件分组，每一组称一层。数据分层法是分析质量问题的关键手段之一。

（2）调查表法

将收集到的数据，制成统计表，利用统计表对数据进行整理，分析质量事故的原因。

（3）排列图法

将众多影响质量的因素进行排列，按照各因素出现频率的多少，分析影响质量事故的主要原因。

（4）因果图法

把影响质量的原因进行分类排列，全面地找出影响质量的各种原因。

四、分析要领

分析工程质量事故的原因要用理性思维,即逻辑推理。分析要领:

(1) 确定质量事故最初的诱因,最初的诱因往往是后来众多原因的引发点。

(2) 以直接诱因为主要点,对工程质量事故的现象和特征进行分析,揭示质量问题发生量变到质变的全过程。

(3) 重视影响质量事故的因素的复杂性,揭示内在的规律。

如某工程采用国内外常用的最经济的强夯法对深层地基进行加固,利用夯锤自由落下,使土层孔隙得到压缩,孔隙水和气体逸出,土体重新排列达到固结,提高了地基承载力。但在施工过程中,招致邻近建筑物出现倾斜。分析的多种原因是:土体受到巨大夯击能量传递,斜倾是受振动、冲击、挤压和超静孔隙水压力共同造成的。初始诱因是没有设置防振沟用于隔断冲击波。

第四节 质量事故的技术处理

建设工程一旦出现了质量事故,为了及时消除质量隐患,确保结构安全和使用功能,一定要编制技术处理方案。

技术处理方案尽管多种多样,但可以归纳为如下三种类型:

(1) 修补

工程某个检验批、分项工程主控项目或一般项目没有达到合格标准,存在一定的质量缺陷,如现浇混凝土柱、梁,因模板膨胀,拆模后,表面出现被模板拉裂的细微裂缝、轻微麻面等,可通过修补处理。

对可能影响结构安全和使用功能的质量事故,可以进行加固补强处理。如混凝土柱强度达不到设计要求,加大柱截面却改变了结构外形尺寸,留下一些永久缺陷。

(2) 返工

当质量事故影响了结构安全和使用功能,对不合格的工程部位,必须采取重新施工等措施(无法采取修补措施)。

(3) 不做处理

如工程质量事故,对结构安全和使用功能影响不大;有些质量事故或缺陷可以通过后续工序修补;虽然出现了质量问题,经检测鉴定仍能满足结构安全和使用功能等,可以不做处理。

上述三种技术处理方案,无论选择其中哪一种,均应有明确的书面结论。结论有如下几种:

质量事故被排除,可以进行下道工序施工;

质量隐患被消除,保证了建筑结构安全;

修补处理后,不影响使用功能;

短期内难以作出结论,必须后续观察检验。

小　结

本章主要阐述了工程质量事故分析的作用、依据、方法和技术处理。为以后学习质量事故分析的相关章节，备有理论基础，并能在工程实践中解决实际问题。

复 习 思 考 题

1. 分析质量事故有哪些作用？
2. 简述质量事故分析的依据和方法。
3. 对质量事故进行技术处理有哪几种方案？
4. 质量事故分析为什么要"一切用数据证明"？
5. 现场调查在质量事故分析中为什么非常重要？

第四章 地基与基础工程

地基与基础工程是建筑施工技术复杂、难度最大的分部工程之一。主要包括无支护土方、有支护土方、地基处理、桩基、地下防水等子分部工程。地基与基础施工质量合格与否，直接影响到建筑物的结构安全。随着国家经济的发展和施工技术的进步，单体工程的建筑规模越来越大，综合使用功能越来越多，故对地基与基础的施工质量，受到各方面的关注和重视。《岩土工程勘察规范》（GB 50021—2001）、《建筑地基基础设计规范》（GB 5007—2002）、《建筑地基基础工程施工质量验收规范》（GB 50202—2002）以及有关地基基础的各种规范、技术规程、标准进行了全面修订，并颁布执行。

第一节 土 方 工 程

一、无支护土方工程

无支护土方工程是地基与基础分部工程的子分部工程，无支护应理解为浅基坑（槽）土方工程施工，主要是指浅基坑（槽）土方开挖、土方回填。

（1）土方开挖

基槽或基坑的土方开挖，为了避免塌方，应确定临时性挖方的边坡值（表4-1）。如果土方开挖过程中或土方开挖后处理不当，就会引起边坡土方局部或大面积塌陷或滑塌，使地基土受到扰动，承载力降低，严重的会影响到建筑物的结构安全。

表 4-1 临时性挖方边坡值

土 的 类 别		边坡值（高：宽）	土 的 类 别	边坡值（高：宽）
砂土（不包括细砂、粉砂）		1:1.25 ~ 1:1.50	充填坚硬、硬塑性黏土	1:0.50 ~ 1:1.00
一般性黏土	硬	1:0.75 ~ 1:1.00	碎石类土	
	硬、塑	1:1.00 ~ 1:1.25		
	软	1:1.50 或更缓	充填砂土	1:1.00 ~ 1:1.50

注：①设计有要求时，应符合设计标准。

②如采用降水或其他加固措施，可不受本表限制，但应计算复核。

③开挖深度，对软土不应超过 4mm，对硬土不应超过 8mm。

引起土方开挖塌方或滑坡的主要原因：

1）基坑（槽）开挖较深，放坡坡度不够；或挖方尺寸不够挖去坡脚；或开挖不同土层时，没有根据土的特性分别放成不同的坡度，致使边坡失去稳定造成塌方。

2）在有地表水、地下水作用的情况下，未采取有效的降水、排水措施，致使土体自重增加，土的内聚力降低，抗滑力下降，在重力作用下失去稳定引起边坡塌方。

3）开挖次序、方法不当造成塌方。

4）边坡坡顶堆载过大或离坡顶过近。如在边坡坡顶堆置弃土或建筑材料，在坡顶附近修建建筑物，施工机械离坡顶过近或过重等，都可能引起边坡下滑力的增加，引起边坡失稳。

【工程实例一】

北京某饭店，其平面布置呈 S 形，地面以上 26 层，中间塔楼部分为 29 层，总高度 103m，总建筑面积 8.4 万 m^2。地下 2 层，基坑长 190m，宽 79m，深 11.5m，总开挖土方量 12 万 m^3。该场地土为可塑黏土，重力密度 1.9g/cm^3，含水量为 18.9%，不排水剪切强度 $C = 30$kPa，$\varphi = 23°$。

基坑除局部采用钢板桩护坡外，绝大部分采用 1:0.5 放坡。在基坑北侧铺设钢轨，安装大型塔吊。2 月初基坑开挖，7 月 1 日零时 10 分，基坑北坡突然发生滑坡。滑坡体沿基坑长达 10m，最大进深 3.5m，滑坡体总高 7m，滑坡顶面临近塔吊轨道，离塔吊枕木仅 0.6m，危及塔吊安全，被迫停工。在滑坡体东侧出现一道长 16m，宽 10cm 的大裂缝，裂缝与边坡平行，距坡顶边缘 0.5m（图 4-1）。

原因分析

（1）基坑挖深 11.5m，采用 1:0.5 放坡（塑性黏土放坡值应取 1:1.0~1:1.25），这是发生事故的主要原因。

图 4-1　基坑北坡滑坡现场

（2）该工程为高层建筑，工程量大，工期长，只作斜坡抹面，不作坡顶抹面，对边坡保护不力，施工期间雨水渗入土中，对边坡稳定产生不利影响。

（3）为在基坑底进行静载压桩试验，提前开挖北侧边坡，长期未作护面。后来在滑坡体西侧打 18m 长的钢板桩局部护坡时，使相邻的天然土体受打桩振动发生松动。

（4）为排除基坑上层滞水，采用水泵抽水，因排水管线长，在坡顶设置中转排水井，离坡边 2.5m。中转井未作防渗措施，井中水长期外渗，使周围和下部土体含水量增大，抗剪强度降低，这也是基坑滑坡的一个重要原因。

（5）在地表面以下 5m 处，有一层黏土隔水层。由于中转排水井下渗的水聚积在此黏土层以上，形成坡体滑动面，造成深达 4m 的滑坡土体。

（6）滑坡发生前两天，已发现地面有一道通长裂缝与基坑边缘平行，裂宽 1.5cm。滑坡前一天，裂缝达到 10cm。对此预兆未采取措施，是造成事故的关键原因。

【工程实例二】

南方某城市新校区教学楼工程，框架结构，6 层。因地质条件良好，土质为坚硬黏土。基槽开挖深度为 2m，采用直立壁不加支撑挖土施工方案，基槽完工后停工待料时逢雨季，发生大面积塌方。

原因分析

（1）挖方边坡采取直立壁不加支撑方案，应该认为可行，但没有考虑自然条件，忽视了地面排水措施，使影响边坡稳定的范围内积水，造成边坡塌方。

（2）基槽完工后没有立即进入下道工序，使基槽暴露时间延长，造成土方回填滞后。

（2）土方回填

在土方回填中或平整后，如出现在地基主要受力层范围以内局部或大面积出现积水，不仅影响正常施工，而且给后续的工程施工及其工程质量留下质量隐患。

造成场地积水的主要原因：

1）场地平整填土较深时，未分层回填压（夯）实，土的含水率达不到最优，土的密实度差，遇水产生不均匀下沉。

2）场地排水措施不当。如场地四周未做排水沟，或排水沟设置不合理等。

3）填土土质不符合要求加速了场地的积水。如填土采用了冻土、膨胀土等，遇水产生不均匀沉陷，从而引起积水。积水的后果又加速了沉陷，甚至引起塌方。

4）测量错误，使场地高洼不平。

【工程实例一】

某市开发区内某工厂为单层轻钢结构厂房，建筑面积为 3 072m²。砌体围护结构。屋面为折线形轻质彩钢板坡屋面。

该工厂区原是一片农田，地势低洼，与临近的高速公路有 6 ~ 7m 的高差。根据总体规划，需要将工厂区填高至高速公路标高下 −0.50m 处。这样该区需回填约 6.5m 深的土。

现场平面图如图 4-2 所示。

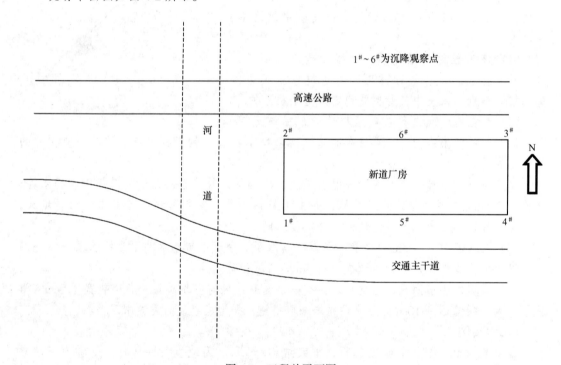

图 4-2　工程总平面图

土方施工中对填土提出了技术要求：

（1）填土前铲除表面耕植土，清除有机杂物，深度不低于 1m。

（2）回填用的土，不允许有树皮、草根等有机杂物。

（3）回填要求分层夯填，分层压实。分层厚度 250 ~ 300mm，每层压实遍数 3 ~ 4，采用 10t 的压路机械。

（4）压填过程中要控制填土（粉质黏土重量比最优含水率为 12% ~ 15%）的含水率。

（5）压实过程中，施工单位必须做试验，保证压实系数 $\lambda_c \geq 0.9$。

该工程主体结构施工完成后，没有出现明显的沉降。但在围护结构及门窗工程和部分设备基础施工后，便出现了明显的不均匀沉降。为便于分析原因，设了6个沉降观测点。发现各观察点沉降差异很大：1#、2#房角点最大下沉分别达405mm、375mm，3#、6#点最大下沉分别达234mm和272mm，4#、5#角点下沉较小，分别为164mm、181mm。相应部位的基础发生了断裂。

多处门窗过梁开裂，大部分围护砌体也存在不同程度的开裂，南北两侧墙体开裂，最宽裂缝达24mm。设备基础下沉、错位。屋面开裂漏水。

各沉降观察点的沉降观察数据如图4-3所示。

原因分析

(1) 设计技术要求中的填土压实系数 λ_c 为0.90，偏低。规范规定，填土地基在主要受力层范围以下，填土压实系数 $\lambda_c \geq 0.95$。

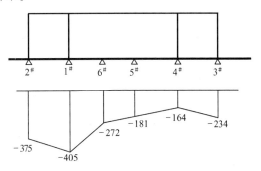

图4-3 1#、2#、3#、4#、5#、6#沉降观察点

(2) 施工和监理不按规程操作。施工方案中采用10t的压路机械，实际使用的为5t压路机；压实遍数达不到规定的要求，土的含水率控制不严。监理单位采用传统的"环刀法"，控制压实系数误差较大。有时，凭经验检查压实系数，致使大面积填土压实度达不到设计要求，导致上部结构在荷载作用下普遍下沉。

(3) 该工程施工正值雨季。施工中所采取的泄水坡度存在反向排水造成场内高洼不平，导致雨天积水。积水加速了不密实填土的下沉，不均匀下沉又导致积水加深。

【工程实例二】

某多层住宅建筑群，场地平整时，采用柴油机夯打，夯打回填土不仅没有被压实，土体颤动，形成软塑状态。

原因分析

(1) 采用粉质黏土（含水率很大）作为土料回填，夯击使表面形成一层硬壳，使土内水分不易散发。

(2) 原土为含水率过大的黏土，受夯击原土被扰动，颗粒之间毛细孔遭到破坏，水分不易渗透和散发。

(3) 夯实填土时，没有控制填土含水率。

(4) 填方区地表水没有设排水沟排走。

(5) 没有暂停一段时间（技术间隙期）回填，待原土含水率降低。

【工程实例三】

某市一幢三单元六层商品住宅楼，砖混结构，长41.04m，宽9.78m，高18.00m，建筑面积2 259.56m²。该工程在竣工验收后，住户陆陆续续搬入，使用三、四个月后，住在一楼的住户发现地面大面积出现了下沉、开裂。有些住户在装修中更改厨房、卫生间的下水管道，随意敲凿混凝土，破坏硬性地面。另外，在室外的道路处，同时出现了多处下陷、路面开裂，散水坡多处脱空、断裂。

原因分析

造成室内一楼住户地面下沉事故和室外道路、散水下陷、开裂、脱空的主要原因是由于土方回填不当引起的，据当时参与施工的施工人员、现场监理、开发商的反映：

（1）填方土质差。回填的土方内以强风化砂土为主，并掺入场地平整时大量的原稻田的有机质土、杂填土等，根本不符合填土的土质要求。

（2）填方质量差。在基槽回填土和室内房心回填土采用挖土机回填，没有做到分层夯实，回填一步到位，后靠土体自重压实，密实度远远达不到规范的要求。

（3）回填时，没有认真控制好土的含水率（砂土最佳含水率为 8% ~ 12%）。

二、有支护土方工程

A. 有支护土方工程包含的分项工程

地下连续墙、锚杆、土钉墙、钢及混凝土支撑、排桩、降水、排水等。从分项的工程内容分类，一是深基坑的支护，二是深基坑的降水排水。当前，我国高层建筑不断增加，其发展的趋势是层数增多，建筑高度越来越高。基础深度一般 -10 ~ -8mm，首都国家大剧院的地下室为三层，基坑深度达 -32.5m。而且基坑的规模越来越大，如北京东方广场达 90 000 多平方米。

B. 有支护土方工程的基本特征

常位于市区建筑密集区，邻近建筑物及地下管道多，作业技术环境差，对基坑稳定和控制要求严格；基坑事故具有突发性，又往往与支护设计、支护质量、监控量测有关。

有支护土方工程的质量事故发生的主要原因，往往是综合的、多方面的。归纳的主要原因有：基坑勘察资料不详或不真实，土的物理力学指标取值偏高；基坑支护设计方案可行性不强；基坑支护工艺操作失误等。

目前，关于深基坑的地基稳定性，支护结构的内应力及变形等还得不出定量的结果，在基坑支护等施工中较多采用理论导向、量测和实践经验，故频发质量事故性质往往相同。现行的《建筑基坑支护技术规程》（JGJ 120—99）及《建筑地基基础工程施工质量验收规范》（GB 50202—2002）颁布执行，有利于基坑支护工程质量得到提高。

有支护土方工程，造成的质量事故，往往是土方开挖和支护不当相互影响造成的。

（1）深基坑支护质量事故

1）支护结构整体失稳：如支护结构顶部发生较大位移，严重的向基坑内滑动或倾覆；支护桩底发生较大的位移，桩身后仰，支护结构倒塌。

2）支护结构断裂破坏。

3）基坑周围产生过大的地面沉降，影响周围建筑物、地下管线、道路的使用和安全。

4）基坑底部隆起变形（地基卸荷后改变了坑底原始应力状态的反应）。其后果，一是破坏了基坑底土体的稳定性，使坑底的土体承载力降低；二是造成基坑周围地面沉降；三是当基坑内设有内支撑时，坑底隆起造成支撑体系中立柱的上抬，使支撑体系破坏。

5）产生流砂：所谓"流砂"是指土会成流动状态，随地下水涌进坑内，流土边挖边冒，难以达到设计深度的现象。流砂可以发生在坑底，也可能出现在支护桩的桩体之间。

产生上述质量事故的主要原因归纳起来有：

1）支护结构的强度不足，结构构件发生破坏。

2）支护桩埋深不足：支护桩埋深不足不仅造成支护结构倾覆或出现超常变形，而且会在坑底产生隆起，有时还出现流砂。

3）基底土失稳：基坑开挖使支护结构内外土重量的平衡关系被打破，桩后土重超过坑底内基底土的承载力时，产生坑底隆起现象。支护采用的板桩强度不足，板桩的入土部分破坏，坑底土也会隆起。此外，当基坑底下有薄的不透水层时，而且在其下面有承压水时，基坑会出现由于土重不足以平衡下部承压水向上的顶力而引起隆起。当坑底为挤密的群桩时，孔隙水压力不能排出，待基坑开挖后，也会出现坑底隆起。

4）支护用的灌注桩质量不符合要求；桩的垂直度偏差过大，或相邻桩出现相反方向的倾斜，造成桩体之间出现漏洞；钢支撑的节点连接不牢，支撑构件错位严重；基坑周围乱堆材料设备，任意加大坡顶荷载；挖土方案不合理，不分层进行，一次挖至基坑底标高，导致土的自重应力释放过快，加大了桩体变形。

5）不重视现场监测：影响基坑支护结构的安全因素非常复杂，有些因素是设计中无法估计到的，必须重视现场监测，随时掌握支护结构的变形和内力情况，发现问题，及时采取必要的措施。

6）降水措施不当：采用人工降低地下水位时，没有采用回灌措施保护邻近建筑物。

7）基坑暴露时间过长：大量实际工程数据表明，基坑暴露时间愈长，支护结构的变形就愈大，这种变形直到基坑被回填才会停止。所以，在基坑开挖至设计标高后，应快速组织施工，减少基坑暴露时间。

【工程实例一】

某大厦主楼20层，裙楼6层，设有2层地下室，基坑开挖深度10m。该工程东侧邻近20层的A大厦，西侧邻近6层砖砌体结构住宅楼群，南侧为年代久远的居民住房，北邻长江路。工程地质状况较为复杂，基坑周围土质差，上部2～3m左右为杂填土、素填土，基坑开挖深度范围内为粉土、淤泥质土，地下水位仅在地表下0.5～1.20m。

深基坑支护结构采用钻孔灌注桩和钢支撑支护方案。钻孔灌注桩采用ϕ800mm，有效桩长18m，钢支撑采用ϕ609mm×10mm钢管。南北向单层水平垂直支撑，南侧三道二层角支撑，东西向单层水平垂直支撑。采用密排深层搅拌桩作为阻水帷幕，桩径ϕ700mm，搭接长度200mm，有效桩长18m，桩接头施工缝处压密注浆处理，以增加阻水效果。

根据施工组织设计，基坑开挖先南后北，基坑正南部开挖至地表下9.75m，基坑涌水。安全监测数据显示，居民平房的沉降量达到25mm，已超过报警指标（20mm），基坑南侧土体6.0m深度处的累计水平位移达到52mm，超过40mm的报警指标，同时在基坑南侧土体11.0m深度土层相对位移最大值达到3.33mm，形成滑动层。数日后，居民住房沉降量最大值为61mm，地面裂缝在住宅楼群区域迅速发展，地面裂缝主要范围距基坑11m左右，缝宽达到20～30mm，墙体也出现裂缝和倾斜。

原因分析

造成基坑支护结构变形和基坑涌水的主要原因有以下四个方面：

（1）设计方案考虑不周，忽略了由于基坑开挖速度快，卸荷较快较大，基坑回弹的影响，支护变形还在发展，整个支护结构还存在不安全的因素。在基坑南侧支护桩和深层搅拌桩施工时，由于地下障碍物较多，采取了局部开挖方式，在桩施工完毕后，回填了黏土，并且在基坑外压密注浆固结土层。设计认为考虑到土层被处理过了，将支护桩长减少了2m，忽视了上述不利因素。

（2）虽然在基坑与A大厦之间是道路和花坛，没有建筑物（距离18m左右），但是调查发现 A 大厦 200t 的生活水箱埋在基坑边，距离基坑约 10m，而且生活水箱与管道接头由于变形已拉裂，出现漏水现象。现场安全监测数据显示，在基坑东西向挖至地坪下 8.5m 处，基坑外的 A 大厦附近土体水平位移速率由 0.275mm/d 突变至 3.38mm/d，累计水平位移最大值达 42mm，在 15m 深处土层相对位移最大值为 4.46mm，在距基坑边约 15m 处发现与基坑边平行的水平裂缝，裂缝宽 3mm 左右。

（3）施工单位忽视了基坑四周地面实际能承受的附加荷载，乱堆钢材，搭建临时设施。在施工中未严格按照先撑后挖的原则，没有控制基坑变形和地面位移。

（4）施工单位在密排深层搅拌桩施工时，桩接头施工缝处没有做压密注浆处理，以增加阻水效果。基坑东侧桩接头施工缝漏做处理，形成基坑开挖时涌水通道。

【工程实例二】

某大厦位于××市中心，大厦地上 29 层，地下 3 层，基坑面积 2 600m²，周边长 260m。基坑开挖深度为自然地面下 12.35m。基坑支护采用地下连续墙加钢筋混凝土和钢管组合支撑，即 60cm 厚、24m 深的地下连续墙，设置四道支撑：第一道为钢筋混凝土支撑，第二、第三、第四道支撑为直径 $\phi 609mm$、厚度为 12mm 的钢管支撑。基坑底部 5.0m×5.0m 范围采用注浆加固方案。支护结构剖面见图 4-4。

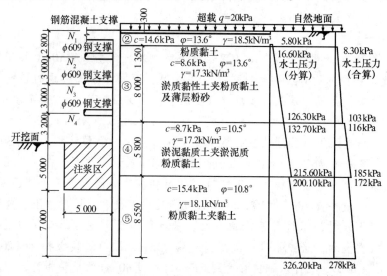

图 4-4 支护结构剖面图及水土压力分布图

场地工程地质资料及各土层土的物理力学性质见表 4-2。

表 4-2 土的物理力学性质指标表

土层编号	土 层 名 称	厚度/m	宽度/r（kN/m³）	黏聚力/C（kPa）	内摩擦角/φ（°）
①	填土	0.3			
②	粉质黏土	1.85	18.5	14.6	13.6
③	淤质黏性土夹粉质黏土及薄层粉砂	8.00	17.3	8.6	13.6
④	淤泥质土夹淤泥质粉质黏土	5.80	17.2	8.7	10.5
⑤	粉质黏土夹黏土	8.55	18.1	15.4	10.8

支护结构的位移和内力计算采用了按竖向弹性地基梁法的杆系有限元法，地下连续墙外侧采用朗金土压力理论计算主动土压力，水压力按静水压力计算。计算时，分为 7 个工

况：

开挖至 – 2.8m，制作第一道钢筋混凝土支撑；

开挖至 – 5.8m，制作第二道钢筋混凝土支撑；

开挖至 – 8.8m，制作第三道钢筋混凝土支撑；

开挖至 – 12.0m，制作第四道钢筋混凝土支撑；

浇筑底板，待底板混凝土达到强度后，拆除第四道钢筋混凝土支撑；

浇地下室中楼板一，待混凝土达到强度后，拆除第三道钢筋混凝土支撑；

浇地下室中楼板二，待混凝土达到强度后，拆除第一、第二道钢筋混凝土支撑，然后，浇注地下室顶板，地下室结构封顶。

最终的计算结果：

地下连续墙最大位移：$\delta = 32.14$mm（开挖面处）；

地下连续墙开挖侧最大弯矩：$M = 668.0$kN·m/m；

地下连续墙后最大弯矩：$M = 337.7$kN·m/m（开挖时 244.9kN·m/m）。

支撑最大轴力（负值表示压力）：

$$N_1 = -52\text{kN/m}$$

$$N_2 = -294\text{kN/m}（开挖时：-159\text{kN/m}）$$

$$N_3 = -471\text{kN/m}（开挖时：-343\text{kN/m}）$$

$$N_4 = -519\text{kN/m}$$

基坑支护结构破坏前，已经出现种种迹象，但未引起有关人员的重视。

地面下沉：临近局部的公路地面下沉速率达到 15cm/d，从沉降—时间曲线可知，这是基坑支护结构破坏前的预兆。

出现危险征兆：基坑挖土人员发现涌土现象，表明地下连续墙背后有土正在向坑内流动。当日晚 11 时，听到坑内钢支撑发出吱吱声音，未及时采取措施。

上午 7 时许，该大厦公路一侧约 40m 长的基坑支护结构，地下连续墙突然倒塌，支撑结构破坏，马路路面塌陷，最深处达 6~7m，面积约 500m²。

原因分析

（1）未按施工图施工，如在基坑开挖面以下沿地下连续墙四周的坑底深 5m、宽 5m 范围内未实施注浆加固，没有做到先撑后挖的挖土方案，应设置的主要斜撑的缺撑率高达 62.3%，且均在受力较大的部位。

（2）监测也存在一些问题，出现监测数据错误，尤其是位移速率加快时，未能向有关方面报警。

【工程实例三】

某综合楼主楼 20 层，高 75m，2 层地下室，基坑开挖深度为 10m。基坑开挖范围内均为杂填土、素填土、淤泥质土、淤泥质粉土，地下水位仅在地面以下 0.91~1.80m。

该综合楼基坑支护结构采用钻孔灌注桩和钢支撑作受力结构。钻孔灌注桩直径 ϕ800mm，有效桩长 19m。钢支撑采用 ϕ609mm × 10mm 钢管，在基坑东西向设置二层各 3 根水平支撑，同时，在四角各设置二层角支撑。采用密排深层搅拌桩作为阻水帷幕，该桩为 ϕ700mm，搭接 200mm，有效桩长为 18m。按照施工组织设计，基坑开挖先南后北。在

基坑南部挖至坑底 −9.00m 时，安全监测：土体向基坑内侧最大水平位移 67mm（超过警报值 40mm）。一天后，基坑南侧支护桩半数出现横向裂缝，钢支撑与支护桩连系梁连接件扭曲、连系梁断裂，支护桩外侧地面出现多条裂缝（最大宽度 25mm），土层松动，局部塌陷，基坑南侧全部倒塌。

原因分析

（1）支护设计方案没有考虑地面附加荷载（基坑南侧邻近有两排施工临时用房和钢材堆场），主动土压力大于支护结构承受荷载。

（2）没有进行分层开挖，基坑卸载较快，基底回弹，造成支护结构变形过大。

（3）没有在支护桩预埋铁件，用气锤撞击混凝土，暴露主筋用来焊接围檩支架，致使支护桩的裂缝均出现在受损的混凝土断面附近。

（4）用钢角支撑施工时，没有反复预加荷载，忽视了第一道和第二道钢角支撑内力会重新分布。在进行第二道钢角支撑时，未给已卸载的第一道钢角支撑及时补加荷载，支护结构主要压力集中在第二道钢角支撑上，造成第二道钢角支撑与支护桩连系梁连接件扭曲破坏。

【工程实例四】

某基坑工程地处软土地区，为了赶施工进度，打桩完毕后立即进行基坑开挖，造成桩位位移和倾斜。

原因分析

打桩的挤土和动力波作用，使原处于静平衡的地基土受到了扰动。该工程为黏性土，形成了很大的压应力，孔隙水压力升高，超静孔隙水压使土的抗剪强度明显降低。开挖时的应力释放，再加上挖土高差形成一侧卸荷的侧向推力，土体产生水平位移使桩产生水平位移。打桩完毕后，没有技术间歇期，使土中积聚的应力没有释放，没有待孔隙水压力有所降低，没有待被扰动的土重新固结后，再进行分层开挖。

【工程实例五】

某深基坑工程，长 37m，宽 20m，基坑开挖深度为 3.5m。开挖基坑前，布置了深 10m 的钢板桩作为坑壁支护结构。根据计算，用压力灌浆锚杆对钢板桩进行了加固，锚杆锚固在深 15m 弱风化岩体内（图 4-5）。

通过土压力计算决定了钢板桩的长度和锚杆的选型。水平土压力值为 39kN，按 6m 间距布置锚杆（水平夹角 45°），锚杆承担拉力值为 330.9kN，锚杆的安全承载力为 340kN。

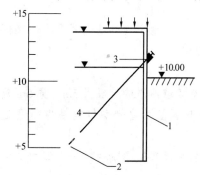

图 4-5　板桩剖面
1—板桩；2—锚体；3—水平梁；4—锚杆

基坑开挖至 3.5m 以后，根据设计变更，对南侧开挖深度达 4.8m。10 天后南侧钢板桩出现弯曲，桩顶向坑内位移 100mm，锚杆断裂，钢板桩最大位移 250mm，15m 长的坑壁全部坍塌。

原因分析

基坑加深 1.3m，没有对锚杆进行补强或增加锚杆，没有进行土压力复核。基坑开挖至 4.8m 深时，锚杆承受水平土压力由 39kN/m 增加到 90kN/m，开挖深度仅增加 37%，土压力增加了2倍多。基坑超挖是诱发的主要因素。

【工程实例六】

某深基坑工程，按设计要求开挖深度为6m。采用深层搅拌水泥土桩互相搭接组成榴栅抗渗挡土的支护结构（图4-6），挖到坑底时，出现大量流砂，水泥土桩墙倒塌。

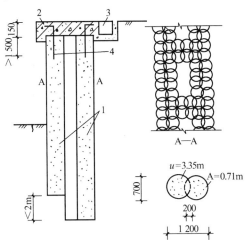

1—搅拌桩；2—混凝土压顶；3—排水沟；4—φ12插筋

图4-6 水泥土支护墙

原因分析

采用水泥土桩作为挡土支护结构，具有成桩工艺设备常规，用材单一，墙体抗渗性好，成本低等优点。但水泥土桩嵌固深度除满足《建筑基坑支护技术规程》（JGJ 120—99）的规定外，尚应满足抗渗稳定条件的验算。计算公式如下：

$$h_d \geq 1.2\gamma_0(h - h_{wa})$$

式中 h_d——嵌固深度，（m）；

           h——基坑挖土深度，（m）；

         h_{wa}——地下水位深度，（m）；

         γ_0——基坑侧壁重要性系数。基坑侧壁安全等级及重要性系数分级见表4-3。

表 4-3   基坑侧壁安全等级及重要性系数

安全等级	破 坏 后 果	重要性系数 γ_0
一 级	支护结构破坏，土体失稳或过大变形对基坑周边环境及地下结构施工影响严重	1.10
二 级	支护结构破坏，土体失稳或过大变形对基坑周边环境及地下结构施工影响一般	1.00
三 级	支护结构破坏，土体失稳或过大变形对基坑周边环境及地下结构施工影响不严重	0.90

注：有特殊要求的建筑基坑侧壁安全等级可根据具体情况另行确定。

该工程 $h = 6$m，$h_{wa} = 1$m，按二级安全等级进行满足抗渗稳定验算，h_d 应不小于6m，而实际嵌固深度仅有4.5m。嵌固深度不够，造成抗流砂破坏。

【工程实例七】

某基坑工程深 8m，按设计要求采用 3 排水泥土桩榈栅水泥土墙支护结构。荷载与抗力计算，嵌固深度，水泥土墙布置，墙体厚度等均符合《建筑基坑支护技术规程》（JGJ 120—99），坑内外用深井降水。基坑开挖后，水泥土桩墙多处渗漏，挖到设计标高时，基坑南侧水泥土桩坍塌，基坑浸满水，当抽完水后，基坑边坡全部滑塌。

原因分析

（1）水泥搅拌桩用水泥量少，出现未固结现象。

（2）基坑浸满水后，水泥土桩后及基坑周边土处于饱和状态，当坑内水被抽下降时，水泥搅拌桩外侧承受更大的饱和地基土的水压力，失去平衡，在水平荷载加大的情况下，诱发支护结构破坏。

（2）排水与降水工程质量事故

在基坑工程施工过程中，为了满足支护结构和挖土施工的要求，往往要降低地下水位，要控制地下水位的变化，避免地下水造成基坑工程质量事故，把这一控制过程亦可称为地下水控制。

基坑支护尤其是在软土地区，基坑支护失稳或土体滑坡，大多数都是直接或间接地与地下水有关，应加深对"水患无穷"的理解和重视。

常用的降水方法有集水坑降水、井点降水、集水坑与井点相结合的降水方法。井点降水根据其设备不同又可分为轻型井点、喷射井点、电渗井点、管井井点和深井井点等。排水与降水工程常见的质量事故：

1）地下水位降低深度不足：降低地下水位如果没有达到施工组织设计的要求，水就会不断渗进坑内；基坑内土的含水量较大，基坑边坡极易失稳；还有可能造成坑内流砂现象出现。分析其原因主要有：

① 水文地质资料有误，影响了降水方案的选择和设计。

② 降水方案选择有误，井管的平面布置、滤管的埋置深度、设计的降水深度不合理。

③ 降水设备选用或加工、运输不当，造成降水困难或达不到所需的要求。

④ 施工质量有问题，如井孔的垂直度、深度与直径，井管的沉放，砂滤料的规格与粒径，滤层的厚度，管线的安装等质量不符合要求。

⑤ 井管和降水设备系统安装完毕后，没有及时试抽和洗井，滤管和滤层被淤塞。

2）地面沉陷过大：在降水过程中，在基坑外侧的降低地下水位影响范围内，地基土产生不均匀沉降，导致受其影响的邻近建筑物或构筑物或市政设施发生不同程度的倾斜、裂缝、甚至断裂、坍塌。产生的主要原因有：

① 降水漏斗曲线范围内的土体压缩、固结，造成地基土沉陷，这一沉陷是随降水深度的增加而增加，沉陷的范围随降水范围的扩大而扩大。

② 采用真空降水的方法，不仅使井管内的地下水抽汲到地面，而且在滤管附近和土层深处产生较高的真空度，即形成负压区；各井管共同的作用，在基坑内外形成一个范围较大的负压地带，使土体内的细颗粒向负压区移动。当地基土的孔隙被压缩、变形后，会造成地基土的沉陷。真空度愈大，负压值和负压区范围也愈大，产生沉陷的范围和沉降量也愈大。

③ 由于井管和滤管的原因，使土中的细颗粒不断随水抽出，由于地基土中的泥砂不断流失，引起地面沉陷。

④ 降水的深度过大，时间过长，扩大了降水的影响范围，加剧了土体的压缩和泥砂的流失，引起地面沉陷增大。

3）轻型井点、喷射井点、电渗井点、深井井管常见的质量事故及原因：

① 轻型井点。井点管不出水或总管出水少，连续出现混水。原因：井管埋设深度不足，管壁四周封闭不严密，漏气；井管四周砂砾滤料厚度不够，滤管被泥砂堵塞；井点管与总管连接不密封；真空泵的真空度小于 55kPa。

② 喷射井点。井管周围边侧出现流砂。原因：工作水浑浊度超标或工作水压力太大。

③ 电渗井点。电渗井点降水是利用井点管作阴极，用钢管（$\phi50 \sim 70mm$）或钢筋（$\phi25mm$ 以上）作阳极，埋设在井点管周围环圈内侧 $0.8 \sim 1.25m$ 处，对阴阳极通以直流电，应用电压比降使带负电荷的土粒向阳极方向移动，使带正电荷的孔隙水向阴极方向集中，产生电渗与真空的双重作用下，使土中的水流入井点管附近，由井点管快速排出。此方法适用于渗透系数 $0.1 \sim 0.002m/d$ 的黏土、淤泥质黏土。但如果土层导电率高，不宜采用电渗法。电渗井点耗用电较多，限于特殊情况下使用。电渗井点常见的质量事故是水位降不到设计深度。原因：阴阳极数量不等或用钢管（钢筋）入土深度浅于井点 $0.5 \sim 1.0m$；没有采用间接通电法，电解产生的气体增大土体电阻。

④ 深井井管。降水效果达不到设计要求。原因：井管沉管前清孔不彻底，滤网孔被堵或洗井管不及时造成护壁泥浆老化。

【工程实例一】

北京某大厦，基坑底标高 $-16.8m$，室外地坪 $-0.90m$，基坑净深 15.90m。基坑支护采用 $-3.0m$ 以上为组合挡土墙，以下为 $\phi800$ 间距为 1600mm 钢筋混凝土护坡桩，设置三层锚杆，位置分别是 $-3.90m$，$-8.40m$，$-13.70m$。

该工程地质由上而下分别为人工填土、粉砂、粉质黏土、细砂、粉质黏土。地下有三层含水层，第一层为潜水含水层，水位埋藏较浅，位于地面下 $-（1.60 \sim 2.40）m$，含水层厚度为 $3 \sim 4.5m$，渗透系数为 $2.6 \times 10^{-3}cm/s$；第二含水层位于地面下 $-（16.5 \sim 19）m$，厚度 $1 \sim 3.2m$；第三含水层为承压含水层，含水层顶面埋深 $-（22.03 \sim 28.01）m$。

本工程从 3 月初开始降水，但在 4 月份基坑开挖过程中，仍有地下水涌出，并伴有流砂。经补充勘察。发现在第四层细砂、粉质黏土的下面有一层严密的黏土隔水层，使地下水无法完全降低。在以后的基坑开挖过程中，发现相邻的三幢住宅楼（整体刚度较好）出现不同程度的开裂。这些裂缝一些是平行于基坑方向的，贯通墙体与楼板。7月，在 3 幢宿舍前面邻基坑一侧隐约可见一条平行于基坑贯通的微裂缝，8 月初一场大雨后突然变成一条大裂缝，裂缝最大宽度达 20mm，在 1 号楼和 2 号楼之间也出现一条裂纹，工地围墙旁的车棚已同墙体脱开约 20mm。房屋内的开裂和门前的大裂缝以靠近东侧的 1 号楼和 2 号楼的东侧较为严重，根据现场监测房屋的下沉量，在 7 月中旬达到最大值 16mm，在基坑开挖过程中出现流砂，以靠近东侧较为严重。

原因分析

（1）住宅楼开裂和基础下沉属于整体性问题，相邻建筑处在降水影响半径之内，相邻基坑降水不当是造成该事故的主要原因。

（2）施工中出现的流砂。施工中地下水降低不完全，砂层又较厚，流砂加剧了相邻建筑的变形和沉降。

（3）在拆除原建筑过程中，汽锤锤击引起的强烈振动使相邻建筑基础下原本就比较敏感的砂性土受到扰动，当地居民反映此时房屋内已出现微细裂缝。

（4）原建筑的拆除和基坑的开挖造成的卸载引起基坑回弹，对相邻建筑也有一定影响。

（5）靠近基坑东侧的相邻建筑开裂较严重的原因：

1）东侧砂层较厚，所以流砂现象较严重。

2）靠近基坑东侧的相邻建筑原来地基较差。

【工程实例二】

浙江省某高校教学楼建于 1997 年，建筑面积约 5 000m²，平面呈"L"形，门厅部分为 5 层，两翼 3～4 层，混合结构，基础采用条形基础。地基土为堆积砾质土，胶着良好，设计地基承载力为 200kPa。建成后，经过 3 年多使用，未出现质量问题。2001 年由于在该楼附近开挖深基坑，采用深井井点降低地下水，导致该楼墙体开裂，最大开裂处缝宽 5～7cm，东侧墙体倾斜，危及大楼的安全。

原因分析

为了了解沉降原因，于 2001 年 8～10 月在室外钻 38 个勘探孔。钻探表明，在建筑物中部，在 5～8m 砾质土下埋藏有老池塘软黏土沉积体，软土体底部与石灰岩泉口相通，平面上呈椭圆形，东西向长轴 32m，南北向短轴 23m。该楼建成后，由于原来有承压水浮托作用，上覆 5～8m 的砾质土又形成硬壳层，能承担一定的上部荷载，所以，该楼能安全使用。2001 年 3 月在该楼东侧有一排深井井点降水井，每昼夜抽水约 3000m³。深井水位从原来高出地表 0.2m 下降到距地表 20.00m。因降水深度较深，地下水位急剧下降，土中有效应力增加引起池塘黏性土沉积体的固结，承压水对上覆硬壳层的浮托力的消失，引起池塘沉积区范围内土体的变形，导致地基不均匀沉降，造成建筑物开裂，墙体倾斜。

【工程实例三】

武汉泰和大厦主楼 46 层，屋面高度为 157m，南附楼 6 层，总高度 30.9m，地下 2 层，工程占地面积 5 858m²。深基坑开挖深度 13m。该建筑所处位置见图 4-7。

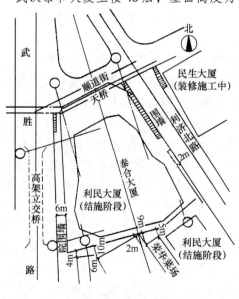

图 4-7　总平面图

工程在基坑内降水，先试挖土，2 天后正式开挖，7 天后挖完第一层土（坑底面标高约 -3.9m），14 天后第二层土挖完（坑底面标高约 -7.0m），几天以后基坑南面居民区楼房局部出现开裂（居民区楼房均建于 20 世纪 50～70 年的混合结构 6～7 层房屋）。后因涌水涌砂量太大，基坑工程全部停工。据险性调查：居民楼下沉量最大达 80mm，部分构件开裂严重，成为危房。西面武胜路干道下沉最大达 200mm，70m 长范围内煤气管道下，正在修建的立交桥 51 号桥墩向坑侧位移达 50mm。

该基坑工程采用 φ1000 间距为 1.2m 钻

孔灌注桩支护，桩长27m，配筋18ϕ25均布，C30混凝土，设2道锚杆，锚杆主筋为2ϕ25钢筋，孔径ϕ130mm单根锚桩设计抗拔力300kN，水平间距1.2m，用M3.0水泥砂浆为锚杆注浆体（图4-8）。

坑周边垂直止水帷幕的做法：在挡土桩之间做ϕ400素混凝土止水桩（止水桩与挡土桩相切，切点外侧用注浆封闭（图4-9）。

基坑水平封底止水的做法：开挖土方前用高压旋喷技术，在地面$-19.0 \sim -16.0$m的地层之形成连续止水板。设计要求固化土体的渗透系数K值不大于10^{-6}cm/s，土体抗压强度不小于1.4MPa。封底28d后，经试验和检查，满足设计要求。

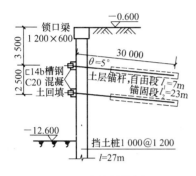

图4-8 支护结构剖面

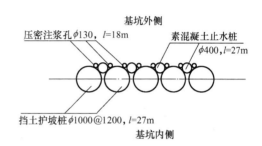

图4-9 止水结构平面示意图

原因分析

止水帷幕失去止水作用：

(1) 素混凝土没有侧向挤压功能，很难与混凝土支护桩相切封闭。

(2) 桩施工规范要求，允许垂直度偏差为1%，桩长16m，两桩之间累计偏差可达320mm，空隙成为涌水涌砂的主要通道。

(3) 如图4-9所示，压密注浆孔为ϕ130mm，很难封闭支护桩与止水桩之间的间隙。

【工程实例四】

北京某广场位于三环路附近，地下3层，地上25层，该场地地质：$-3 \sim 0$m填土，$-(3 \sim 10)$m为黏质粉土、砂质粉土交互层，$-(10 \sim 12)$m粉土层，$-(12 \sim 15)$m粉细砂层。上层滞水位为$-(2.9 \sim 4.2)$m。

基坑深度不一，最深处-14.77m（图4-10）。-5.0m以上护坡做法：插筋补强（3ϕ14

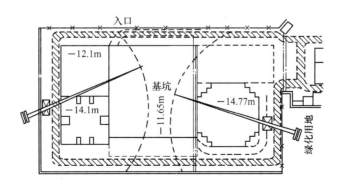

图4-10 基坑平面图

钢筋束，长 4~5m）表面布钢丝网，砂浆抹面。−5.0m 以下挡土做法：采用 ϕ800mm，间距为 1.6m 钢筋混凝土灌注桩支护，桩长 22m。降水做法：布深 32m 至砂层的深井间距 10m），将上层滞水通过井底砂层排走。

基坑施工完毕，开始做地下室，上午发现绿化用地出现裂缝，中午基坑的插筋补强护坡坍塌。

原因分析

基坑施工时，绿化用地（东南侧）树林没有被移走，降水井只能设置在树林两侧。施工单位在树林里设置了几口浅井用水泵抽取该地段的上层滞水以应急。基坑开挖完毕做基础时，施工单位停止了绿化用地浅井抽水，仅是将其他地段的上层滞水通过深井底部的砂层排出。绿化用地的地下水位上升，对插筋护坡体形成了压力，含水量增加，使土体黏聚力和内摩擦角减小，插筋锚体与土体的相对刚度比增大，界面接触摩阻力减小，复合土体补强效应大大降低，造成护体破坏。

【工程实例五】

广州某大厦位于邻近环市东路，周围环境示意见图 4-11。基坑施工时，基坑南侧约长 40m、宽 17m 路面发生沉陷，最大沉陷深度 3m，致使环市东路单边封闭 40h，交通堵塞。

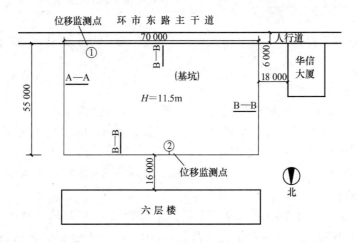

图 4-11　基坑平面图

该基坑地质：

人工堆积层：层厚 1.5~3.6m。

冲积层：层厚 2.5~5.8m，以粉质黏土，砂层为主。

残积层：层厚 2~7.5m，粉质黏土，主要由泥质粉砂岩化残积而成。

基坑支护：

A—A 段 1:0.9 放坡，B—B 段支护剖面（图 4-12）。

挖土方案为先东后西，出土口留在西南角，要求在 B—B 段支护段每次挖深 1.3m，长度为 10m 左右，在开挖 B—B 类支护段靠环市路一侧时，上部三排土钉施工较为顺利，当开挖深至 5m 左右时，发现该处土质呈黑紫色淤泥状，含有腐殖物，有浓烈异味。此情况引起了设计施工单位的重视，准备在该处采取补强加固。但由于施工协调不够，在未采补强加固的情况下继续垂直（设计要求按 1:0.2 放坡）下层开挖（挖深 2.5m，长 28m），开

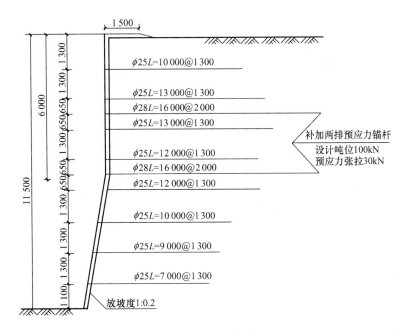

图 4-12　B—B 段支护剖面图

挖后监测表明边坡出现变形，后连续三次发生地下压力水管爆裂，边坡变形速率加快（图 4-13）。

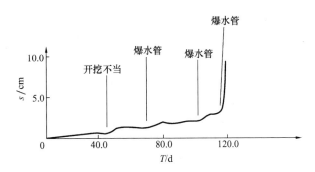

图 4-13　测点①位移时间曲线

原因分析

（1）地质状况与勘察报告有差异。挖至东南角靠环市路一段时发现，在深度 5～8m，长 20m 区段不是粉质黏土，呈饱和状软土，成为事故发生的区段。

（2）施工措施不当。开挖至 5m 深左右发现土质异常没有立即停工对原方案进行调整，没有变更坡度继续开挖，后来虽然决定在该处增加两排预应力锚杆，但迟迟不得实施，使软土边壁裸露时间太长，挖土几何尺寸的改变，没有认识到基坑开挖的时空效应。

（时空效应：是指基坑开挖过程中，支护结构的变形，基坑周边地层的位移、沉降会随时间的推移发展，直到稳定或引起基坑变形过大而破坏为止，这就是时间效应。基坑支护结构的变形，周边地层的移位，分层分块开挖的几何尺寸越大，支护挡土墙，无支护边坡暴露面积越大，支护结构的变形也越大，开挖顺序中的对称性差，变形也越大，这就是空间效应。时间效应和空间效应是密切相关的，在基坑开挖过程中，会受到时间效应和空间效应的共同作用。）

（3）周边环境的影响。该工程的支护结构设计及施工之前，对地下水管的埋深、走向，水压均不了解，留下了事故隐患。

第二节　地基处理工程

地基处理的实质就是加固处理，提交软弱地基的承载力，保证地基的稳定，不发生过量的变形，防止基础不均匀沉降。地基加固处理常用的方法有：换土处理，压实处理，灰土、砂、石桩挤密加固、排水及化学加固处理等。地基处理工程中出现的质量事故，产生的原因是多方面的，但施工过程中，不按规程操作，不符合设计要求，违背规范的规定是质量事故发生的主要原因之一。

一、灰土地基

灰土地基，是指用灰土土料、石灰（或水泥代替灰土中的石灰）等材料进行混合、夯实压密，构成的坚实地基。在南方多雨地区，较少使用，但在我国北方地区，却常常大量使用。所谓灰土地基是指由石灰和土按一定比例拌和而成的地基。常用的灰土配合比有2:8或3:7。灰土地基成本低、施工简单，加上北方地区地下水位较低，有利于施工和保证灰土地基的工程质量。但是，灰土地基在施工过程中，如果处理不当，也会造成工程质量事故。

灰土地基常见的质量事故有：灰土地基承载力低于设计要求。

灰土地基质量差的主要原因：

（1）原材料没选用好：灰土地基主要由土和石灰组成，也可用水泥替代灰土中的石灰。灰土地基中的土一般采用黏性土，但黏性土如果黏性太大，难以破碎和夯实，也可选用粉质黏土，其对形成较高密实度也是有利的。《建筑地基基础工程施工质量验收规范》（GB 50202—2002）规定，土颗粒的粒径必须小于等于5mm，土中有机物含量不能超过5%。

灰土地基中的石灰应采用生石灰，石灰的颗径应不超过5mm，暴露在大气中的堆放时间不易过久。

（2）灰土的配合比确定不准确：灰土地基的配合比，一般采用体积比。常用的配合比有2:8和3:7。灰土的配合比对灰土地基的强度有直接的影响。实验表明，如28天和90天龄期的无侧限抗压强度，3:7灰土为4.52×10^5Pa和9.69×10^5Pa，而4:6灰土为3.87×10^5Pa和6.96×10^5Pa，可以看出4:6灰土的强度仅为3:7灰土强度的86%和72%。

（3）灰土拌和不均匀。

（4）含水量失控：灰土的压实系数与灰土的含水量有很大的关系，太干不易夯实，太湿不容易走夯。规范规定，灰土的含水量与要求的最佳含水量相比不能超过±2%。

（5）没有根据不同的压实机械确定合理的铺土厚度，或在施工中，没有严格控制好每层厚度。规范规定，每层的厚度不超过±50mm设计要求。

（6）施工中没有控制好压实系数：灰土的密实程度除了与铺灰厚度、含水量有关以外，还与夯击次数有直接的关系。施工中，没有根据设计要求的压实系数检查灰土的压实系数，使灰土地基的承载力达不到设计的要求。

（7）灰土地基承载力低包括灰土地基整体承载力低和局部承载力低。在灰土地基施工中，在施工分层时，由于上下层的搭接长度、搭接部分的压实或施工缝位置留设不当而引起局部承载力过低。施工缝处的处理要求如图 4-14 所示。

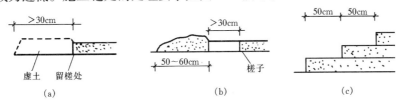

（a）虚铺；（b）夯实；（c）各步错台

图 4-14　接缝处理

二、砂和砂石地基

砂和砂石地基是指用砂或砂与碎石充分拌和，虚铺压实后构成的地基。

砂和砂石地基质量事故：

地基承载力达不到设计要求，主要原因：

（1）材料

1）没有采用坚硬中砂或粗砂，砂中含有有机杂质或含泥量超过了 5%。

2）没有采用自然级配的碎石，粒径没有控制在 100mm 以下，采用工业废料，粒径大于 200mm，或大于虚铺厚度的 1/3。

（2）含水率

在同一压实功的作用下，砂石的含水量对压实质量有很大的影响。含水量少，砂石颗粒之间摩阻力较大，不易压实，含水率适当，摩阻力较小，容易压实。砂石的含水率没有控制在 8% ~ 12%，最大干密度没有控制在 1.80 ~ 1.88（g/cm^3）。砂石的干密度与含水量的关系如图 4-15 所示。

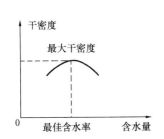

图 4-15　干密度与含水量关系

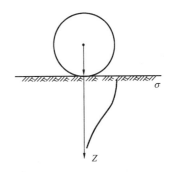

图 4-16　压实作用沿深度的变化

（3）压实功

压实密度与所选用压实方法和压实机械施加的功有一定的关系（图 4-16）。没有控制好每层虚铺的厚度（应为 250 ~ 350mm，碾压法）和压实的遍数。

压实的质量与很多因素有关，其中主要影响因素有：材料、含水率、每层虚铺厚度、压实功。

三、土工合成材料地基

土工合成材料地基是指在土工合成材料上填以土（砂土料）构成建筑物的地基。土工合成材料可以是单层或多层。一般为浅层地基。目前已经广泛应用于土木建筑工程的各个领域，概括为在反滤、排水、隔离、加筋、防渗、防护等方面发挥作用。

土工合成材料的主要性能技术指标：

1）物理性质：单位面积质量、厚度、开孔尺寸、均匀性等。

2）力学性质：抗拉强度、冲穿强度、顶破强度、蠕变性与岩土间的摩擦系数等。

3）水理性质：垂直向和水平向的透水性等。

4）抗老化性质：对紫外线和温度的敏感性等。

5）耐腐蚀性质：抗化学和生物腐蚀性等。

土工合成材料地基常见的质量问题，是没有充分发挥土工合成材料抗拉强度。主要原因：

（1）用土工合成材料铺垫层时，第一层砂土料厚度失控（应在 500mm 以下），压实功没有控制好，造成局部应力集中。

（2）土工合成材料搭接长度没有达到 300mm 以上，在软土层上铺设时没有按设计要求控制搭接量。

（3）土工材料端头锚固时绷拉过紧，造成受力后锚固端滑落。搭接缝的强度比原织物强度低。

四、粉煤灰地基

粉煤灰地基是指铺设粉煤灰后压实构成的坚实的地基。

（1）粉煤灰的物理特性

颗粒组成与粉砂相似。

（2）粉煤灰的力学特性

1）黏聚力：（$C = 5 \sim 30$kPa）与粉质黏土接近，大于粉砂土。

2）内摩擦角：$\varphi = 23° \sim 30°$。

3）压缩模量：$E_s = 12 \sim 20$kPa，高于粉质黏土、粉砂土。

4）渗透系数：$K = 2 \times 10^{-4} \sim 9 \times 10^{-5}$，接近粉土，具有良好的渗透性。

5）最大干密度：11.6kN/m³。

6）压力扩散角：$\theta = 22°$。

7）最优含水率：经验数值为 30.5%（±4）。

（3）粉煤灰地基常见的质量问题

1）压实系数达不到设计要求，主要原因：

① 没有把含水率控制在最优范围内，含水率过低，呈松散状态；含水率过高，呈"橡皮土"状态。

② 当天铺筑，没有当天压实，使含水率失控。

2）地基承载力达不到设计要求，主要原因：

① 选用压实设备不当。

② 铺筑厚度超过压实试验厚度。

③ 粉煤灰冻胀或下卧层被水浸泡。

④ 碾压遍数不足。

五、强夯地基

强夯地基是利用重锤自由下落时冲击能夯实浅层填土地基，使表面形成较为均匀的硬层承受上部荷载。强夯，是指锤重与落距远远大于重锤夯实地基。

强夯使土体出现冲击波和冲击应力，压缩土体内孔隙，使土体局部液化，迫使孔隙水和气体排出，土颗粒重新排列，达到固结。强夯法适用软弱地基加固。

强夯地基常见的质量事故：

（1）地面隆起、翻浆

主要原因：

1）夯点间距没有控制好：夯点间距的选择一般要根据土质和加固的土层厚度来决定。土质差、含水量大、透水性弱，夯点间距要大（7～15）m，反之，间距要小（5～10）m。夯击时，落锤不平稳，夯位偏心。

2）夯点夯击数、夯击遍数、遍与遍之间的间歇时间没有按确定的技术参数进行。尤其是夯击后间歇时间太短，孔隙水压力没有完全消散。夯击数过多，使有的土质出现翻浆（橡皮土）。

3）雨期施工，没有采取排水措施，或土质含水量超过一定量时（一般为20%以内），容易在夯坑周围及夯点出现翻浆。

（2）压实达不到设计要求

主要原因：

1）土层中存在软黏土夹层，该层吸收的夯击能量难于向下传递。

2）冬季施工，冻块土夯入土中，没有得到压缩。

3）地表积水或地下水位高，含水量太高，直接影响压实密实度。

4）夯击产生的冲击坡，使原状土产生液化（可液化的土层）。

5）含水量高的土层，前后两遍夯击的间歇期太短（应有14～28d的间歇期）。

六、注浆地基

注浆地基是将配置好的化学浆液或水泥浆液，通过导管注入土体孔隙中，与土体结合，发生物化反应，以提高土体强度，减小其压缩性和渗透性。适用于软黏土和新近沉积黏土以及已建工程局部地基的加固。注浆加固地基，虽然具有加固工期短的优点，但成本高。在大面积进行地基处理工程中很少采用。

注浆地基常见的质量事故：

（1）冒浆

1）岩层破碎，裂缝贯通（特别是垂直裂缝），注浆时压力过大，或灌入速度太快，浆液从裂缝中冒出。

2) 覆盖层过薄（应不小于 1.0m），上部压力小于注浆压力。

3) 施工前没有进行室内浆液配比试验，以确定浆液配方，浆液组成的材料性能不符合设计要求。常用的浆液类型见表 4-4。

(2) 注浆体强度、承载力达不到设计要求

1) 分别采用胶结剂、固化剂加入土中混合不均匀。

2) 浆液的稠度、温度、配合比、凝结时间没有控制好。

3) 注浆管眼被堵实，灌浆不充盈。

4) 化学注浆加固的施工顺序不对（加固渗透系数相同的土层应自上而下进行，土的渗透系数随深度增大应自下而上进行）。

5) 注浆检验时间没有达到龄期要求（提前）。砂土、黄土注浆应于 15d 后进行；黏性土注浆应于 60d 后进行。

表 4-4 常用浆液类型

浆 液		浆液类型
粒状浆液（悬液）	不稳定粒状浆液	水泥浆
		水泥砂浆
	稳定粒状浆液	黏土浆
		水泥黏土浆
化学浆液（溶液）	无机浆液	硅酸盐
	有机浆液	环氧树脂类
		甲基丙烯酸酯类
		丙烯酰胺类
		木质素类
		其 他

七、预压地基

预压地基是在原状土上加载，使土中水排出，使土预先固结，以提高地基承载力和减少地基后期沉降。按加载的方法不同，分为堆载预压、真空预压、降水预压等。适用于淤泥质土、淤泥和冲填土、黏土等地基处理。

预压地基承载力达不到设计要求，主要原因：

(1) 堆载预压

1) 预压荷载小于设计要求，堆载的范围小于建筑物基础外缘的范围，导致边缘范围承载力不足。

2) 普通砂井的直径和间距取值影响排水效果。普通砂井的直径可取 300～500mm，间距按 $n = 6～8$ 选用（n 为一根砂井的有效排水圆柱体直径与砂井直径之比）；袋装砂井直径可取 700～1000mm，间距按 $n = 15～20$ 选用。

3) 没有采取分级堆载，每天的沉降速率没有控制在 10～15mm，孔隙水压力的增量超过预压荷载增量的 60%。

4) 砂井灌砂量小于计算灌砂值的 95%，灌砂不密实，影响排水效果。

5) 袋装砂井袋装砂含水量大，干燥后体积缩小，造成袋装砂井缩短与排水垫层不搭接。袋装砂含泥量大，造成井阻。

(2) 真空预压

真空预压达不到预压效果，一是密封膜不密封，二是膜内真空度不够，三是施工过程中的疏忽。

1) 没有选用密封性好，抗老化、韧性好，抗穿刺强的密封膜。

2) 密封膜周边密封不严密，产生漏气，导致真空预压低。

3) 真空泵的真空度小于 96kPa，膜内真空度小于 73kPa，膜内外产生的气压差小。

4）在做好排水垫层后，没有对排水层进行清理，留有带棱角的石子或贝壳，穿破密封膜；对周围被真空预压软土层的周围的渗水层，没有进行堵截，使地基孔隙水无法排尽。

（3）降水预压

降水预压是堆载预压或真空预压的配合措施，其目的是通过预压降水，使土达到固结。如采用塑料排水带堆载预压地基，是将带状塑料排水带通过插板机插入软弱土层中，组成垂直和水平排水体系，通过堆载或真空预压，使土中孔隙水沿塑料带的沟槽上升溢出地面，加速地基沉降并得到压密加固。如塑料排水带用桩尖形式（图 4-17）。

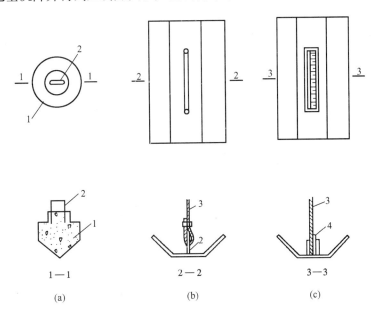

（a）混凝土圆形桩尖；（b）倒梯形桩尖；（c）楔形固定桩尖

1—混凝土圆形桩尖；2—塑料带固定架

3—塑料排水带；4—塑料楔

图 4-17　塑料排水带用桩尖形式

常见的质量事故是塑料带固定不牢，排水通道被堵，原因分析：

1）沉管、插带时，遇到障碍物。

2）插带机可靠性能差。

3）排水带孔小，增大水流阻力，滤水膜透水阻力随时间增大，失去滤水作用。

4）桩尖（钢靴）不严密，使泥砂进入套管，影响排水效果。

八、振冲地基

振冲地基又称深层密实地基。用振冲器在原状土中成孔，达到预定深度后，向孔内逐段填入碎石（或不加填料），在振动作用下达到挤密实，在地基中形成密实的桩体与原地基共同构成复合地基，是一种快速有效的加固地基的方法，但不适用地下水位较高，土质松散的土层加固。

振冲地基常见的质量事故：振动不密实，出现裂缝，随意布桩，影响邻近建筑物地基的稳定。原因分析：

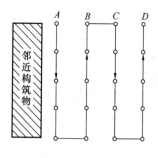

图 4-18　成桩顺序

（1）没有严格控制好密实电流、填料量和留振时间三个工艺要素。振冲前没有进行振冲试验，没有确定前述的三个工艺参数（一般标准：密实电流不小于 50A；填料量不少于 0.6m³/m 的桩长；留振时间 30~60s）。

（2）冬期施工表层存在冻土。

（3）地下水位较高。

（4）桩周围原土强度过低，难以形成桩体。

（5）随意布桩，会给邻近地基土产生挤压，扰动。没有采用由建筑物一侧向外逐排成桩的顺序（图 4-18）。

九、高压喷射注浆地基

高压喷射注浆地基是采用钻机把带有喷嘴注浆管钻至土层的预定位置，或先钻孔后将注浆管放在预定位置，用高压使浆液或水从喷嘴中射出，利用旋转使浆液与土体混合形成固结体。其工法有单管法、二重管法、三重管法等。成形桩可分为柱状、壁状和块状等。适用于淤泥质土、黏性土、粉土、砂土、湿陷性黄土，人工填土将碎石土等地基加固。

高压喷射注浆地基常见的质量事故：加固体强度不均匀、缩颈，加固体强度达不到设计要求。

原因分析：

（1）加固体强度不均匀

1）旋喷方法与机具未根据地质条件进行选择。如在含有较多大粒块石、坚硬黏性土、含过多有机质的土层进行喷浆加固。

2）高压喷射的注浆与切削的土粒强制拌和不充分。

（2）缩颈

1）旋转及拔管速度及注浆量没有能配合好，造成桩身直径大小不一。

2）穿过较硬的黏土层，回缩剂压。

3）对容易出现缩颈的部位，没有采用定位旋转喷射或以复喷以扩大桩颈。

（3）加固体强度达不到设计要求

1）喷射时水泥浆出现沉淀。

2）喷射压力、流量不均匀。

3）钻杆旋转和提升速度不均匀。

4）管路或喷嘴堵塞。

十、水泥土搅拌桩地基

水泥土搅拌桩地基是利用水泥作固化剂，通过深层搅拌机在地基深部与地基土强制搅拌，硬化后构成的地基。这种推广的新技术，能使加固较深的淤泥质土、粉土、饱和黄土、回填土和含水量较高的黏性土，固结成具有整体性、水稳性好的加固体。

水泥土搅拌桩地基常见的质量事故：桩体不均匀，强度达不到设计要求。

原因分析：

（1）桩体不均匀

1）不通过成桩试验，任意选用一喷二搅或二喷三搅施工工艺（图 4-19）。任意确定灰浆泵每分钟的输出量、搅拌机提升速度，浆液用量或多或少，使桩体不均匀。

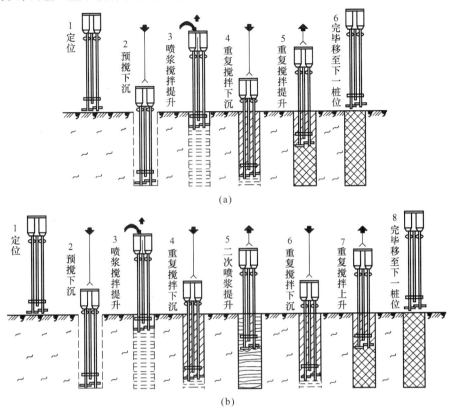

（a）一喷二搅施工工艺流程；（b）二喷三搅施工工艺流程

图 4-19　深层搅拌桩施工工艺流程

2）施工机械中途发生故障，注浆不连续，软土被扰动。

3）施工中忽视检查机头提升速度、水泥浆或水泥注入量、搅拌桩的长度及标高。

（2）成桩强度达不到设计要求

1）没有采用 32.5 级以上普通硅酸盐水泥，或水泥掺入量不够（水泥掺入量一般为加固土重的 7% ~ 15%）。

2）外掺剂掺入量不准。

3）搅拌固化时任意加水，改变了水灰比，降低桩柱体强度。

4）基础表面土压力小，强制搅拌时，土体上抬。或没有在标顶标高 1m 内作为加强处理（提高水泥用量，进行复拌），造成桩顶强度低。

（3）附加沉降超出设计要求

附加沉降是指地基没有达到满载时，就出现沉降。

1）桩端头被搅拌头长轴扰动，又无水泥浆与之搅拌。

2）桩端处没有延长搅拌时间，得不到充分搅拌均匀。

3）断桩。

（4）干法施工桩顶强度低

干法施工是指喷水泥粉搅拌。

1）喷入的水泥粉与原土搅拌不均匀；

2）桩顶在地下水位以上，又不采取措施，水泥粉不产生水化反应。

十一、土与灰土挤密桩复合地基

土与灰土挤密桩复合地基，是指在原土中成孔后，分层填以素土或灰土，通过夯实，使填土得到密实的同时挤密周围土体，构成坚实的地基。适用于地下水位以上湿陷性黄土、回填土等地基处理。

土与灰土挤密桩复合地基常见的质量事故：地基强度达不到设计要求。

原因分析：

（1）材料

1）采用素土含有机杂质，粒径大于 20mm。

2）熟石灰中夹有生石灰块，或含水量大。

（2）施工

1）挤密桩施工前，没有在建筑物附近进行成桩试验，无法检验挤密桩地基的质量，没有取得桩间距、桩径、桩孔回填料速度及成孔工艺。

2）桩孔填料前没有清底夯实。成孔顺序混乱（应先外排后内排，同排内间隔 1~2 孔）。

3）桩孔没有按确定的分层厚度（回填分层厚度为 350~400mm）和夯击次数逐层夯实。

4）施工时，地基土含水量大，土层呈塑状挤密时易发生缩孔；含水量小，成孔时易塌孔。

5）对已成的孔没有及时回填夯实。

6）桩间距过大（一般取 2.5~3 倍桩径为宜），达不到挤密的效果。

7）锤重、锤型、落距、锤击数选择不当（重锤不宜小于 100kg，落距一般应大于 2m）。

十二、水泥粉煤灰碎石桩复合地基

水泥粉煤灰碎石桩简称 CFG 桩。CFG 桩复合地基成套技术是我国首创的地基处理技术之一。是指用长螺旋钻机钻孔或沉管桩机成孔后，将水泥、粉煤灰及碎石混合搅拌后，泵压或经下料斗投入孔内，构成密实的桩体，可充分利用桩间土的承载力，共同组成复合地基。可提高地基承载力 250%~300%。适用于砂土、粉土、淤泥质黏土、黏土、自重固结的填土等地基处理。

CFG 桩复合地基常见的质量问题：缩颈、断桩或裂缝。

原因分析：

（1）CFG 桩强度增长较慢，连续一排排成桩使相邻桩受到振动或挤压，造成桩侧向位移或桩上升。

（2）在地下水位高的黏土中成孔，受到振动产生缩颈。

(3) 填料坍落度过大。

(4) 拔管速度与泵入混合料的速度不相匹配，极容易产生缩颈或断桩。

十三、夯实水泥土桩复合地基

夯实水泥土桩复合地基，是指用钻机钻孔或沉管机成孔后，将水泥和土料混合均匀，经下料斗投入孔内，分层投入夯实，降低压缩性，与桩间土共同组成复合地基，提高地基承载力。夯实水泥土桩适用土性范围很广，多用于地下水位较低的地基加固。夯实水泥土桩与搅拌水泥土桩的主要区别：桩体强度以水泥的胶结作用为主，桩体密度的增加以提高桩体强度，土岩性变化对桩强度没有大的影响，并具有良好的抗冻性。

夯实水泥土桩复合地基常见的质量问题：桩体强度达不到设计要求。

原因分析：

(1) 压实系数小于设计要求（应≥0.93），桩体密实度不均匀。

(2) 水泥土配合比不准确，土料的最优含水率没有控制在规定的范围内。

(3) 投料分层厚度和夯击数没有通过试桩得出技术参数（一般分层厚度为 200～250mm，夯击次数 3～4 遍）。

(4) 施工过程中没有检查孔位、孔深、孔径。

十四、砂桩地基

砂桩地基是指在原土中成孔后，分层填以砂料并使砂料密实，同时挤密桩周围的土体，构成坚实的地基。砂桩地基能提高地基抗液化，排水固结。适用于砂土、粉土、黏性土等地基。

砂桩地基常见的质量问题：桩身酥松不密实，桩缩孔或塌孔。

原因分析：

(1) 桩身酥松不密实

1) 砂料没有采用天然级配中粗砂，砂的含泥量和有机物含量超过允许值（砂的含泥量应小于 3%，有机物含量应小于 5%）。

2) 回填砂速度太快，夯击次数偏少。

3) 砂料含水量过大或过小，影响压实密度。

4) 灌砂量不足，小于设计要求的 95%。

5) 锤重、锤型、落距选用的技术参数不当。

(2) 桩缩孔或塌孔

1) 砂桩成孔无序（应从外围或两侧向中间进行）。

2) 地基土含水量过大或过小。

3) 对已成孔没有及时灌注砂料。

【工程实例一】

某展览厅，中央大厅高 16.0m，两翼二层，层高为 9.0m，与中央大厅通道相接（通道 4.0m），框架结构。

该建筑物场地地表土厚 0.8m，以下为厚 20m 的软土层，孔隙比为 1.8，含水率为 65%。因地基软弱，建筑物荷载大，在中央大厅部分采用砂石地基，计算荷载为

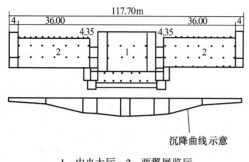

1—中央大厅；2—两翼展览厅

图 4-20 展览馆平面和沉降曲线

110kN/m²，厚 3.0m。施工过程曾采用井点抽水，基坑底部软土层受到扰动。

工程交付使用后，发现中央大厅每天沉降 0.15mm，半年累计沉降 28cm，两翼展厅亦受到影响（图 4-20）。中央大厅柱基基础面积占大厅部分总投影面积的 65%，附加压力影响深度超过 25.0m，软土顶部附加压力为 6.5kN/m²，说明砂石地基对扩散附加压力，减少持力层变形起到了一定作用。

原因分析

（1）该工程因地基底面标高不同，分层铺设厚度不一，很难碾压密实，产生不均匀下沉。

（2）施工时软土层受到扰动引起沉降。

（3）最基本原因是软土层受到建筑物荷载大量压缩，造成建筑物沉降。

【工程实例二】

某建筑物地基原土为黄土质砂黏土，填筑年限为 2 年，填筑厚度 8～10m，天然含水率为 15%，填筑时自卸自压而成，没有进行分层夯实。最初拟采用桩基，后改用强夯法。

施工前做了强夯试验：采用锤重 100kN，落距 8.0m，晴天强夯 6 下，下沉量 0.35～0.38m，大雨过后，强夯 4 下，下沉量 0.42m。

工程竣工后，墙体产生多处较长裂缝，影响结构安全，后采用注浆加固地基补救。

原因分析

（1）对土的含水量认识不足，忽视了经过强夯干土遇水后的湿陷性。

（2）对填土地基的沉降量没有进行验算，即地基在荷载作用下，填土层压缩固结的沉降；填土本身自重固结的沉降；填土层以下的原土层在荷载作用固结的沉降。

【工程实例三】

某住宅小区共建有六幢四层砖混结构住宅，设计时仅是依据过去建瓷厂的一部分不全的地质资料。据调查，该小区原为瓷厂车间，有一口水井。在做建筑规划时，避开了该口水井。在基槽开挖后，又发现了一口枯井，由于枯井位于基槽中间，做了局部处理。建成使用后，一边的三幢住宅在同一直线的部位上，前后墙均出现了裂缝（图 4-21）。

经调查，该住宅小区东、西、北三侧过去均为小山，东西两侧的小山已削平建有道路和房屋，但北面的小山仍保留下来。在修建瓷厂时该对山沟进行了回填。但在回填土下形成了一定宽度的地下水渗流带没有被发现。裂缝出现的部位上正是在该地下水渗流区域。

原因分析

该区域土质含砂量较大，由于地下水的常年渗流，较细的砂粒被带走，造成地基土颗粒流失形成空洞，致使该房屋基础出现不均匀的沉降，使上部墙体产生了裂缝。

【工程实例四】

某市城区的一片住宅小区共有六层的混合结构住宅 20 幢，建筑总面积 4.2 万 m²。小区住宅采用水泥土深层搅拌桩地基，深 12～13m，上做片筏基础。小区住宅工程 2004 年 4 月初开工，2005 年 3 月全部竣工，并进行工程验收。

验收时工程整体质量较好，虽已发现了不同程度的不均匀沉降，但都在允许范围内。

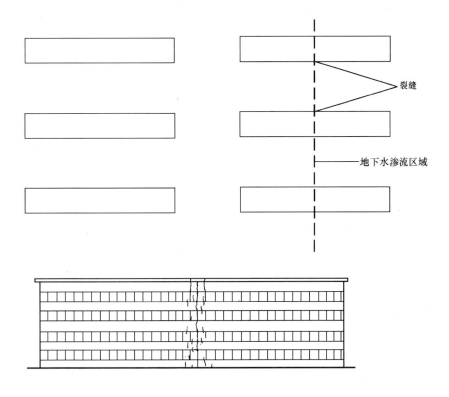

图 4-21　某住宅小区平面、立面图

随着时间的推移沉降继续增加，其中有 5 幢房屋出现了较大的不均匀沉降，2005 年 10 月测得的数据是最大沉降量为 250mm，房屋最大倾斜量达 180mm，因为房屋的整体刚度较好，未出现开裂现象。但由于房屋倾斜较明显，影响了住户的正常使用。

原因分析

（1）建筑场地地质条件较复杂。工程地点原为橘田和稻田，场地内河、沟、塘星罗棋布。场地表面 0.7m 左右为黏土硬壳层，其下为高压缩性淤泥。这种复杂的而且较差的地质条件，极容易产生地基沉降，而且沉降量大，沉降差也可能较大。

（2）设计考虑不周。这些住宅的上部荷载偏心较大，而设计的桩和基础都是均匀设置的，加上软弱下卧层变形验算不准确等因素，导致房屋出现了较大的不均匀沉降。

（3）施工工艺及措施不当。房屋主体工程完成后，在紧靠房屋的一侧挖了 3m 多深的沟坑，建造化粪池和安装管道，既无适当的支撑措施，又未及时回填，致使基底淤泥产生滑动位移，造成房屋不均匀沉降。同时，在施工过程中，水泥掺入量偏低（为加固土重的 5%），成桩垂直度偏差大于 1.5%，影响了成桩的质量。

【工程实例五】

某市住宅小区有 12 幢六层的混合结构住宅楼，地基属河漫滩，地表下 40～50m 深度内均为流塑状态的高压缩土，设计采用深层水泥土搅拌桩（施工中有 5 幢改为粉喷桩）处理软土地基。当年 7 月开始复合地基处理，9 月开始施工主体工程，大约 3 个月的时间完成主体工程。一年后检查地基变形的结果为：12 幢住宅中 5 幢采用粉喷桩的房屋产生了较严重的不均匀沉降，最大沉降量为 590mm，最小沉降量为 174mm，其中一幢最大倾斜率达 16.55‰。由于房屋的不均匀沉降严重，其倾斜率已超过规范规定的 4‰，而且地基变形有继续发展的趋势。

原因分析

（1）地质原因。建筑场地是长江近代沉积而成的软弱土层，土层厚，压缩性高。

（2）施工质量问题。对粉喷桩选取 6 根做抽芯检查，有 4 根桩的长度达不到设计要求的 12m，其中最短的仅 6.7m；桩体的水泥掺入量普遍不足，搅拌不均匀，水泥呈结块状。发现有 4 根桩桩顶松散。

（3）场地条件。在房屋东边有一深水井，该小区的施工用水均取于此井，抽水量 150～240m³/d。此外房屋南边 4m 左右有一条小河与长江相通。

【工程实例六】

南京某教学楼为五层框架结构，建筑面积为 1 284m²。

片筏基础，基底压力为 90kPa。地基土质情况：表层有 0.8m 左右杂填土，稍密，软塑、含有生活垃圾、螺壳等；以下为淤泥质黏土，钻探至 10.5m 深度未钻穿。淤泥质黏土地基的承载力为 60～70kPa。由于地基的强度和变形不满足要求，需要进行地基处理。经方案比较，最后选用 CFG 桩加固地基。桩长由变形控制，定为 10m。后因施工困难，将桩长改为 8m。桩径为 φ300mm（南京和杭州地区常用）。根据计算采用桩距为 1.2m，按三角形排列，在片筏基础下满堂布桩。

工程竣工后，该教学楼出现较大的沉降量和沉降差，致使结构有多处裂缝。

原因分析

（1）原设计桩长为 10m，后因施工单位无法达到此深度而改为 7～8m。实际上，桩长远未达到 7m。抽查的 4 根桩，用螺旋钻取样检查发现，桩长仅为 2.5～4.5m。桩长不够，沉降量必然加大。

（2）成桩后未做褥垫层，使桩间土不能形成复合地基。

（3）施工进度快，未考虑"先重后轻"的顺序，将门厅（1 层）与主楼（5 层）同时施工。设计时在主楼与门厅之间未设置沉降缝，在出现较大沉降和不均匀沉降后，使门厅个别立柱及墙面发生裂缝。

【工程实例七】

某市一幢五层砖混结构宿舍和一幢八层钢筋混凝土框架结构的办公楼，地基均用灰土桩加固。场地土质情况和灰上桩设计施工情况如下：

场地土质情况：表层为耕土层，局部有杂填土，以下为湿陷性褐黄色黏土。地质报告建议地基承载力取 80kPa。设计采用 2:8 灰土桩加固地基，桩径 φ350mm，桩长 5m，要求加固后地基承载达到 150kPa。桩孔采用洛阳铲成孔，灰土夯实采用自制 4.5kN 桩锤，每层灰土的虚填厚度为 350～400mm，要求灰土夯实后干密度为 15～16kN/m³，检查干密度抽样率为 2%。

宿舍楼为条形基础，共打灰土桩 809 根；办公楼采用片筏基础，共打灰土桩 1 399 根。

灰土桩施工结束后开挖基槽、基坑，组织验收时发现以下问题：

宿舍楼部分桩内有松散的灰土，809 根桩中有 27 根桩顶标高低于设计标高 20～57cm，有 18 根桩放线漏放，有一根桩已成孔，但未夯填灰土，另一根桩全为松散土，未夯实，有的桩上部松散，挖下 1.1m 后才见灰土层，有的桩虚填土较厚，达 60～80cm，有的灰土未搅拌均匀。检查中，将 30 根灰土桩挖至上部 2m 范围，在 2m 范围内全部密实的只有 6 根，其余均不符合要求。

办公楼灰土桩检查验收时，先在办公楼边部开挖了 1、2、3 号坑，检查了 12 根灰土桩，没有发现问题。以后又挖 4 号坑，从挖出的 12 根灰土桩的情况看，灰土有的较密实，有的不够密实。为彻底查清质量情况，按数理统计抽样检查 5% 的桩，再挖 5、6、7 号坑，共挖出 42 根桩进行检查，并对每个坑挖出的 4 根桩按每挖下 800mm 取样，做干密度试验，共取 53 个试验。

根据数理统计确定，$\rho_d = 15 \sim 16.5 \text{kN/m}^3$ 定为合格，$\rho_d = 14 \sim 14.9 \text{kN/m}^3$ 定为较密实，$\rho_d = 11.5 \sim 13.9 \text{kN/m}^3$ 定为不够密实。虽然办公楼灰土桩从施工到检查时，已超过半年，干密度增加，强度增大，但仍有 12.1% 的桩未达到设计干密度（$15 \sim 16 \text{kN/m}^3$）的要求。

原因分析

(1) 据了解工地上没有一个技术人员自始至终进行技术把关，缺乏细致认真地技术交底和质量检查。

(2) 严重违反操作规程。根据试验制定的操作规程，施工中并未贯彻执行，出现了诸如灰土不认真计量，搅拌不均匀，灌灰土时不分层，虚填厚度每层达 800mm，因此夯不实，造成上密下松、夹层和松散层。

(3) 抽样检查做法不当。在试验检查干密度时，2% 的抽样检查是在桩打完后进行，取样只取桩顶下 500mm 左右处，而不是检查桩全长的干密度。直至基槽、基坑开挖验收时，才发现灰土桩的密实程度很不均匀，达不到设计要求。

第三节　桩基础工程

桩基础工程应用于建筑、交通、道路、桥梁等工程中。近几年来国内桩工机械与新的工法有很大的发展，设计理论也有了很大的进步。桩基础具有承载力高、稳定性好、变形量小、沉降收敛快等特性。近年来，随着建筑施工技术水平的提高，对桩的承载力、地基变形、桩基施工质量提出了更高的要求。

桩基工程的施工是一项技术性十分强的施工技术，又是属于隐蔽工程，在施工过程中，如处理不当，就会发生工程质量事故。但由于目前尚无可靠快速的检测方法及时掌握并了解成桩过程中的质量，桩基础施工发生的质量问题，往往是多方面原因造成的。

一、普通钢筋混凝土预制桩

普通钢筋混凝土预制桩用量很大，桩的断面多为 ZH250 × 250 ~ ZH500 × 500（mm）等。钢筋混凝土预制桩一般采用锤击打入或压桩施工。常见的质量事故有断桩、桩顶碎裂、桩倾斜过大、桩顶位移过大、单桩承载力低于设计要求等。

(1) 桩身倾斜过大

桩身垂直偏差过大的主要原因：

1）预制桩质量差，其中桩顶面倾斜和桩尖位置不正或变形，最易造成桩倾斜。

2）桩锤、桩帽、桩身的中心线不重合，产生锤击偏心。

3）桩端遇孤石或坚硬障碍物。

4）桩机倾斜。

5）桩过密，打桩顺序不当产生较强烈的挤压效应。

（2）断桩

桩在沉入过程中，桩身突然倾斜错位（图4-22）。当桩尖处土质条件没有特殊变化，而贯入度逐渐增加或突然增大，同时，当桩锤跳起后，桩身随之出现回弹现象。产生桩身断裂主要原因有：

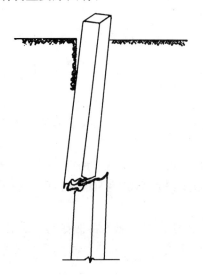

图4-22　桩倾斜错位

1）桩堆放、起吊、运输的支点、吊点不当，或制作质量差。

2）沉桩过程中，桩身弯曲过大而断裂。如桩身制作质量差造成的弯曲，或桩身细长又遇到较硬的土层时，锤击产生过大的弯曲，当桩身不能承受抗弯强度时，即产生断裂。

3）桩身倾斜过大。在锤击荷载作用，桩身反复受到拉压应力，当拉应力超过混凝土的抗拉强度时，桩身某处即产生横向裂缝，表面混凝土剥落，如拉应力过大，钢筋超过极限，桩即断裂。

（3）桩顶碎裂

在沉桩施工中，在锤击作用下，桩顶出现混凝土掉角、碎裂、坍塌，甚至桩顶钢筋全部外露等现象（图4-23）。

产生桩顶碎裂的主要原因：

1）桩顶强度不足。如混凝土养护时间不够或养护措施不当；桩顶混凝土配合比不当，振捣不密实等；混凝土标号低，桩顶加密钢筋位置、数量不正确等均会引起桩顶强度不足。

2）桩顶凹凸不平，桩顶平面与桩轴线不垂直，桩顶保护层厚。

3）桩锤选择不合理。桩锤过大，冲击能量大，桩顶混凝土承受不了过大的冲击能量而碎裂；桩锤小，要使桩沉入到设计标高，桩顶受打击次数过多，桩顶混凝土同样会因疲劳破坏被打碎。

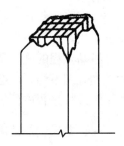

图4-23　桩顶碎裂

4）桩顶与桩帽接触面不平，桩沉入土中不垂直使桩顶面倾斜，造成桩顶局部受集中力作用而破碎。

（4）桩顶位移偏差

桩身产生水平位移或桩身上升的主要原因：

1）测量放线误差。

2）桩位放得不准，偏差过大；施工中定桩标志丢失或挤压偏高，造成错位。

3）桩数过多，桩间距过小，在沉桩时，土被挤到极限密实度而隆起，相邻桩一起被涌起。

4）在软土地基中较密的群桩，由于沉桩引起的空隙压力把相邻的桩推向一侧或涌起。

（5）单桩承载力低于设计要求

1）桩沉入深度不足。

2）桩端未进入规定的持力层，但桩深已达设计值。

3）最终贯入度太大。

4）桩倾斜过大、断裂等原因引起的承载力降低。

【工程实例一】

某厂热电车间包括主厂房、主控楼、排渣泵房、柴油贮运和栈桥中转站，主厂房建筑面积 11 415.39m²，平面布置如图4-24所示。

该厂位于渤海湾附近，地势低，海拔高度在1.6～2.8m之间，由平坦的苇泊和由苇沟分割的稻田组成，场地地震烈度为8°，场地为Ⅱ类土。

汽机房安装 1.2×10⁴kW 机组和 6×10³kW 机组各一台，锅炉房安装了自重为 1 300kN 的锅炉三台，锅炉房仅预打桩而不浇基础以留扩建用。

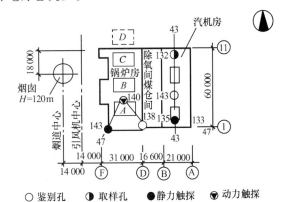

整个车间钻探点较少，主厂房仅有7个点，进入第④层只有4个点。现以135号钻孔来说明该区域工程地质情况（图4-25）。

由图4-24可知，该厂区为软土地基，地面以下2.0m左右即为饱和黏土，厚度13～15.0m。地基土压缩性高，承载力低，只有80～90kPa。

图4-24　热电车间主厂房平面图

根据工程地质资料和厂房的重要性，选用桩基方案，分别以第③层作为桩的持力层，设计了20m和28m两种桩长，长20m的桩承载力偏低，热电车间主厂房的主要部位均用28m长桩，主厂房打桩1150根，其中28m桩708根。

该厂的场地为软土地基，地震烈度为8°，这些情况在桩的设计中给予了充分的考虑，

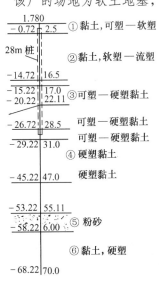

图4-25　135号钻孔
土层分布示意图

适当加大桩距；尽量不接桩或少接桩。对于28m长桩，原设计为两节14m，一个接头，由于现场运输工具难以解决，将两节14m改为10m、10m和8m 3节，变一个接头为两个接头。同时，考虑到桩要承受因振动所产生的弯矩的作用，因此对桩身和接头采取了加强措施。

桩在施打过程中，同一区域出现了一部分桩施打不下去的情况，28m桩入土深度仅有15.0～18.0m；而另一部分桩施打又特别容易，最后贯入度仍相当大，达200～300mm，是工程试桩最后贯入度的1～6倍。为查清原因，一方面补探地层情况，另一方面补做部分单桩荷载试验。

在煤仓间和A锅炉区进行补勘，查明该区第③层中有厚4.0m的粉细砂层，静力触探锥尖阻力为24MPa，而且该层由东向西逐渐减薄而消失，这是东端比西端沉桩困难的原因。

单桩荷载试验在具有代表性的三处6根桩上进行。试

43

桩中发现 D 锅炉 2 根桩和煤仓间 1 根桩出现异常现象，即 D6 号、D47 号和 257 号 3 根桩在初始荷载 150～600kN 出现较大幅度的沉降，加载卸荷 2～3 次，各桩总沉降量分别为 212.19mm、254.56mm 和 230.44mm，然后沉降趋于零，桩的承载力又得以恢复，单桩容许承载力为 1 200～1 500kN。另 3 根桩荷载试验无异常现象，单桩容许承载力为 1 250～1 600kN。

该区域桩为摩擦桩，桩的承载能力主要靠桩身四周表面与各层土之间的摩擦力来承担。试以 135 号钻孔资料分析，桩入土位置详见图 4-24 虚线所示，桩顶绝对标高 0.05m，桩尖标高 -27.95m，桩断面为 450mm×450mm，由地基规范公式计算得到单桩容许承载力为 1 660kN，其中桩的承载力 80% 以上靠摩擦力分担，仅摩擦力这一项容许值便在 1 336.1kN 以上，极限值高达 2 672kN。因此要用 150～600kN 的力将 28m 长桩轻易压入土中 212.19～254.56mm 是不可能的，唯有断桩才有这种可能性。从荷载试验得知，初始沉降消除后，桩的承载力恢复，说明经过加载后断桩的上下两节又碰到一处，因此能恢复承受一定的垂直荷载。为了验证上述分析是否正确，对 D6 号和 D47 号 2 根桩进行挖桩检查。为防止桩间土塌方，在 D6 号和 D47 号两桩之间压入 ϕ1 400 钢管，边挖边压边沉，当进入 10m 处挖出桩接头，发现 D6 号和 D47 号在接头处上下两节桩中间均有 20mm 空隙，填充的是压实黏土。由于在荷载试验中消除了初始沉降，拉开的上下两节靠在一起，这时承载力恢复并接近原值，因此桩间空隙中的未被挤出的土被压实；D6 号和 D47 号两桩的上下节均错位 15～20mm；两桩的上部接头全部焊缝均已剪断，且有 15～20mm 空隙，手指在其中可上下活动，尤其是 D6 号桩竟有一连接角钢脱落在土中，从取出的角钢看只有少数点焊。

为此，采用全面复打检查断桩情况，并使断桩复位，消除初始沉降。复打采用冷锤轻击法（冷锤指不加油无爆击力的自由落体，且落距较低）。

通过全面复打共找出 217 根断桩，占已施打桩的 33.2%。D 锅炉共用 28m 桩 52 根，查出断桩 36 根，占 69.2%；C 锅炉查出断桩 36 根，占 69.2%；煤仓间查出断桩 130 根，占 37.1%。这三处为断桩密集区。

原因分析

施工中不执行规范和设计要求，施焊不认真，焊缝不合格，如桩接头焊缝厚度太薄或焊缝长度太短甚至点焊，又因桩头不平整，施焊前未按设计要求用楔板垫平再施焊，桩头之间有空隙。而桩的上部接头正好落在第②层饱和黏土上，在打桩振动荷载作用下，桩周土孔隙水压力急骤升高，无法在四周消散，只能向上造成土体隆起，加上土的挤压使上节桩上浮，下节桩因为进入较密实的第③层，而起了嵌固作用，因此当焊缝被剪坏后，上下两节桩便拉开形成断桩。

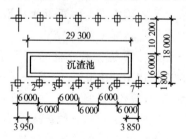

图 4-26 桩的平面布置图

【工程实例二】

某厂锅炉房沉渣工程，18m 跨的龙门吊基础下采用单排钢筋混凝土预制桩，桩长 18m，截面为 450mm×450mm，桩距 6m，条形承台宽 800mm。桩基工程完工后，在开挖深 6m 的沉渣池基坑时发生塌方，使靠近池壁一侧的 5 根桩朝池壁方向倾斜，其中有 3 根桩顶部偏离到承台之外，已不能使用。桩的平面布置如图 4-26 所示。偏斜值见表 4-5。

桩 号	桩顶偏斜值/mm
2	250
3	250
4	400
5	1 750
6	600

表 4-5　偏斜值

原因分析

（1）根据地质资料：第一层为杂填土，湿润松散，厚约 5m。桩的偏斜主要由该层土塌方引起。第二层为淤泥质黏土，稍密、流塑状态、高压缩性，厚 4～6m。由于桩上部一侧塌方而另一侧受推力后，极易发生缓慢的压缩变形，埋入该土层中的桩身必然会随之倾斜。第三层为黏土，中密、湿润、可塑状态，厚 0.5～2.0m；第四层为砂岩风化残积层，坚密、稍湿，该层为桩尖的持力层。

（2）施工不当，在沉渣池 6m 深基坑开挖之前没有采取支护措施，且第一层土为松散的杂填土，沉渣池距桩中心线只有 1.8m，而基坑边坡又过陡等原因，造成塌方，致使桩发生偏斜。

二、混凝土灌注桩

1. 干作业成孔灌注桩

干作业成孔灌注桩，即不用护壁措施而直接排出土成孔的灌注桩，适用于地下水以上的地质条件。

干作业成孔灌注桩常见的质量问题：孔底虚土多、桩身混凝土强度低于设计要求、塌孔、桩孔偏斜、桩顶位移偏差大等。

（1）孔底虚土多

成孔后孔底虚土过多，厚度超过规范的规定（端承桩 ≤ 50mm,摩擦桩 ≤ 150mm）。主要原因：

1）土质差，如松散填土；含有炉灰、砖头等大量杂物的土层；以及流塑淤泥、松散砂土等，成孔后或成孔过程中土体容易坍落。

2）钻杆不直或使用过程中变形，钻杆拼接后弯曲等都能使钻杆在钻孔过程中产生晃动，造成孔径扩大，提钻时部分土滑落孔底。

3）孔口的土未及时清理干净，使土掉入孔内，或因未及时灌注混凝土，孔壁或孔底被雨水冲刷或浸泡。

（2）桩身混凝土强度低于设计要求

灌注的钢筋混凝土桩身表面有蜂窝、空洞、桩身夹土、分段级配不均匀。分析其原因，主要有：

1）混凝土配合比不当，材料选用不合理，造成桩身混凝土强度低。

2）没有按照合理的施工工艺边灌边振捣，混凝土不密实，出现蜂窝孔洞等。

3）灌注混凝土时，孔壁受到振动使孔壁土塌落，同混凝土一起灌入土中，造成桩身夹土，或放钢筋笼时碰到孔壁使土掉入孔内。

4）每盘或每车混凝土的搅拌时间或水灰比不一致造成和易性不匀，坍落度不一，灌注时有离析现象，使桩身出现分段不均匀。

（3）塌孔

成孔后，孔壁局部塌落的主要原因：

1）在有砂卵石、卵石或流塑淤泥质土夹层中成孔，这些土层不能直立而塌落。

2）局部有上层滞水渗漏作用，使该层坍塌。

3）成孔后没有及时浇注混凝土。

（4）桩孔偏斜

成孔后，桩孔偏离桩轴线，桩孔垂直偏差大于规范要求的1%。分析其原因，主要有：

1）钻孔机架不正或不稳，运转过程中发生移动式倾斜。

2）地面不平，使桩架导向杆不垂直。

3）土质坚硬不匀，或成孔一侧有大块石把钻孔挤向一边。

4）钻杆不直，两节钻杆不在同一轴线上，钻头的定位尖与钻杆中心线不在同一轴线上。

2. 湿作业成孔灌注桩

湿作业成孔灌注桩是指采用泥浆护壁排出土成孔的灌注桩。适用于一般黏性土、淤泥和淤泥质土及砂土地基，尤其适宜在地下水位较高的土层中成孔。

（1）塌孔

钻孔灌注桩的塌孔质量事故主要有三类，一类是成孔过程中塌孔、埋钻；第二类是浇注混凝土前塌孔，造成沉渣超厚；第三类是混凝土浇筑过程中塌孔形成缩颈夹泥、断桩。发生这三类塌孔的主要原因：

1）没有根据土质条件选用合适的成孔工艺和泥浆比重（黏土或砂性土中泥浆比重应为1.15～1.20），起不到护壁的作用。

2）孔内水头高度不够或孔内出现承压水，降低了静水压力。如护筒埋置太浅，或护筒周围填封不严、漏水、漏浆；未及时向孔内加泥浆或水，造成孔内泥浆面低于孔外水位。

3）遇流砂、淤泥、松散土层时，钻孔速度太快。

4）钻杆不直，摇摆碰撞孔壁。

5）清孔操作不当，供水管直接冲刷孔壁导致塌孔。

6）清孔后泥砂密度、黏度降低，对孔壁压力减小。

7）提升、下落冲锤、掏渣筒和放钢筋笼时碰撞孔壁。

8）水下浇注混凝土时导管碰撞孔壁。

（2）成孔偏斜

成孔偏斜的主要原因：

1）建筑场地土质松软，桩架不稳，钻杆导架不垂直。

2）钻机磨损严重，部件松动。

3）起重滑轮边缘、固定钻杆的卡孔和护筒三者不在同一轴线上，又没有经常检查和校正。

4）钻孔弯曲或连接不当，使钻头钻杆中心线不同轴。

5）土层软硬差别大，或遇障碍物。

（3）桩身夹泥、断桩

钻孔灌注桩桩身夹泥、断桩的主要原因：

1）孔壁坍塌。

2）水下浇注混凝土时，导管提出混凝土面。

3）浇注混凝土过程中产生卡管停浇。

4）混凝土浇筑不及时。

3．沉管灌注桩

沉管灌注桩是利用锤击打桩法或振动打桩法，将带有钢筋混凝土桩靴或带有活瓣式桩靴的钢桩管沉入土中，然后灌注混凝土并拔管而成。若配有钢筋时，则在规定标高处吊放钢筋骨架。在沉管灌注桩的施工中，常易发生断桩、缩颈、桩靴进水或进泥及吊脚桩等质量事故。

（1）单桩承载力低

沉管灌注桩单桩承载力低的主要原因：

1）沉管中遇到硬夹层，又无适当措施处理。

2）振动沉管桩中，设备功率太小或压力不足，或桩管太细长，刚度差，使振动冲击能量减小，不能传至桩尖，这些都可能造成桩管沉不到设计标高。

3）沉管灌注桩是挤土桩，当群桩数量大、桩距小，随土层挤密后，可能出现桩管下沉困难，这类问题在砂土中更多见。

4）地质勘察资料不准。

5）遇到地下障碍物。

6）由于缩颈、夹泥、桩身断裂、底部不实、成孔偏斜等原因引起的单桩承载力不足。

（2）桩身缩颈

沉管灌注桩引起桩身缩颈的主要原因：

1）在淤泥或淤泥质软土中，在沉管产生的挤土效应和超孔隙水压作用下，土壁挤压新浇混凝土，造成桩身缩颈。

2）混凝土配合比设计不合理，和易性差，流动度低，骨料粒径过大。

3）拔管速度太快。

4）拔管时管内混凝土量过少。

5）桩间距较小，邻近桩施工时挤压已成桩的新浇混凝土。

6）桩管内壁不光滑，浇筑的混凝土与管壁黏结，拔管后使桩身变细。

（3）桩身断裂

沉管灌注桩桩身裂缝与断桩的主要原因：

1）沉管引起的振动挤压，将新浇混凝土的桩剪断，尤其在土层变化处或软、硬土层界面处，更易发生断裂。

2）灌注混凝土时，混凝土质量差或桩管壁摩阻力大，出现混凝土拒落，造成断桩。

3）拔管速度过快，桩孔周围土体迅速回缩或坍孔形成断桩。

4）桩距过小时，不采用间隔跳打，挤断已浇的混凝土尚未凝固的桩。

5）大量桩体混凝土嵌入土体，造成场地土体隆起，使桩身产生拉应力断裂。

6）桩基完成后，基坑开挖中挖土机铲斗撞击桩头造成桩身断裂。

（4）桩底部不实

桩底部无混凝土或混进泥砂，俗称吊脚桩。

产生的主要原因：

1）桩靴与桩管处封堵不严，造成桩管进泥水。

2）桩靴尺寸太小，造成桩靴进入桩管，浇筑混凝土后，桩靴又未迅速挤出，拔管后形成吊脚桩。

3）桩靴质量低劣，沉管时破碎，进入桩管，泥水也一起混入，与灌注的混凝土混合形成松软层。

4）采用活瓣式桩靴时，灌混凝土后，活瓣未能及时张开，或没有完全张开。

【工程实例一】

某市桥苑新村 B 栋大楼为 18 层钢筋混凝土剪力墙结构住宅楼（以下简称 B 栋楼），建筑面积 1.46 万 m²，总高度 56.6m。2005 年 1 月开始桩基施工，4 月初基坑挖土，9 月中旬主体工程封顶。11 月底完成室外装修和室内部分装饰及地面工程。12 月 3 日发现该楼向东北方向倾斜，顶端水平位移 470mm，为了控制因不均匀沉降导致的倾斜，采取了在倾斜一侧减载与在对应一侧加载以及注浆、高压粉喷、增加锚杆静压桩等措施，曾一度使倾斜得到控制。但从 12 月 21 日起，B 栋楼又突然转向西北方向倾斜，虽采取纠偏措施，但无济于事，倾斜速度加快，12 月 25 日顶桩水平位移 2 884mm，整座楼重心偏移 1 442mm。为确保 B 栋楼结构安全、相邻建筑及住户的生命财产安全，采取了 6～18 层定向爆破拆除的措施，造成直接经济损失 711 万元。

原因分析

（1）桩型的选用

提供该工程地基勘察资料：①1.5～6m 厚人工回填杂土；②8.8～15m 高压缩性淤泥；③1.2～3.4m 厚淤泥质黏土；④5～9.6m 稍中密细砂；⑤12.4～18m 中密粉砂；⑥1.3～3.2m 厚砂卵石；⑦基岩。为此，如采用桩基，其桩体必须要穿过较厚的淤泥层。地质勘察报告提出建议：选用大口径钻孔灌注桩，桩尖持力层可选层面埋深 40.1～42.6m 的强度较好的砂卵石层。

在选择桩型时，根据勘察资料提供的地质条件，该地流塑淤泥厚达 8～15m，含水量最高为 78.1%。设计单位原决定采用钻孔灌注桩基础，建设单位为了节约投资，建议采用夯扩桩，设计单位迁就了建设单位的要求，决定选用夯扩桩。考虑到地质状况，设计单位要求打入 394 根砂桩，以改良地基条件，但建设单位为节约投资，以砂桩打不下去为由不采纳，最后设计单位签字同意取消了砂桩。在这样的地质条件下，选择夯扩桩有其缺陷：

1）夯扩桩是一种挤土型桩，在超厚饱和水淤泥地层中施工，像其他打入或预制桩、沉管灌注桩一样，打入如此巨量、密集的群桩，必然会产生后打入桩对先打入的已达初凝的邻桩的挤压，产生偏位。

2）夯扩桩的桩端进入持力层第④层粉砂内的深度较浅，易成为铰接端，不利于抗水平推力，加上桩周淤泥水平抗力很小，不利于桩基稳定。

虽然选择错误的桩型不是这次事故的主要原因，但设计上的先天不足，又取消了砂桩，未考虑淤泥场地条件下施工因素的影响。

（2）基坑支护方案不能满足开挖要求

该工程地质勘察报告中强调指出："基坑开挖时应采取坑壁支护及补底封强措施。"并提供了坑壁支护设计所需要的有关参数。设计单位设计了开挖5m的支护方案——9排粉喷桩重力式挡土墙，但变形和稳定计算难以通过。该方案未成为正式方案。建设单位为了节约投资，自行确定了支护方案：在基坑南侧和东南段五排粉喷桩，在基坑西端二排粉喷桩，其余坑边采用放坡处理。

基坑支护方案未完全封闭，基坑开挖后，边坡产生滑移，出现险情，支护方案存在严重缺陷，造成工程桩大量倾斜，这是桩基础整体失稳的主要原因。

(3) 基坑开挖未按施工方案实施，造成工程桩大量倾斜，并形成部分Ⅲ类桩

1) 在地基土十分软弱，又无封闭支护措施的情况下，施工单位编制的施工方案是：先在基坑内满揭表层土3m，再在深坑区跳格开挖接桩。但在基坑开挖时，仅在深坑区（D区）揭表层土3m，接着采用5m宽条状连续顺序开挖，一次到位，在Ⅰ区和Ⅱ区之间形成5m高的临空面，致使工程桩大量倾斜。

2) 工程桩在土方开挖过程中受到重型机械的碾压和铲斗的碰接，形成断桩。

3) 施工单位违反施工规范，在部分工程桩和粉喷桩龄期未到的情况下就进行基坑开挖。

据调查，基坑内工程桩共336根，其中歪桩172根，占51.2%，歪桩最大偏位1 700mm。与此同时，对工程桩的动测试验检测抽查63根工程桩，其中13根为Ⅲ类桩（有4根为深层缺陷，9根为浅层机械开挖引起的损伤），占被检测数的20.6%。原基坑开挖方案在当时当地的具体条件下是比较合理的，但并未得到实施，实际开挖施工不当是导致桩基大量定向偏斜的主要原因。

4) 不合格钢筋的大量使用

基坑在开挖过程中，发现两根桩上部断裂，经查发现桩身钢筋脆裂，后经送检，发现钢筋屈服点不明显，伸长率不合格，并且脆性断裂。但当时并未引起建设单位的重视。

据调查，该工程桩基使用的钢材全部由建设单位组织供应，分别从三个供应点先后五次进场 ϕ16 钢筋。建设单位和施工单位仅对第一次进场的钢筋进行抽样检验，为合格。后四次均未抽样检验，致使不合格的钢筋进入施工现场。该工程在正常情况下使用部分屈服点、伸长率两项指标均不合格的钢材，对桩的竖向承载力不会构成大的影响，但是，在工程发生质量事故的过程中，在大量歪桩正接、桩受力条件复杂的情况下，部分桩身钢筋材质不合格，也是不利因素之一。

(4) 将地下室底板抬高2m，建筑物埋深达不到规范的规定，削弱了建筑物的整体稳定性

该工程原设计桩顶标高为 -5.50m。当336根夯扩桩已完成190根时，设计人员竟然同意建设单位将地下室底板标高提高2m，从而带来了下列问题：

1) 地下室底板标高往上提高2m，就使该工程埋置深度由 -5m 变为 -3m。按《钢筋混凝土高层建筑结构设计与施工规程》规定，最小埋置深度不应小于建筑物高度的1/15。埋置深仅为3m，仅仅是建筑物高度的1/18.9，削弱了建筑物的整体稳定性。

2) 由于地下底板标高往上提高2m，使已完成的190根桩均要接长2m，灌注桩的接长处是桩体的最薄弱体，如此大量的接桩具有较大的危险性，特别是已完成的190根桩体中已发现有不少桩是倾斜的，如垂直地面水平接桩，就使接桩后的桩体形成折线形，不仅严重降低单桩承载力，而且在水平推力的作用下，往往使接桩部位首先发生破坏。

（5）歪桩上接桩，降低了单桩承载力

在336根桩中，有172根桩是歪桩，其垂直度超出了规范规定的允许偏差值，而其中最大偏位竟达1 700mm，这种歪桩导致作用力方向的改变，使桩的承载力明显降低，同时，由于地下室底标高抬高2m，使先期打入的190根在同一层面上必须接桩，在歪桩上接桩，桩身形成折线形，引起桩身的侧向荷载分量，导致单桩承载力下降。

（6）大量工程桩存在不同程度的质量缺陷

在336根桩施工完成后，通过对所完成的桩进行的检测，有不少桩存在缩颈、混凝土不密实等。

（7）基坑回填土未按规范结构设计总说明回填夯实

回填土是采用杂填土随意堆积，更没有分层夯实，降低了基础的侧向限制，不利于建筑物的稳定。

【工程实例二】

深圳市某工程为15层综合楼，采用钻孔灌注桩基础。主楼部分为99根ϕ1 000mm的桩，副楼为23根ϕ800mm的桩，设计单桩承载力分别为4 500kN和3 200kN。设计桩长约47m，要求进入中风化花岗岩不少于1m。

该工程地质状况自上而下为：新素填土，主要由未经压实的黏土组成，厚2~4m；淤泥层，软流塑状，高压缩性，厚2~4m；淤泥质黏土，软塑状，高压缩性，厚3~5m；其下均为可塑性黏土层及少量砂层。地下水量较丰富，埋深2m。

施工采用黄河钻，正循环泥浆护壁钻孔，导管水下浇筑混凝土成桩。桩施工完后，有21%的混凝土试块试验未达到设计的强度要求。通过对桩基质量进行检测，共抽测25根ϕ1 000mm桩，其中有质量问题的三类桩（局部断裂、泥质类层、承载力低）6根，占24%；有局部问题的二类桩（局部断裂、泥质夹层）7根，占28%。

开挖检查，在开凿桩头过程中，36号及39号桩在挖至-7.50m桩顶设计标高处，未见有混凝土（设计要求混凝土浇筑至设计桩顶标高以上0.5~0.8m）。用钢筋探入，36号桩在-13m处、39号桩在-11.7m处始遇硬物。与施工混凝土浇筑记录的桩顶标高差距很大。为了进一步查清桩身混凝土的质量，决定选7根桩对桩身进行钻探抽芯检查。抽芯发现：①有5根桩尖未进入中风化花岗岩层，只进入强风化或接近中风化层；②有5根桩桩孔底沉渣超厚，占70%；③4根桩有一处以上桩芯破碎不连续，占57%；④36号桩为断桩，占14%；⑤局部含泥、砂、骨料松散，混入泥浆。

上述检验结果表明：这些桩的质量很差，达不到设计要求。为了确认桩的承载力，对问题较严重的31号和107号桩进行单桩静荷载试验。31号桩压至5 400kN破坏，容许承载力为2 250kN，其中摩擦力占70%，107号桩破坏荷载为6 400kN，容许承载力为2 800kN，摩擦力占70%。试验结果表明桩尖只能提供极少量的端承载力，主要起摩擦桩作用。但二者均未达到4 500kN的设计要求。

原因分析

（1）桩入岩程度的判断失误。本工程设计要求桩尖进入中风化花岗岩层的深度不少于1m，经抽芯检验未进入中风化层的5根桩，其钻进终孔采样已含有中风化颗粒，但抽芯鉴定桩尖只是接近而未进入中风化层。由于过早判断已进入中风化层并停钻造成了失误。

（2）大直径深孔水下灌注桩沉渣超厚。本工程钻孔平均深度在 45m 以上，部分孔深接近 50m。由于孔径大，平均扩孔系数约为 1.15，最大达 1.61，又采用正循环泥浆钻进，主泵泵量为 180m³/h，即在深孔钻进时，泵入泥浆约经 15min 才能返回地面，相当于返浆速度约 3.3m/min，显然泥浆泵能力偏低。由于泥浆循环速度慢，排渣困难，而不得不加大注入泥浆比重至 1.2～1.3 或更大，以增加泥浆的悬浮力，带走泥屑、渣土。即使是终孔停钻以后清孔时，也不可能降低泥浆比重至 1.1，因而孔底清洗不干净，从停止清洗提升钻具至下导管浇筑混凝土前的一段时间内，会在孔底沉淀相当数量的渣土。这就是造成本工程孔底沉渣过厚的主要原因。

（3）桩芯破碎及断桩。本工程未严格控制浇筑混凝土导管的埋管深度及一次拆管长度。为省事，导管有时埋入混凝土过深，一次拔出十几米长的导管，几节一起拆。有时导管埋入混凝土深度不够，或只埋入混有泥浆的浮浆层（根据后期凿开桩头的情况看，浮浆层普遍接近 2m 厚）。混凝土压力不够，被泥浆挤入而造成桩身夹泥、混凝土松脆破碎及断桩等桩身质量事故。

（4）桩顶未达设计标高。钻孔及清孔使用了过稠的泥浆，又因混凝土量大，浇筑时间长达 6～7h 甚至 10h。在浇筑混凝土过程中泥浆不断沉淀，随着混凝土面的上升，上部的稀泥浆不断被挤出孔外，而下部的泥浆逐渐浓稠，甚至形成部分稠泥团。当浇至桩的上部时，受到钢筋笼的阻滞，向上顶升的混凝土往往一时难于挤入钢筋笼与孔壁间被稠泥浆团所占据的狭长的 5cm 间隙，因此，形成了大体以钢筋笼为边界的暂时性假桩壁，如图 4-27 所示。所以当刚浇筑完混凝土时，以测锤测得的混凝土标高是一个不稳定的假标高。由于混凝土的密度比泥浆大，在其初凝前，因两者压力差 Δp 所造成的对假桩壁与孔壁间隙中稠泥浆团的挤压，使大部分泥浆逐渐沿空隙向上排出桩顶（小部分仍滞留在钢筋笼与混凝土体之间）。混凝土侧向挤出填间隙，使原测得的桩顶混凝土假标高降低，是桩顶标高不够的主要原因。其次，导管埋入混凝土太深，一次拔出后会造成混凝土顶面下降。再者，新浇筑混凝土的侧压力大于淤泥水壁压力，也会逐渐排挤淤泥，形成桩身"鼓肚"使混凝土面下降。

（5）桩身混凝土强度低。桩身混凝土用 P52.5 水泥配制，配合比经试验确定，有大量试块及部分钻探抽芯试样未达到设计要求的 C30 强度。

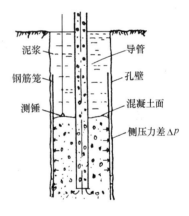

图 4-27　钻孔灌注桩质量问题示意图

其原因如下：一方面，由于导管埋入混凝土深，孔内泥浆稠度大，造成混凝土灌入阻力大，返浆困难。如 36 号桩导管埋入混凝土 18m，混凝土要从导管底流出，必须克服上部混凝土自重 300kN 左右，而导管内的混凝土桩平衡重仅 20kN。此外，尚需克服桩内泥浆重及混凝土流动阻力，因此混凝土没有很大流动性是根本无法灌下去的，所以在搅拌混凝土时不得不随意加大混凝土的水灰比，降低其稠度，增加流动性，以便浇筑。这就是造成混凝土强度等级降低的主要原因。另一方面，由于混凝土水灰比高，从高处灌注时极易产生分层离析，钻孔抽芯可见桩有许多部位是没有粗骨料的砂浆，个别芯样混凝土抗压强度仅有 16.8MPa。部分桩身混凝土内混有泥浆，降低了混凝土的强度。

第四节 建筑基础工程

一、多层建筑基础工程

多层建筑大多采用浅基础。常见的基础形式有条形基础、片筏基础、独立基础等。按材料分有砖砌基础和钢筋混凝土基础。选用何种形式的基础，都受到地质条件、上部荷载的大小、主体结构形式等因素的影响。基础工程发生质量事故，都有可能对建筑物的结构安全等造成极大的影响。基础工程常见的工程质量事故有：基础轴线偏差、基础标高错误、预埋洞和预埋件的标高和位置错误等，还包括基础变形、沉降等。

1. 基础错位

基础错位事故主要包括：基础轴线偏差、基础标高错误、预留洞和预埋件的标高和位置的错误等。造成基础错位事故的主要原因：

1）勘测：如勘测不准确造成的滑坡而引起基础错位，甚至引起过量下沉和变形等。

2）设计：制图错误，审图时又未及时发现纠正；设计措施不当。如对软弱地基未做适当处理，选用的建筑结构方案不合理等。土建、水、电、设备施工图不一致。

3）施工：

①测量放线。如读图错误、测量错误、测量标志移位、施工放线误差大，及误差积累等。

②施工工艺。如场地平整及填方区碾压密实度差；基础工程完成后进行土方的单侧回填造成的基础移位或倾斜，甚至导致基础破裂；模板刚度不足或支撑不良；预埋件由于固定不牢而造成水平位移、标高偏差或倾斜过大等；混凝土浇筑工艺和振捣方法不当等。

③地基处理不当。如地基暴露时间过长，或浸水、或扰动后，未做处理；施工中发现的局部不良地基未经处理或处理不当，造成基础错位或变形。

④相邻建筑影响或地面堆载大而引起的基础错位。

2. 基础变形

基础变形事故是建筑工程较严重的质量事故，它可能对建筑物的上部结构产生较大的影响。常见的基础变形事故有：基础下沉量偏大，基础不均匀沉降，基础倾斜。

基础变形事故的原因是多方面的，因此，分析必须从地质勘测、设计、地基处理、施工及使用等多方面综合分析。造成基础变形事故的主要原因：

（1）地质勘测

1）勘测资料不足、不准或勘测深度不够，勘测资料错误；

2）勘测提供的地基承载力太大，导致地基剪切破坏形成斜坡。

（2）地下水位的变化

1）施工中采用不合理的人工降低地下水位的施工方法，导致地基不均匀下沉；

2）地基浸泡水，包括地面水渗入地基后引起附加沉降，基坑长期泡水后承载力降低而产生的不均匀下沉，形成倾斜；

3）建筑物动用后，大量抽取地下水，造成建筑物下沉。

（3）设计

1）建造在软弱地基或湿陷性黄土地基上，设计没有采用必要的措施或采用的措施不当，造成基础产生过大的沉降或不均匀沉降等。

2）忽略地基土质不均匀，其物理力学性能相差较大，或地基土层厚薄不均，压缩变形差异大等不利因素。

3）建筑物的上部结构荷载差异大，建筑体形复杂，导致不均匀沉降。

4）建筑上部结构荷载重心与基础形心的偏心距过大，加剧了偏心荷载的影响，增大了不均匀沉降。

5）建筑整体刚度差，对地基不均匀沉降较敏感。

6）整板基础的建筑物，当原地面标高差很大时，基础室外两侧回填土厚度相差过大，会增加底板的附加偏心荷载。

7）地基处理不当，如挤密桩长度差异大，导致同一建筑物下的地基加固效果不均匀。

（4）施工

1）施工程序及方法不当，例如建筑物各部分施工先后顺序错误，在已有建筑物或基础底板基坑附近，大量堆放被置换的土方或建筑材料，造成建筑物下沉或倾斜。

2）人工降低地下水位。

3）施工时扰动或破坏了地基持力层的地质结构，使其抗剪强度降低。

4）施工中各种外力，尤其是水平力的作用，导致基础倾斜。

5）室内地面大量堆载，造成基础倾斜。

【工程实例一】

某市房地产开发公司开发的某商住楼位于市区解放南路，建筑物长64.24m，宽11.94m，层数为六层局部七层。房屋总高度22m，底层为商店，二层以上为住宅，共四个单元，总建筑面积4 395m²。主体为砖混结构，底层局部为框架结构。基础形式根据荷载不同分为钢筋混凝土独立基础和刚性条形基础，刚性条形基础处设地圈梁。基础埋深3.8m。

该工程验收时发现第三单元楼梯外墙有一条垂直的细小裂缝，有关部门要求对该裂缝加强观察。半年中裂缝未出现明显的扩展，但一段时间以后裂缝相继扩展到地圈梁、墙体、楼面、屋顶、女儿墙等多个部位。经查看现场，进行技术鉴定，该楼的裂缝和沉降为：

（1）地圈梁和底层连系梁多处裂缝，裂缝形式以垂直为主，部分区段有斜裂缝。地圈梁裂缝宽度在0.5～10mm之间。大部分贯穿地梁截面。连系梁裂缝宽在0.15～10mm之间，多数已伸到梁高的2/3以上。

（2）内外墙裂缝较为普遍，倒"八"字形、垂直、斜向裂缝均有，宽度在0.5～10mm间。楼面面层起壳、楼板缝间开裂现象普遍。

（3）因该楼室外回填土厚达3m多，同时楼房竣工后解放南路改造，沉降观察点多次重新设置，观测数据为阶段性的非系统数据，监测数据仅供参考。对不同阶段的监测数据进行汇总分析，房屋两边的沉降量较大，最大沉降量为24mm，中间沉降量小，南端沉降量较大点与中间沉降量较小点之间沉降量差值达200mm左右。

原因分析

造成该质量事故的主要原因有以下几个方面：

（1）勘察。该楼地基平面上分布有三个溶洞，洞中软黏土分布不均，最厚达 20m。在灰岩地区（岩溶地区）的工程地质勘察工作，必须查明溶洞的深度，分布范围，并查清洞内土质的物理化学指标和地下水情况，而在该楼房的地基压缩层内，上述勘察要求没有达到。在已有的资料中表明，较稳定的②～④层地基上覆盖层仅 2.5～4.8m，下卧层为高压缩性软黏土，厚度不均，且局部缺失，勘察未明确溶洞准确边界线以及软黏土的各项物理力学指标，给设计取值造成了一定的困难，厚薄不匀的软黏土的压缩沉降是该建筑物产生不均匀沉降的主要原因。

（2）设计。设计中对勘察资料分析不足，对建筑物地基下存在的软弱下卧层变形验算不够精确。建筑物结构选型不够合理。上部结构刚度差，构造柱等设置数量少，部分位置不合理，使建筑物对不均匀沉降敏感。建筑物长为 62.24m，采用素混凝土基础及钢筋混凝土基础，建筑物纵向刚度差，同时在地基不均匀的情况下未充分考虑解决不均匀沉降问题。

（3）施工。在砖墙砌筑中，墙体的质量没有严格按照工艺和验收规范的要求施工，特别是构造柱与墙体的连接不符合构造要求，影响了墙体的整体性和刚度。在基础开挖中，由于遇到较长时间的降雨，使地基浸泡在水中一段时间，施工中扰动、破坏了地基的土壤结构，使其抗剪强度降低。在基础回填土中，从一侧回填，增加了基础的施工水平力，导致基础倾斜和变形。

（4）环境。在该工程竣工半年后在其南侧改造开挖了一条截面 5.5m×7m 的小河，该河床底标高低于基础底标高 1.5m 左右，河水位低于基础地下水位。平时有浑水从小河的砌石护坡上的排水管中流出，出现地基中细小颗粒被水带走现象，加速了地基的变形，致使该楼在河道改建后，不均匀沉降现象迅速加剧。另外，在半年后修路过程中，在房屋四周回填了约 3m 高的回填土，增加了基础的附加应力，也加速了地基的变形。

【工程实例二】

天津市某公司生活区，未经勘察，破土动工兴建 4 幢四层住宅楼，当年竣工开始住人时，发现楼房有超沉降和明显的倾斜。

病害楼 101～104 号，均为四层楼房，长 60m，宽 8.9m，高 10.5m，每栋楼分 5 个单元，砖混结构，楼内设有抗震柱，每层加圈梁，基坑开挖深度 1.2～1.4m，片筏基础，厚 250mm，宽 10.9m，基础下有 100mm 厚的砂垫层。设计荷载 80kPa，楼为东西走向，从平面图上看，楼的南半部房间大，而厨房厕所楼梯都在北半部。南半部内外边墙距离 4.9m，北半部墙距离为 4m，且隔墙多，如图 4-28 所示。

楼房住人前虽发现有倾斜现象，但不严重。住人后楼房明显倾斜，内墙出现裂缝；室内地坪也出现向北倾斜；底层后院围墙因楼基下沉而严重开裂；一层楼楼梯踏步沉没一阶半；楼北面的暖气管道已明显向南倾斜；室外路面已高出单元门经垫高整修过的地面，

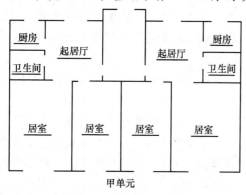

图 4-28　首层单元平面图

形成倒坡。

楼房沉降观测是从当楼房建至两层时开始，至竣工共观测了三次；时隔 20 个月后，一年之内观测了三次。4 栋楼房累计沉降量为 277 ~ 499mm。楼南侧沉降量为 277 ~ 332mm，北侧为 389 ~ 499mm，南北沉降差为 100 ~ 167mm。据观测，4 栋楼房均向北倾斜，相对倾斜率为 13‰ ~ 17‰。与后来观测结果比较，在 8 个月内又下沉了 22 ~ 27mm，沉降虽趋向缓慢，但还未达到稳定。

根据对病害楼区地基进行详细补充勘察，得知该地段浅层土主要为第四系全新统 (Q_4) 陆相、滨海相新近沉积的松软堆积土层。在 0.8 ~ 1.0m 的杂填土下，依次为：

①黏土。黄褐色，软塑，高压缩性，厚 0.5 ~ 1.8m。

②淤泥。蓝灰色，流塑，超高压缩性，厚 1.1 ~ 1.9m。

③黏土。灰色，稍密，饱和，具中等压缩性，厚 0.4 ~ 0.8m。

④淤泥质黏土，深灰色，流塑，高压缩性，厚 3.7 ~ 4.4m。

⑤黏土，褐灰色，饱和，稍密，中等压缩性，厚 1.7 ~ 2.6m。

⑥淤泥质黏土。深灰色，流塑，具高压缩性，厚 5.8 ~ 6.6m。

岩性柱状剖面如图 4-29 所示。

楼区地基土层在竖向上呈多层交互，成层较稳定，虽厚薄有变化，但普遍有分布；在横向上以发育有透镜体微薄夹层为特点；从粒度成分上看，以微细颗粒为主的黏性土为特征。而持力压缩层和下卧层主要以海相层为主。从物理力学性质上看，主要土层的天然含水量一般都大于液限；天然重度一般都小于 18.5kN/m³；孔隙比一般都大于 1.0。

深度/m	剖面	岩性	厚度/m
		杂填土	0.8 ~ 1.0
		黏土	0.5 ~ 1.8
		淤泥	1.1 ~ 1.9
		黏土	0.4 ~ 0.8
		淤泥质黏土	3.7 ~ 4.4
		黏土	1.7 ~ 2.6
		淤泥质黏土	5.8 ~ 6.6

图 4-29 岩性柱状剖面图

地基浅层土都富含有机质，在孔深 18m 以下仍见有未烂尽的植物残屑，有些还能辨认。说明沉积年代短，固结作用差，土的强度低。由于软土的重度小，孔隙比大，含水量高，透水性差，而孔隙水又很难排出。软土的沉降量大，固结稳定需要的时间很长，为其软土的主要特性。

地基各土层的物理力学性质指标见表 4-6。

从表 4-6 可以看出，基础内外地基土的物理力学性质指标稍有差异；地基在荷载作用下都有所压密，鉴于楼房北侧荷重较南侧为大，故北侧地基土的有些力学性指标值较南侧稍大；基础底面下 8m 以内，地基土的容许承载力仅达 60 ~ 70kPa，低于原设计荷载 (80kPa)。

该地段地下水位埋深为 0.8 ~ 1.1m，年变化幅度约 0.6m。地下水为壤中水，仅第 3 及第 5 两层黏土为相对弱含水层。

原因分析

该楼区是在没有进行勘察，对基础下地基持力层和下卧层的结构、分布、物理力学性指标不了解的情况下着手设计和动工兴建的。所以设计施工不够合理，导致楼房普遍下沉量大，都向北倾斜，沉降差高达 100 ~ 167mm。后经详细勘察和调查，掌握地基土的特征

表 4-6 地基土物理力学性指标

层序	类型	项目/方法	天然含水量 w/%	天然容重 γ/(kN/m³)	饱和度 Sr/%	天然孔隙比 e	液限 wL/%	塑性指数 Ip/%	液性指数 IL	灼热损失 Q/%	无侧限抗压强度 qu/kPa	灵敏度 St	压缩系数 a1-2/MPa	压缩模量 Es/MPa	静探指标 ps/kPa	静探指标 fs/kPa	容许承载力 R/kPa
①	基础外	平均值	47.7	17.2	96	1.372	40.2	22.6	0.90		22	2.7	0.92	1.8	238	25	70
	基础南	平均值	44.7	17.8	98	1.269	49.3	21.1	0.70		49	2.0	0.78	2.7	640		
	基础北	平均值	43.3	18.1	99	1.209	52.2	24.2	0.63		78	2.7	0.50	4.6	670		
②	基础外	平均值	53.7	16.9	97	1.523	48.7	21.8	1.22		23	3.7	9.80	2.2	159	9	60
	基础南	平均值	50.4	17.3	99	1.429	49.5	22.4	1.05		33	0.14	0.98	2.2	390		
	基础北	平均值	49.2	17.3	98	1.101	47.6	28.7	1.05		63	2.4	1.05	2.2	400		
④	基础外	平均值	43.7	17.7	98	1.235	37.9	16.9	1.36	6.9	8	2.7	0.74	2.5	133	5	70
	基础南	平均值	42.2	17.9	98	1.186	35.9	15.4	1.40	7.1	24	3.2	0.98	2.8	500		
	基础北	平均值	40.0	18.2	98	1.089	35.9	16.3	1.23	7.9			0.68	2.7	510		
⑤	基础外	平均值	32.7	18.5	93	0.966	28.2	9.9	1.44		39	6.9	0.39	6.9	238	36	120
	基础南	平均值	30.2	19.5	97	0.842	28.0	8.5	1.25		26	1.4	0.20	9.2	3 500		
	基础北	平均值	28.0	19.7	99	0.770	27.0	6.8	1.18				0.21	8.3	3 540		
⑥	基础外	平均值	39.5	17.9	95	1.139	34.1	15.0	1.32		44	2.9	0.68	2.7	454	5	80
	基础南	平均值	38.9	18.2	97	1.093	34.3	14.1	1.36		34	3.4	0.64	2.8	600		
	基础北	平均值	39.5	18.1	97	1.116	34.1	15.8	1.29		49	3.8	0.61	2.9	610		

注: 第③层地基土物理力学性能指标与第①层基本相同。

和沉降观测资料，从应力应变及建筑物的沉降变形分析后认为，造成楼房超沉降及向北倾斜的原因如下：

（1）实际荷载与设计荷载比较

按设计图纸，对住宅楼甲单元的荷载进行了计算（以内隔墙为界，分南北两部计算）见表4-7。

表4-7　楼房甲单元南北两侧荷重统计

项目 位置	内外墙/ kN	RC板/ kN	屋面/ kN	筏片填层/ kN	室内填土/ kN	粉刷其他/ kN	标准活荷载/kN	总　计/ kN	单位荷载/ (kN/m²)
南侧	1 907	2 016	113	576	1 452	1 280	230	7 574	114.7
北侧	2 895	936	98	515	1 294	1 195	94	7 027	119.5

经计算，楼南侧单位荷重为114.7kN，北侧为119.5kN，均大于设计荷载（80kN）。而且楼北侧比南侧单位荷重大4.8kN。故楼房有超载和偏载的问题存在。则导致楼房发生超沉降和向北倾斜。

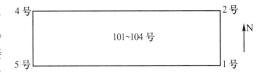

图4-30　沉降观测点位置及编号

（2）实际沉降观测值与计算值比较

沉降观测点位置编号图4-30，各楼观测点实测累计沉降量统计见表4-8，按不同荷载试算沉降的计算结果见表4-9。

表4-8　各测点实测累计沉降量

楼　号	北侧测点		南侧测点		北侧测点与南侧沉降差	
	4号	2号	5号	1号	4~5号	1~2号
101号	404	389	304	284	100	105
102号	392	407	283	297	109	110
103号	444	390	307	277	137	113
104号	499	430	332	318	167	112

表4-9　按不同荷载计算的沉降量

设计荷载 p/ kPa	计算的地基变形值 S'/mm	基础的最终沉降量 $S = m_s S'$/mm
80	207.1	269.2
85	226.7	294.0
115	333.6	433.7
120	354.1	460.3

注：沉降计算经验系数 m_s 采用1.3。

从表4-8、表4-9可以看出，按115kPa和120kPa荷载计算的沉降量比较接近实际沉降量观测值，说明楼房实际荷载是远大于设计荷载的。

（3）在缺乏基础设计资料的情况下进行设计和施工

该楼群的设计是在缺乏地基土勘察资料的情况下进行的。通过补充勘察得知基底下的持力层为0.4~0.9m厚的黏土，且分布又不均匀；基础下卧层主要为高孔隙和高压缩至超高压缩性淤泥及淤泥质软土。楼房发生超沉降和偏斜，这主要是设计依据不当所造成的。

从查阅到的施工记录和施工观测记录说明，在施工阶段，也就是砌完第二层、第三层楼房后就产生不均匀差异沉降。这是由于施工时，北侧局部堆载，挖沟排水，地基土侧向挤出，以及挖基坑时对地基土的扰动，使土层的结构强度降低所致。这是施工方法不当所造成的局部沉降和差异沉降。

基于如上所述，经初步分析认为，导致地基产生超量变形和楼房倾斜的最主要原因，应归结于地基土的承载力低，土质均匀性较差，以及楼房的实际荷载较大等。南北侧荷载分布相差约 5kPa，把偏载作为楼房倾斜的原因之一，也是值得考虑的。

二、高层建筑基础工程

近年来通过大量的工程实践，我国的高层建筑施工技术得到快速的发展。在基础工程方面，高层建筑多采用桩基础、筏式基础、箱形基础或桩基与箱形基础的复合基础，涉及深基坑支护、桩基施工、大体积混凝土浇筑、深层降水等施工技术。有关工程质量事故有些在前面的章节中有所分析，本节重点分析在基础工程中大体积混凝土施工中常见的质量事故。

我国最新发布的《普通混凝土配合比设计规程》中规定："混凝土结构物实体最小尺寸 ≥ 1m，或预计会因水泥水化热引起混凝土内外温差过大而导致裂缝的混凝土"，定义为大体积混凝土。大体积混凝土具有结构厚、钢筋密、混凝土数量大、工程条件复杂和施工技术要求高等特点。大体积混凝土结构的截面尺寸较大，由外荷载引起裂缝的可能性很小，但水泥在水化反应过程中释放的水化热所产生的温度变化和混凝土收缩的共同作用，会产生较大的温度应力和收缩应力，是大体积混凝土结构出现裂缝的主要原因。

在大体积混凝土施工中，施工不当引起的温度裂缝主要有表面裂缝和贯穿裂缝两种。大体积混凝土施工阶段产生的温度裂缝，是其内部矛盾发展的结果。一方面是混凝土由于内外温差产生应力和应变，另一方面是结构物的外约束和混凝土各质点的约束阻止了这种应变，一旦温度应力超过混凝土能承受的极限抗拉强度，就会产生不同程度的裂缝。产生裂缝的主要原因：

（1）没有选用矿渣硅酸盐水泥和低热水泥，水泥用量过大，没有充分利用掺入粉煤灰等掺和料来减少水泥的用量。

（2）没有注意好原材料的选择。如骨料级配差、含泥量大、水灰比偏大等。

（3）混凝土振捣不密实，影响了混凝土的抗裂性能。

（4）没有严格加强混凝土的养护，加强温度监测。

（5）发现混凝土温度变化异常，没有及时采取有效的技术措施。

（6）没有有效地减少边界约束作用。

（7）没有选择合理的混凝土浇筑方案。

（8）原大体积基础拆模后，没有及时回填土，以保温保湿，使混凝土长期暴露。

（9）混凝土掺用 UEA 等外加剂时，品种、用量的使用不合理，没有达到预期效果。

【工程实例一】

某商贸城位于繁华的商业街的中心位置。该工程为地下二层，地上 26 层的高层建筑，其中地下室建筑面积 8 800m²，长 112m，宽 72m，混凝土墙、梁、板设计标号为 C35，柱 C40，底板厚 150cm，顶板厚 30cm 或 80cm。因该建筑工程超长超宽，地下室底板采用设置三条膨胀带以克服混凝土的温差应力和收缩变形，地下室顶板（±0.00 层）采用超长大钢筋混凝土（RC）无缝结构设计方案，在混凝土内掺入0.7%的HEA高效复合剂。混凝土由该市建工集团混凝土搅拌公司提供，HEA计量由厂家到混凝土搅拌站进行人工计量。

在完成±0.00层施工后，该层板、梁及地下室竖壁陆续出现大量裂缝，裂缝宽度均超过允许值。经停工检查，发现混凝土中出现的裂缝分布规律主要是：

（1）裂缝均较长，大部分与板钢筋成45°。

（2）在已拆模及未拆模处均发现上述裂缝。

（3）经观察裂缝宽度随温度变化而变化，上午气温低时，缝变宽，中午气温高时，缝变窄。

（4）梁板裂缝形状为上宽下窄，且板中大部分为贯穿裂缝。

（5）目前随混凝土龄期增长裂缝数量还在增加。

原因分析

根据现场勘察和专家论证分析，地下室顶板及侧壁出现混凝土开裂的主要原因：

（1）本工程±0.00层混凝土在未上荷载的情况下，即产生裂缝，明显是由于混凝土的温度和收缩变形引起的。

（2）设计单位对本工程±0.00层超长大结构采用无缝设计新技术，但设计文件中没有做出详细的设计内容和要求。

（3）±0.00层板中HEA用量，业主擅自做主，将其用量定为0.7%，又不要求设置膨胀加强带。

（4）HEA用量明显偏低，达不到补偿收缩的作用。

（5）施工单位没有认识到大体积混凝土施工的特殊性，对该工程仍采用常规混凝土施工的方法，是混凝土开裂的一个重要原因。

【工程实例二】

某工程有两块厚2.5m，平面尺寸分别为27.2m×34.5m和29.2m×34.5m的板；两块厚2m，平面尺寸分别为30m×10m和20m×10m的板。

设计中规定把上述大块板分成小块，间歇施工。其中2.5m厚板每大块分成6小块，2m厚板分成10m×10m小块。

混凝土所用材料为：P42.5抗硫酸盐水泥，中砂，花岗岩碎石，其最大粒径100mm，人工级配5～20mm、20～50mm、50～100mm共三级。

混凝土强度等级：厚2.5m板为C20，抗渗等级为S6，抗冻为D150，其配合比为：水泥∶砂∶石＝1∶2.48∶5.04，水灰比为0.51，单方水泥用量为262kg/m³，三级级配石子的比例是大∶中∶小＝0.56∶0.21∶0.23；厚2m板为C20混凝土，B＝6，M＝300，配合比为：水泥∶砂∶石＝1∶2.02∶4.71，水灰比为0.46，水泥用量为294kg/m³，石子级配大∶中∶小＝0.55∶0.23∶0.22。

混凝土中掺入0.006%～0.01%的松香热聚物加气剂，含气量控制在3%～5%（用含气量测定仪控制）。

配筋情况：在距离板的上、下表面50mm处配置，双向螺纹钢筋Φ28～36@300。

地基情况：钢筋混凝土板直接浇筑在微风化的软质岩石地基上。浇筑混凝土前用钢丝刷及高压水冲刷干净。

大块板分成小块时，临时施工缝采用键槽形施工缝（图4-31）。缝面用人工凿毛，并

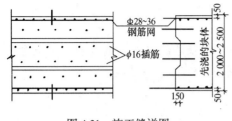

图 4-31 施工缝详图

设插筋 $\phi 16@500$。块体内配置的螺纹钢筋网在接缝处拉通。

为了进行温度观测,在混凝土板中埋设了 28 个电阻温度计和 87 个测温管,进行了 4 个多月的温度观测。裂缝观测时用 5 倍的放大镜寻找裂缝,用 20 倍带刻度的放大镜测读裂缝宽度。裂缝情况:

表面裂缝。在大部分板的表面都发现程度不同的裂缝,裂缝宽度为 0.1 ~ 0.25mm,长度短的仅几厘米,长的达 160cm。裂缝出现时间是拆模后的第 1 ~ 2d。

临时施工缝(即小块板接缝处)裂开。在一小块板浇筑后的第 6 ~ 17d,再浇筑相邻的另一块板。当后浇的一块板达 23 ~ 42d 期间,两块板之间的临时施工缝全部裂开,裂缝宽度为 0.1 ~ 0.35mm。

裂缝的开展。裂缝是逐渐开展的。如一块板的第一条裂缝出现在拆模后的第一天,裂缝长 15cm,最大宽度 0.15mm。隔一天裂缝发展为长 40cm,宽 0.2mm。临时施工缝也是由局部的、分段的表面裂缝逐步发展成为通长的表面裂缝,随着时间的推移,裂缝向深处发展,以致全部裂开。

原因分析

(1) 温差引起裂缝

由于该工程属于大体积混凝土,因此水泥水化热大量积聚,又散发很慢,造成混凝土内部温度高,表面温度低,形成内外温差;在拆模前后或受寒潮袭击,使表面温度降低很快,造成了温度陡降(骤冷);混凝土内达到最高温度后,热量逐渐散发而达到使用温度或最低温度,它们与最高温度的差值就是内部温差。这三种温差都可能导致混凝土裂缝。

1) 内外温差、温度陡降引起的表面裂缝图 4-32 所示为 2.5m 厚板混凝土浇筑后 6d 的板内温度分布曲线。这条温度曲线是用埋入混凝土内的电阻温度计(共 5 只)测得的。测温时的气温为 6℃。从图中可见,内部温度与表面温度差值为 23℃左右,内部温度与气温差达 26℃左右。混凝土内部温度高,体积膨胀大,表面温度低,体积膨胀较小,它约束了内部膨胀,在表面产生了拉应力,内部产生压应力。当拉应力超过混凝土的抗拉强度时,就产生了裂缝。

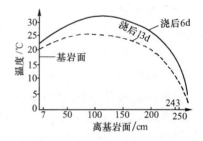

图 4-32 厚 2.5m 板内温度分布曲线图

在有裂缝的板中,多数受到 8 ~ 10℃ 的温度骤降作用。因此,表面温度陡降是引起表面裂缝的重要原因。温度骤降通常出现在拆模前后或寒潮袭击时,由这种温差所造成的温度应力形成较快,徐变影响较小,产生表面裂缝的危险性更大。

2) 内部温差引起的裂缝:本例中的板浇灌在岩石地基上,水泥水化热使内部温

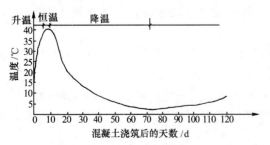

图 4-33 温度曲线图

度升高，在基岩的约束下产生压应力，然后经过恒温阶段后，开始降温如图 4-33 所示，混凝土收缩（除了降温收缩外，还有干缩）在基岩的约束下产生拉应力。由于升温较快，此时混凝土的弹性模量较低，徐变影响又较大，因此压应力较小。但经过恒温阶段到降温时，混凝土的弹性模量较高，降温收缩产生的拉应力较大，除了抵消升温时产生的压应力外，在板内形成了较高的拉应力，导致混凝土裂缝。这种拉应力靠近基岩面最大，裂缝靠近基岩处较宽，如图 4-34 所示。当板厚较小，基岩约束较大时，拉应力分布较均匀，产生贯穿全断面的裂缝。

从图 4-32 中可见板内部温差值为 37℃。从施工记录中可见，施工缝全部裂开时的内部温差仅 12~19℃（两块大的板温差 12℃左右，一块小的板温差 19℃），实际温差都大大超出裂开时的温差。值得指出的是，尺寸小的板，约束相对减小，其裂缝的温差相应就增大。

（2）干缩裂缝

混凝土表面干缩快，内部干缩慢，表面的干缩受到内部混凝土的约束，在表面产生了拉应力，是造成表面裂缝的重要原因之一。

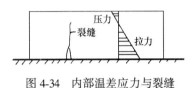

图 4-34　内部温差应力与裂缝

内外温差、温度陡降与干缩引起的拉应力可能同时产生，几种应力叠加后，造成裂缝的危险性更大。当表面裂缝与内部裂缝的位置接近时，可能导致贯穿裂缝，将影响结构安全。

小　结

土方（无支护、有支护）工程，重点分析了边坡失稳、塌方、深基坑支护结构位移、整体失稳、降水排水不当等，使地基扰动，影响承载力的原因。通过分析，要加深对深基坑工程中时空效应的理解。

地基与基础工程，重点分析了过量变形、不均匀沉降，影响地基承载力的原因，并对地基加固处理中出现的质量问题，做了全面系统分析。

桩基础工程，重点分析了成桩过程中容易发生质量事故带有共性原因，并阐述了各种不利因素的相互作用。

建筑基础工程，重点分析了，高层建筑基础（大体积混凝土施工）产生的质量事故的原因。

本章工程实例很多，通过对实例的分析，进一步提高质量事故分析的理论水平。

复习思考题

1. 土方工程容易出现哪些质量事故？重点分析深基坑支护结构对土方工程的影响。
2. 为什么说降水排水直接影响土方工程的施工质量？举例说明。
3. 地基处理工程中容易出现哪些质量事故？分析产生的原因。
4. 影响桩基础承载力有哪些主要因素？
5. 试述大体积混凝土产生裂缝的原因。

第五章　主体结构工程

第一节　砌体结构工程

由砖、石或砌块组成，并用砂浆黏结而成的砌体，称为砌体结构。砌体结构子分部中如砖砌体、砌块砌体、石材砌体、配筋砖砌体等，用于建筑物的受压部位，还占有一定的比重，虽然施工技术比较成熟，但质量事故仍屡见不鲜。

砌体结构工程的质量事故，从现象上来看，主要有砌体开裂、砌体酥松脱皮、砌体倒塌等。

一、砖、石砌体工程

1. 砌体裂缝

砌体出现裂缝是对建筑物危害较大的质量事故之一，轻者影响美观和使用功能，重者影响结构安全，甚至倒塌。

《砌体工程施工质量验收规范》（GB 50203—2002），对砌体开裂作了如下规定：

对有可能影响结构安全性的砌体裂缝，应由有资质的检测单位检测鉴定，需返修或加固处理的，待返修或加固满足使用要求后进行二次验收。

对不影响结构安全性的砌体裂缝，应予以验收；对明显影响使用功能和观感质量的裂缝，应进行处理。

从上述规定来看，要完全避免砌体裂缝有一定的难度。

砌体开裂的原因有多种，但大致可以归纳为两类：一类为由荷载引起的裂缝，反映了砌体的承载力不足或稳定性不够；另一类是由于温度变化、干缩变形或地基的不均匀沉降产生的裂缝，占砌体裂缝的90%以上。

（1）砌体的荷载裂缝

砌体的荷载裂缝，反映了砌体的承载力不足。砌体承载力不足，是指已完工的砌体按实际完成的截面尺寸和所采用的材料实际强度等级，其承载力复核验算计算不满足《砌体结构设计规范》（GB 50003—2001）的规定要求，或虽然理论计算满足规范要求，但因施工质量低劣，经检验鉴定，不能满足承荷需要。

砌体承载力不足，主要原因是砌体的强度不够和砌体的稳定性差。

1）影响砌体抗压强度不足的主要原因：

①设计时所采用的截面偏小，使用的砖石和砂浆强度等级偏低。

②砖和砂浆的强度等级是确定砌体强度的两个主要因素，且砌体的强度与砖石和砂浆的强度成正比，在施工中如降低了砖石和砂浆的强度等级，势必降低砌体的强度。

③砖的形状和灰缝厚度不一，会影响砌体的强度。如果砖表面不平整或厚薄不均匀，就会造成砂浆层厚度不一，引起较大的附加弯曲应力，使砖破裂；砂浆和易性差，灰缝不

饱满也会使单砖内受到的弯曲和剪切应力增加，降低了砌体的强度。

2）影响砌体稳定性的主要原因：

①墙、柱的高厚比超过了规范允许的高厚比，使其刚度变小，稳定性差。

②砌体受温差收缩变形影响，当收缩引起的应力超过砌体的抗拉强度时，容易在纵墙中部沿砌体高度方向产生上下贯通的竖向裂缝，降低砌体的稳定性。

③组砌不合理。砖通过一定的排列，依靠砂浆的黏结形成一个整体（砌体）。如砌体是在受压状态承受压力，为了使所有砖均能平均承受外力和自重，必须使将受到的压力沿45°线向下传递，使整个砌体由交错45°应力线连为整体。如果在砌筑砖砌块时，排序不合理，就会降低砌体抗压强度和稳定性，引起裂缝。

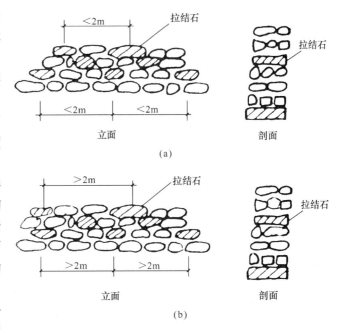

(a) 正确砌法；(b) 错误砌法

图 5-1　石砌体组砌示意图

④在砌筑石料时，因料石自重大，表面又不规则，没有使石料的重心尽量放低，又忽视设置拉结石，或设置了拉结石没有相互错开，或每 0.7m² 墙面拉结石少于 1 块，会造成砌体不稳定（图 5-1）。此外，造成砌体裂缝，还有使用方面的原因。

砌体承载力不够，当全部或部分荷载加上去之后，将出现局部被压裂，压碎剪断，拉裂等现象，产生受压裂缝，受弯裂缝，稳定性裂缝，局部受压裂缝，受拉裂缝和受剪裂缝。荷载裂缝多数出现在砌体应力较大部位，随荷载和作用时间的增加，裂缝宽度增大。表 5-1 示出了几种典型荷载裂缝的形态。

表 5-1　砌体的荷载裂缝

裂缝种类	裂缝形态及简要说明	图　　示
受压裂缝	裂缝通常顺压力方向。当单砖的断裂在同一层多次出现时，说明该墙在竖向荷载下已经无安全贮备；当竖向裂缝连续长度超过4皮砖时，说明该部位砖墙已接近破坏，如果这种裂缝的间距≤240mm，墙体有倒塌的危险	

裂缝种类	裂缝形态及简要说明	图　　示
受弯或大偏心受压裂缝	当偏心矩较大时,砌体会产生较大的弯曲变形,在远离压力作用一侧,可能会出现垂直于荷载方向的裂缝	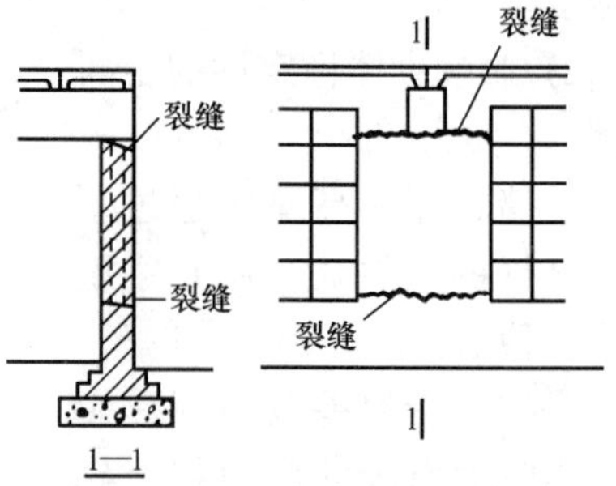
稳定性裂缝	当高厚比超过规定限值时,砖砌体会发生弯矩作用平面内较大的弯曲,且在弯曲区段的中点,往往出现水平向裂缝	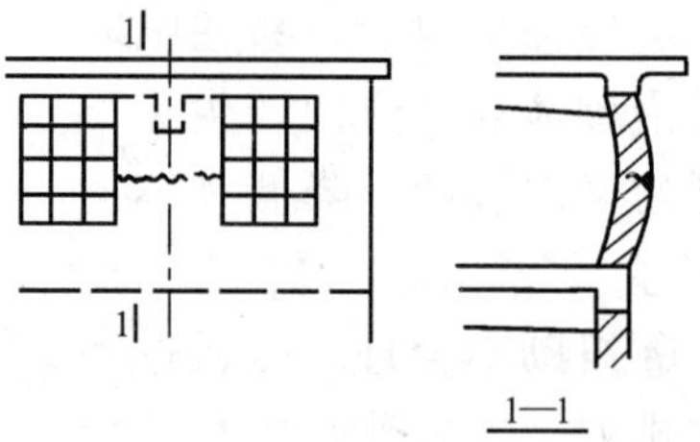
局部受压裂缝	当梁底部没有设置垫块时,在梁底部的砌体上易发生竖向的局部受压裂缝	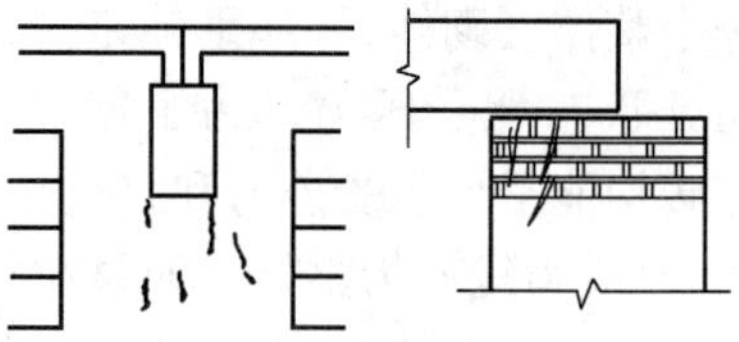
受拉裂缝	对于圆形水池、散装筒仓等结构,易发生与拉力方向垂直的或马牙形的受拉裂缝	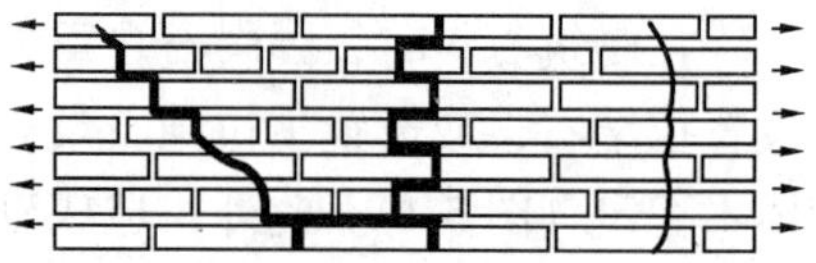
受剪裂缝	在挡土墙无拉杆拱的边支座处,易出现水平通缝如图(a)所示;对砖挑檐一类的构件,裂缝为右图(b)所示;在水平力作用下,砖砌体也易发生阶梯形裂缝,如图(c)和(d)所示	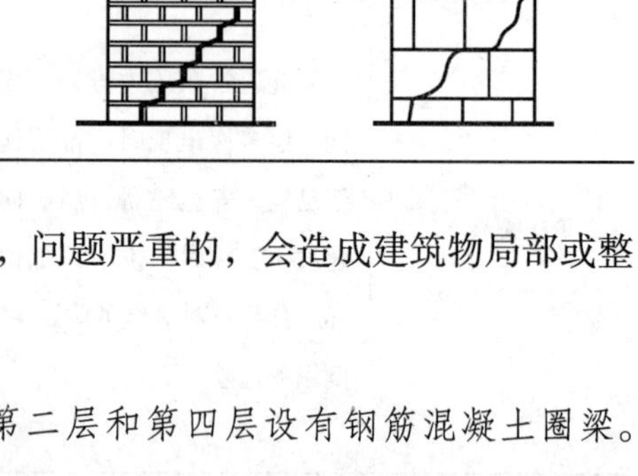

砌体出现了荷载裂缝,表明承载力安全度不够,问题严重的,会造成建筑物局部或整体倒塌。

【工程实例一】

某五层砌体结构住宅,层高3m,基础顶面及第二层和第四层设有钢筋混凝土圈梁。

交付使用不到半年，北面纵墙与部分横墙连接处开裂，最后导致纵墙成为高 2m，长 15m 的独立墙。

原因分析

（1）部分纵横墙连接处设置了烟道，致使墙的连接处刚度降低，烟道不断受热，产生温度变形，是造成事故的主要原因。

（2）部分内横墙未设置圈梁，整体稳定性差。

（3）二层以上为空斗墙体，先砌纵墙时，在与横墙连接处未按规定砌成实体，又是采用阳槎连接，又未设置拉接筋。

（4）砌体砂浆不饱满，通缝严重。

【工程实例二】

某乡镇企业新建一车间，砌体结构，三层，高度 12m，建筑面积 1 500m²。第一～二层为生产用房，一层通开，多孔预制板架设在 10m 跨度的钢筋混凝土梁上。当施工到第二层时，应业主要求增加了一层，并把原设计的硬山搁檩、挂瓦屋面改成现浇混凝土平顶屋面，竣工后不久，突然倒塌，造成重大倒塌事故。

原因分析

（1）经试压检测，砖与砂浆的强度分别低于设计 MU10.0、M5.0 的 40%，大大降低了砌体的强度。水泥混合砂浆虽然用机械搅拌，搅拌时间少于 2min。

（2）未经设计单位同意，擅自改变屋面结构，增加了屋面荷载。

（3）未经设计单位同意，擅自将二层改为三层，增加了底层砖墙壁柱所承受的竖向荷载。

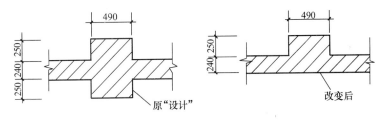

图 5-2　砖墙壁柱截面图

（4）未经设计单位同意，擅自改变了砖墙壁柱的截面，使砌体受压面积减少（图 5-2）。

（5）砌体砂浆不饱满，内外墙接槎处均有孔洞，组砌错误，砖柱采用包心砌法，内填碎砖块。

（6）倒塌前有预兆，却未及时进行处理。

【工程实例三】

某职业高中教学楼，建筑面积 4 071m²。东侧为五层框架结构，西侧为四层砌体结构（图 5-3）。工程于 4 月开工，当年 10 月主体封顶。次年 2 月 14 日下午 4 点，西侧第一～四层全部倒塌。

原因分析

（1）设计不合理，窗间墙宽度小于 1m，通过计算，窗间墙承受上部荷载能力远远低于砌体结构设计规范要求。

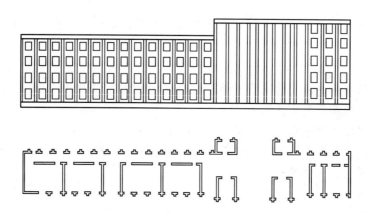

图 5-3 教学楼平面、立面图

（2）施工中采用单排脚手架，外墙留有洞眼。窗间墙留有的脚手架洞，减少的面积达 9.8% 之多。

（3）砌筑砖块时，没有考虑砖的模数，窗间墙改用了 1/4 砖，砌体通缝较多。

（4）砌筑砂浆饱满度平均为 68.5%，砌筑砖经取样检测为 MU7.5，低于设计要求的 MU10.0，砖墙偏离基础地梁，平均每根梁减少承压面积 67cm²。

【工程实例四】

某镇居民用水的一座高位水池，水池内净尺寸为长 7.62m，宽 6.67m，高 4.82m，池壁顶板厚 70cm，底板厚 100cm，采用厚约 300mm，MU30 毛石 M5.0 水泥砂浆砌筑而成（图 5-4）。于某年 11 月 24 日下午 3 时 50 分左右突然倒塌，当即砸死、砸伤正在毗邻教室上课的幼儿园儿童多人，砸塌校舍 4 间，面积约 199m²。

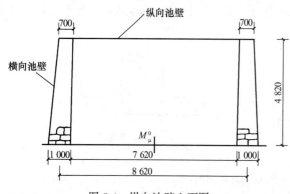

图 5-4 纵向池壁立面图

原因分析

（1）该工程未进行正规设计，事后经复核验算，发现水池池壁断面太小，池壁强度严重不足。

（2）施工质量低劣，砌筑砂浆不饱满，转角处不搭接，形成通缝，整个水池的池壁均有渗漏痕迹。

（3）建设单位没有建立岗位责任制度和检查维修制度，对相邻幼儿园一方多次反映的水池漏水问题，不追究漏水的根本原因，只是采取临时补救措施。

（4）基建主管部门执法违法，同意无证设计。

【工程实例五】

某市第一开关厂办公楼，四层砖混结构，建筑面积 1 641m²，层高 3.3m（图 5-5）。在刚浇筑完屋面混凝土后，突然发生二层以上的扇形大厅倒塌，倒塌面积约 380m²。

原因分析

（1）设计方面：设计人员仅对楼面、屋面、基础的结构设计进行计算，而对竖向承重

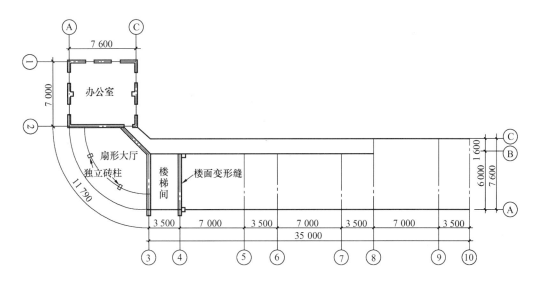

图 5-5　平面示意图

结构体系都没有作验算，包括门厅独立砖柱这样重要的结构部位也没有验算，事后经验算、独立砖柱的承载力远未达到设计规范的规定。

（2）施工方面：该施工队伍技术素质差，管理制度不健全，施工质量低劣，砖柱采用包心组砌方法，降低了独立砖柱应有的承载能力，砖柱砌筑砂浆设计上规定采用 M5 砂浆，经查询搅拌砂浆、运送砂浆和砌筑砖柱的一线操作工人，都证明工地施工员和班组长没有进行技术交底，都采用同一标号（M2.5）的砂浆砌筑墙体和砖柱，这样就进一步降低了砖柱的强度。

【工程实例六】

某县城于 1998 年 8 月 12～14 日遭遇洪灾，某 5 层住宅底部贮藏间进水，16 日上午倒塌，墙体破坏后呈粉末状。

原因分析

（1）从倒塌现场残存的墙基础中，随机抽取 20 块砖进行试验，自然状态下实测抗压强度平均值为 5.85MPa 左右，低于设计要求的 MU10 砖抗压强度。

（2）该砖厂土质不好，砖匀质性较差，从砖厂成品堆中随机抽取了部分砖进行测试，抗压强度十分离散，高的达 21.8MPa，低的仅 5.1MPa。

（3）砖的抗风化性能低，被水浸泡后，强度大幅度下降，故部分砖破碎后呈粉末状。

（4）砌筑砂浆强度低，黏结力差。

（2）砌体的沉降裂缝

砌体的沉降裂缝指建筑物发生地基不均匀沉降后引起的砌体裂缝。地基发生了不均匀沉降后，下沉较大部位与下沉较小部位之间出现了相对位移，即基础底的地基表面出现局部凹陷。在局部凹陷处，基础及上部结构失去了支承，其重量只能由砌体承担，使得砌体产生了附加拉力和剪力，当这种附加拉力和剪力超过了砌体的承载能力后，砌体上便出现裂缝。此类裂缝一般都与地面成 45° 左右的角，即一般呈 45° 的斜裂缝。它始自沉降量沿建筑物长度的分布不能保持直线的位置，向着沉降量较大的一面倾斜地上升。典型的沉降裂缝及其成因见表 5-2。

表 5-2 典型沉降裂缝及原因

裂 缝 情 况	产 生 原 因	图 示
房屋一端出现一条或数条45°阶梯形斜裂缝	房屋的一端建在软土地基（如原为河谷、池塘等）或较差的地基上，导致该端下沉量较大所致	
房屋纵墙中部底边出现正"八"字形、下宽上窄的斜裂缝	房屋中部处在软土地基上，使整个房屋犹如一根两端支承的梁，导致纵墙中间下边受拉并产生下宽上窄的斜裂缝	
房屋纵墙中部出现的倒"八"字形斜裂缝	房屋中部建在坚硬的地基上，使整个房屋犹如一根两边悬挑的伸臂梁，导致两边下沉较多	
对于不等高房屋，在层数变化的窗间墙出现45°斜裂缝	高低层荷载不同，而基础未做恰当处理，导致沉降量不均匀	
新建房附近的旧房墙面出现向新建房屋面倾斜裂缝	旧房受到新建房地基沉降的影响，或新建房地基大开挖所引起	
在窗台上出现上宽下窄的裂缝	多半是由于基础刚度小，使荷载较大的窗间墙沉降较大所造成。这种裂缝在房屋端开间的窗台上较易出现，裂缝上宽下窄	

裂 缝 情 况	产 生 原 因	图 示
工业厂房外纵墙的底边和窗台口出现裂缝	柱基础沉降较大，而基础梁与地面的距离又较小，使墙体犹如一根倒置的连续梁。柱附近的墙体下沉量大，使其下边受拉而开裂。两柱中间的墙体下沉量小，使窗台口出现裂缝	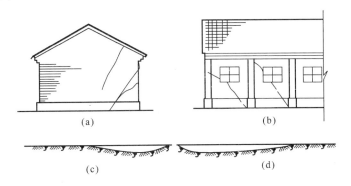

沉降裂缝还有下面几点规律：

①多层房屋中下部的裂缝较上部的裂缝大，有时甚至仅在底层出现裂缝。

②沉降缝向上指向哪里，哪里下部的沉降量必然是较大的。

③一般发生在房屋建成后不久，施工期间很少出现裂缝的情况不大。

④随地基的不均匀沉降增大，裂缝增多、增宽、增长，地基变形稳定后，裂缝不再变化。

⑤一般发生在纵墙的两端，多数裂缝通过窗口的两个对角；横墙由于刚度较大（门窗洞口少），一般不会产生太大的相对变形，很少出现这类裂缝。

在对沉降裂缝进行处理之前，应先在裂缝端部涂石膏浆，以观测裂缝是否稳定，对于仍在继续开展不稳定的沉降裂缝，应本着先加固地基，后处理裂缝的原则进行。

【工程实例一】

某单层仓库，交付使用后西南墙角出现裂缝（图5-6）。

（a）侧面；（b）正面；（c）侧面地基凹陷；（d）正面地基凹陷

图5-6　库房墙角处地基凹陷引起的砖墙裂缝

原因分析

经现场勘察发现，该仓库西南角基础持力层为杂填土，而其他部位为比较坚硬的粉质土，设计时未采取有效的技术措施，西南角下沉量较大，引起墙体分裂。

【工程实例二】

某三层宿舍楼，交付使用后中部出现裂缝（图5-7）。

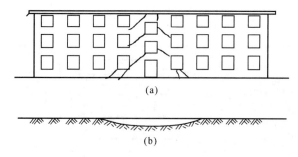

(a) 砖墙裂缝；(b) 地基凹陷

图 5-7　某三层宿舍楼中部地基局部
凹陷引起的砖墙裂缝

原因分析

经现场勘察发现，该宿舍楼中部处于小池塘之上，地基承载力较其他部位偏低，设计时未作技术处理，中部基础下沉量较两端大，引起墙体出现"八"字形裂缝。

（3）砌体的温度裂缝

热胀冷缩，是各种物质的一个物理特征，各种建筑材料及其所形成的构件也不例外。砌体和与之相联系的构件（如钢筋混凝土梁、楼盖等），在温差作用下，因各自的膨胀系数不同而出现不均匀的伸缩，从而在砌体与之相连的构件接触处产生剪力，使砌体处于受剪及受拉状态，把砌体沿水平缝剪开并将端部拉裂，使砌体出现裂缝，此类裂缝称为温度裂缝。在砌体的裂缝中，温度裂缝所占的比例是最大的。一些常见的温度裂缝及成因见表5-3。

表5-3　常见温度裂缝的形态及成因

裂缝类别	出现部位及生成原因	图　　示
正"八字"形缝	在平屋面顶层内外纵墙面的两端对称地产生。由于混凝土的膨胀系数（10×10^{-6}）较砖墙（5×10^{-6}）大一倍，因此在温度变化时墙体受到钢筋混凝土平屋盖膨胀力导致裂缝产生。若砌体砂浆强度较低，砌体便沿水平灰缝被剪裂（一般在屋盖圈梁下一、二皮砖的砖缝处）并将端部带裂出现斜裂缝（首先出现在第一个窗口外侧，依次向内窗口发展），若砂浆强度较高，便在窗口处将砌体拉裂出现垂直缝，冬季施工的房屋较易出现这种裂缝	
倒"八字"形缝	位置同上，是由于基础及墙体对屋盖冷缩变形的约束作用产生的。夏季施工的房屋较易出现这种裂缝	
错层不平缝	对于有错层的房屋，其山墙因受房屋伸长（或收缩）的作用，会产生水平剪切裂缝	

裂缝类别	出现部位及生成原因	图　　示
包角缝及水平缝	在平屋面顶层圈梁以下四角易出现水平裂缝或斜裂缝，它是由屋盖的热胀（或冷缩）作用所致	
梁头垂直缝	外廊梁、板两端的砖墙因收缩作用而产生竖向裂缝，它在冬季达到最大	

虽然房屋结构及外形互不相同，但是温度裂缝具有下列共同的特点：

①温度裂缝一般是对称分布；

②温度裂缝始自房屋的顶层（以顶层两端最为常见），偶尔才向下发展；

③会随温度变化产生裂缝，会有宽度和长度的变化，但不会无限制增宽和增长，一般经1~2年后即告稳定，不再扩展；

④大多数裂缝经过夏季或冬季后出现，南面、西面开裂程度较重，北面、东面开裂程度较轻。

对温差变化引起的温度裂缝，除个别裂缝较重者或经过采取措施之后裂缝已经稳定者外，一般不作处理，或仅作观感处理。

2. 砖砌体酥松脱皮

在我国北方地区，许多建筑物使用若干年后，外墙面的砖块酥松脱皮，表面坑洼不平。有外装饰的建筑物，砖块酥松脱皮之后，装饰抹灰大块剥落。砖砌体酥松脱皮，不但严重影响建筑物的外形美观，也降低了建筑物的耐久性和结构强度。

砖块酥松脱皮的原因是砖块含有大量的水分，经过多次冻融之后，内部结构遭到破坏而成的。普通黏土砖内部有许多孔隙，受潮之后，要吸入大量水分，当气温降到零度以下时，与大气接触的砖块表层首先遭冻，水分结成冰块，体积膨胀。砖块本身抗拉强度很低，其内聚力不能有效地抵抗冰块的膨胀力，经过反复多次的冻胀之后，在遭到最严重的表层首先被破坏而脱落。

在正常的情况下，砖砌体是不会含有大量水分的。在建筑物的某些部位，砖砌体之所以含有大量水分，是由于设计、施工和使用，特别是使用方面存在问题。

（1）卫生间、厨房等上下水道漏水，没有及时修理

卫生间、厨房上下水道漏水，长期不修，使其周围的砖墙吸收了大量水分，其外露部分，便遭冰破坏。这类问题常常发生在管理不好的集体宿舍和公共建筑物。图5-8、图5-9分别为某学生宿舍楼及教学楼因卫生间漏水，长期不修，引起外墙遭冻酥松脱皮的情况。

（2）水落管失修，雪水渗入墙内

冬季屋顶积雪，雪化之后，雪水沿水落管流向地面，有的建筑物的水落管坏了，没有及时修理，雪水便流到墙上。砖墙吸收了大量水分，经过反复冻融之后使酥松脱皮。图5-10是某建筑物因水落管失修，雪水渗入墙内，引起砖墙遭冻酥松脱皮情况。

（3）墙基没有做防潮层，或防潮层没做好

有的建筑物，砖墙的基础顶部没有按规定做防潮层，或虽有防潮层但施工质量不好，不能真正起到防潮的作用，地下水或基础周围土中的水分便沿基础向上渗透，砖砌体因吸收了水分而遭冻。图5-11为某工程因防潮层没做好，靠近地面处的外墙受潮遭冻，外墙面酥松脱皮，致使水泥砂浆勒脚剥落。

图5-8　某学生楼外墙遭冻酥松脱皮　　　　图5-9　某教学楼外墙遭冻酥松脱皮

图5-10　某建筑物因水落管失修引起砖墙遭冻　　图5-11　某工程砖墙遭冻，水泥勒脚剥落

二、混凝土砌块砌体工程

墙体材料的用量几乎占整个房屋建筑总重量的50%左右。长期以来，房屋建筑的墙体砌筑一直是沿袭使用普通烧结砖，既破坏了良田又耗用了大量的能源。发展混凝土空心砌块不仅是取代普通烧结砖，更重要的是保护环境，节约资源、能源，满足建筑结构体系的发展（包括抗震以及多功能的需要）。当前，新型墙体材料正朝着大型化、轻质化、节能化、利废化、复合化、装饰化以及集约化等方面发展。

砌块外形多为直角六面体，砌块系列中主规格的长度，宽度或高度有一项或一项以上分别大于360mm，240mm或115mm，当系列中主规格的高度大于115mm而又小于380mm的砌块简称为小砌块。当系列中的主规格的高度为380～980mm的砌块，称为中砌块，系列中主规格的高度大于980mm的砌块称为大砌块，目前，我国以中小型砌块使用较多。

砌块按其空心率大小分为空心砌块和实心砌块两种。空心率小于25%或无孔洞的砌块称为实心砌块，空心率等于或大于 25% 的砌块为空心砌块。按制作用原材料可分为混凝土砌块和粉煤灰砌块等，按用途来分，可分为外墙和内墙小砌块，按受力情况，又可分为承重和非承重两大类。

1. 混凝土小型空心砌块砌体工程

混凝土砌块是以水泥为胶结材料，以砂、石或炉渣、煤矸石为骨料，经加水搅拌、成型、养护而成的块体材料，通常为减轻自重，多制成空心小型砌块，最小壁肋厚度为 30mm，主规格为 390mm×190mm×190mm。

混凝土小型空心砌块砌筑的墙体，容易出现的质量缺陷是"热、裂、漏"。

（1）热的原因分析

1）混凝土砌块保温、隔热性能差，这是因混凝土本身传热系数高所致。

2）砌块使用了单排孔的规格品种，使起保温隔热作用的空气层厚 130mm，没有充分发挥空气特别具有的保温隔热作用。

3）单排孔通孔砌块墙体，上下砌块仅靠壁肋面黏结，上下通孔，产生空气对流，热辐射大。

4）外墙内外侧没有采取保温隔热措施。

（2）裂的原因分析

混凝土小型砌块墙体，产生裂缝的部位及原因，如沉降裂缝、温差裂缝、收缩裂缝，原因与砖砌体结构大致相同。

现根据砌块本身的特性及其他方面作一些分析：

1）砌块本身变形特征引起墙体裂缝：

混凝土小型砌块受温度、湿度变化影响比普通烧结砖大，存在着明显膨胀、干燥收缩的变形特征。如采用养护龄期不足 28d 的砌块砌筑墙体，砌块还没有完成自身的收缩变形，且自身制作产生的应力还没有消除，变形仍在继续，势必造成墙体开裂。

①砌块墙体对温度特别敏感，线膨胀系数为 $1.0×10^{-5}$，是普通烧结砖的 2 倍，空心砌块壁薄，抗拉力较低，当胀缩拉应力大于砌体自身抗拉强度时，产生裂缝。

②砌块干燥稳定期一般要一年，第一个月仅能完成其收缩率的 30%~40%，砌块墙体与框架梁、柱连接处也会因收缩率不一致，产生裂缝。

2）构造不合理造成墙体裂缝：

①砌块墙、柱高厚比、砌块墙体伸缩缝的间距等超过了空心砌块规范规定的限值。

②砌体与框架，柱连接缝处没有采取铺设钢筋网片等防裂技术措施。

③没有针对砌体的抗剪、抗拉、抗弯的特性，提高砂浆的黏结强度。

3）施工质量的影响：

①使用了龄期不足、潮湿的砌块。

②砌块的搭接长度不够（小于 90mm）或通缝。

③砌筑砂浆强度低，灰缝不饱满。

④预制门窗过梁直接安放在非承重砌块上，没设梁垫或钢筋混凝土构造柱，造成砌体局部受压，造成墙体裂缝。

⑤采用砌块和普通烧结砖混合砌筑。

（3）漏的原因分析

1）砌块本身面积小，单排孔砌块的外壁为 30～35mm，上下砌块结合面约为 47%。

2）水平灰缝不饱满，低于净面积 90%，留下渗漏通道。

3）砌筑顶端竖缝铺灰方法不正确，先放砌块后灌浆，或竖缝灰浆不饱满，低于净面积 80%。

4）外墙未做防水处理。

【工程实例】

某写字楼工程，8 层，框架结构，建筑面积 4 100m²。外墙围护全部采用混凝土空心小型砌块砌筑，交付使用后，出现"热、裂、漏"质量缺陷。

原因分析

（1）外围护结构没有采用三排孔砌块，难以降低热辐射影响。

（2）使用了部分没有达到养护期的砌块，露天存放在施工现场，被雨淋。

（3）没有选用专用砂浆《混凝土小型空心砌块砌筑砂浆》（JC 860），砌筑砂浆低于砌块强度等级。

（4）没有采取反砌法，砌体砂浆硬化后，因墙面不平整，锤击或挠动砌块。

（5）有的部位漏设水平拉结筋，有的部位虽设置了拉结筋，墙体高 3.0m，仅设了一道拉结筋，达不到增强砌体抗拉强度的目的。

（6）外贴饰面砖打底灰没有采用防水砂浆。

2. 加气混凝土砌块砌体工程

加气混凝土砌块是以钙质材料（水泥或石灰），硅质材料（砂或粉煤灰）为基料，加入发气剂（铝粉）经搅拌、发气、成型、切割、蒸养等工艺制成的多孔（孔隙达 70%～80%）轻质块体材料，为实心砌块。

常用规格为：600mm×240mm×200mm。

加气混凝土砌块砌筑的墙体，容易出现的质量问题是墙身开裂和墙面抹灰层空裂。

（1）加气混凝土砌块墙身开裂原因分析

造成加气混凝土砌块墙身开裂的因素大致可分为以下三个方面：

1）材质方面：

轻质砌块容重轻，收缩率比普通烧结砖大，随着含水量的降低，材料会产生较大的干缩变形，容易引起不同程度的裂缝；砌块受潮后出现二次收缩，干缩后的材料受潮后会发生膨胀，脱水后会再发生干缩变形，引起墙体发生裂缝；砌块砖体的抗拉及抗剪切强度较差，只有普通烧结砖的 50%；砌块质量不稳定。由于砌块自身的缺陷，引起一些裂缝，或房屋内外纵墙中间对称分布的倒八字裂缝，建筑底部一至二层窗台边出现的斜裂缝或竖向裂缝，屋顶圈梁下出现水平缝和水平包角裂缝，在大片墙面上出现的底部重，上部较轻的竖向裂缝等。

2）设计方面：

①设计者重视强度设计而忽略抗裂构造措施。长期以来，人们对砌体结构的各种裂缝习以为常，设计者一般在强度方面作必要的计算后，针对构造措施，绝大部分引用国家标准或标准图集，很少单独提出有关防裂要求和措施，更没有对这些措施的可行性进行调查或总结。

②设计者对新材料砌块应用不熟悉。设计单位对新材料砌块的性能和新标准的应用尚

在认识探索之中，因此或多或少存在设计缺陷。主要有：第一，非承重混凝土砌块墙是后砌填充围护结构。当墙体的尺寸与砌块规格不配时，难以用砌块完全填满，造成砌体与混凝土框架结构的梁板柱连接部位孔隙过大容易开裂。第二，门窗洞及预留洞边等部位是应力集中区，未采取有效的拉结加强措施时，会由于撞击振动而开裂。第三，墙厚过小及砌筑砂浆强度过低，使墙体刚度不足也容易开裂。第四，墙面开洞安装管线或吊挂重物均引起墙体变形开裂。第五，与水接触面未考虑防排水及泛水和滴水等构造措施使墙体渗漏，致使砌块含水率过高，收缩变形引起墙体开裂。

3）施工方面：施工单位缺少培训和实践，施工方法、工具、砂浆等都沿用了普通烧结砖的做法，对砌筑高度，湿度控制缺乏经验，加上施工过程中水平灰缝、竖向灰缝不饱满，减弱了墙体抗拉抗剪的能力，以及工人砌筑水平的不稳定导致墙体出现裂缝。

（2）加气混凝土砌块墙面抹灰层空裂原因分析

造成加气混凝土砌块墙面抹灰层空裂原因主要有以下几个方面：

1）抹灰砂浆自身收缩引起开裂：抹灰砂浆收缩主要包括化学收缩，干燥收缩，自收缩，温度收缩及塑性收缩。这些收缩将在抹灰砂浆中产生拉应力，当拉应力超过抹灰砂浆的抗拉强度时，就会出现裂缝。

2）抹灰砂浆保水性不能满足工艺要求，加之混凝土的吸水要求引起开裂：施工中，砂浆中产生析水和泌水，使砂浆与砌体基层之间黏结不牢，并且由于失水而影响砂浆正常凝结和硬化，降低砂浆强度。加气混凝土是高分散多孔结构，气孔大部分是"墨水瓶"结构，只有少部分是毛细孔，毛细管作用较差，吸水多，吸水导湿缓慢。

因此，当新抹灰砂浆上墙后，如果保水性不好，水分散失太快，造成砂浆强度不高，黏结力下降以及收缩太快，尤其是砂浆与加气混凝土黏结面，当砂浆层的强度不能抵抗收缩力时开裂。同样，由于这时砂浆层与加气混凝土墙面的黏结力也还未达到足以抵抗由于收缩而造成的砂浆层在加气混凝土墙面上的滑动，因而会发生空鼓。

3）抹灰砂浆与加气混凝土墙面导热系数、线膨胀系数相差过大引起开裂：加气混凝土的导热系数为 $0.081 \sim 0.29$W/（m·K），线膨胀系数为 8×10^{-6}mm/（m·℃）。普通抹灰砂浆的导热系数为 0.93W/（m·K），线膨胀系数为 10^{-4}mm/（m·℃）。由于这种差异引起的温度应力会使加层混凝土墙面抹灰层在 $1 \sim 2$ 年之后出现大面积开裂及脱落。

4）抹灰砂浆与加气混凝土的线收缩相差过大引起开裂：加层混凝土的线收缩为 0.8mm/m 左右，普通抹灰砂浆的线收缩在 0.03mm/m 左右。当加气混凝土的收缩应力超过制品抗拉强度或砌体黏结强度时，砌块本身或墙体接缝处就会出现裂缝。同时，由于抹灰层和加气混凝土基层水分不能同步蒸发，使得抹灰层干燥收缩应力过大，而使抹灰面层开裂和空鼓。

5）抹灰砂浆和加气混凝土的强度相差较大引起开裂：加气混凝土的抗压强度一般在5MPa 左右，抗折强度在 0.5MPa 左右，弹性模量在 2.3×10^3MPa 左右，是一种弹塑性材料，适应变形的能力较强。而普通抹灰砂浆的强度一般在几十兆帕以上，弹性模量一般为 $2.3 \times 10^4 \sim 2.6 \times 10^4$MPa，其适应变形的能力较弱。所以当加气混凝土与普通抹灰砂浆受湿度、温度影响时会引起变形不协调，导致抹灰层空鼓、掉皮及开裂。同时，在相同荷载作用下，加气混凝土的变形量较大，而抹灰砂浆的变形量较小，也会在应力集中处产生空鼓及裂纹。

6) 形成空裂的其他原因:

①砌筑砂浆不配套;②加气混凝土砌块本身质量因素的影响;③施工操作因素的影响;④设计因素的影响。

【工程实例】

某教学楼工程,5 层框架结构。内外填充墙均采用加气混凝土砌块砌筑。交付使用不到一个月,出现墙体开裂和墙面体灰层空裂现象。

原因分析

(1) 为赶施工进度,采用了部分未到养护龄期的砌块,其收缩率较大。

(2) 砌块运到工地现场后,未按规定堆放,淋雨后含水量增大。

(3) 砌块与混凝土梁柱相接处未按规定设置钢丝网。

(4) 墙体砌筑高度未按规定执行,一次性砌筑的墙体高度超过了规定要求,使得墙体自身压缩增大。

(5) 墙体粉刷之前,未按要求对墙面进行处理,降低砂浆与墙体的黏结力。

第二节　钢筋混凝土工程

一、模板工程

模板的制作与安装质量,对于保证混凝土、钢筋混凝土结构与构件的外观平整和几何尺寸的准确,以及结构的强度和刚度等将起到重要的作用。

《混凝土结构工程施工质量验收规范》(GB 50204—2002)中规定:模板及其支架应根据工程结构形式、荷载大小、地基土类别、施工设备和材料供应等条件进行设计。模板及其支架应具有足够的承载能力、刚度和稳定性,能可靠地承受浇筑混凝土的重量、侧压力以及施工荷载。模板及其支架的拆除顺序及安全措施应按施工技术方案执行。

规范对模板的安装提出的要求:

(1) 模板的接缝不应漏浆,在浇筑混凝土前,木模板应浇水湿润,但模板内不应有积水。

(2) 模板与混凝土的接触面应清理干净并涂刷隔离剂,但不得采用影响结构性能或妨碍装饰工程施工的隔离剂。

(3) 浇筑混凝土前,模板内的杂物应清理干净。

(4) 对清水混凝土工程及装饰混凝土工程,应使用能达到设计效果的模板。

从规范的要求来看,如果模板不能按设计要求成型,不能有足够的强度、刚度和稳定性,不能保证接缝严密,就会影响混凝土的质量、构件的尺寸和形状、结构的安全,产生严重的质量事故。

下面就一些钢筋混凝土基本构件的模板施工中容易出现的质量缺陷进行分析:

1. 带形基础模板

在带形基础模板施工中,沿基础通长方向,模板上口不直,宽度不准;下口陷入混凝土内;侧面混凝土麻面、露粗骨料;拆模时上段混凝土缺损;底部上模不牢。如图 5-12所示。

主要原因：

（1）模板安装时，挂线垂直度有偏差，模板上口不在同一直线上。

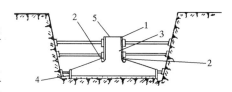

（2）钢模板上口未用圆钢穿入洞口扣住，仅用铁丝对拉，有松有紧，或木模板上口未钉木带，浇筑混凝土时，侧压力使模板下端向外推移，模板上口受到向内推移力内倾，使上口宽度大小不一。

1—上口不直，宽度不准；2—下口陷入混凝土内；
3—侧面露石子、麻面；4—底部上模不牢；5—模
板口用铁丝对拉，有松有紧

图 5-12　带形基础钢模板缺陷示意图

（3）模板未撑牢，在自重作用下模板下垂。

浇筑混凝土时，部分混凝土由模板下口翻上来，未在初凝时铲平，造成侧模下部陷入混凝土内。

（4）模板平整度偏差过大，残渣未清除干净；拼缝缝隙过大，侧模支撑不牢。

（5）木模板临时支撑直接撑在土坑边，以致接触处土体松动掉落。

2. 杯形基础模板

在杯形基础模板施工中，常常会造成杯基中心线不准；杯口模板位移；混凝土浇筑时芯模浮起；拆模时芯模起不出。如图 5-13 所示。

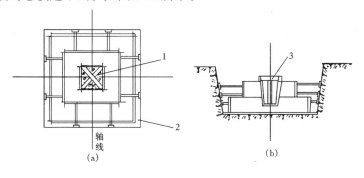

（a）平面图；（b）剖面图
1—排气孔；2—角模；3—杯芯模板
图 5-13　杯形基础钢模板缺陷示意图

主要原因：

（1）杯基中心线弹线未兜方。

（2）杯基上段模板支撑方法不当，浇筑混凝土时，杯芯木模板由于不透气，比重较轻，向上浮起。

（3）模板四周的混凝土振捣不均衡，造成模板偏移。

（4）操作脚手板搁置在杯口模板上，造成模板下沉。

（5）杯芯模板拆除过迟，黏结太牢。

3. 梁模板

梁身不平直；梁底不平，下挠；梁侧模炸模（模板崩坍）；拆模后发现梁身侧面有水平裂缝、掉角、表面毛糙；局部模板嵌入柱梁间，拆除困难，如图 5-14 所示。

主要原因：

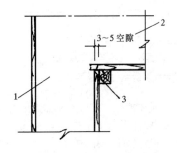

1—柱模；2—梁模；3—梁底模板
与柱侧模相交处需稍留空隙
图 5-14 梁模板缺陷示意图

（1）模板支设未校支撑牢。

（2）模板没有支撑在坚硬的地面上。混凝土浇筑过程中，由于荷载增加，泥土地面受潮降低了承载力，支撑随地面下沉变形。

（3）梁底模未起拱。

（4）操作脚手板搁置在模板上，造成模板下沉。

（5）侧模拆模过迟。

（6）木模板采用黄花松或易变形的木材制作，混凝土浇筑后变形较大，易使混凝土产生裂缝、掉角和表面毛糙。

（7）木模在混凝土浇筑后吸水膨胀，事先未留有空隙。

4．深梁模板

深梁是指 $t_0/h \leqslant 2$ 的简支钢筋混凝土单跨梁、$t_0/h \leqslant 2.5$ 的简支混凝土多跨连续梁。h 为梁截面高度，t_0 为梁的计算高度。

梁下口炸模，上口偏歪；梁中部下挠。

主要原因：

（1）下口围檩未夹紧或木模板夹木未钉牢，在混凝土侧压力作用下，侧模下口向外歪移。

（2）梁过深，侧模刚度差，又未设对拉螺栓。

（3）支撑按一般经验配料，梁自重和施工荷载未经核算，致使超过支撑能力，造成梁底模板及支撑不够牢固而下挠。

（4）斜撑角度过大（大于 60°），支撑不牢造成局部偏歪。

（5）操作脚上板搁置在模板上，造成模板下沉。

5．柱模板

炸模，造成断面尺寸鼓出、漏浆、混凝土不密实或蜂窝麻面。偏斜，一排柱子不在同一轴线上。柱模歪扭如图 5-15 所示。

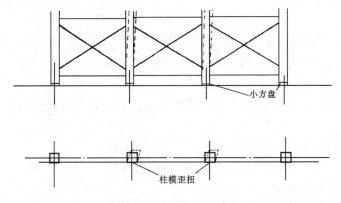

图 5-15 柱模板缺陷

主要原因：

（1）柱箍间距太大或不牢，或木模钉子被混凝土侧压力拔出。

（2）板缝不严密。

（3）成排柱子支模不跟线，不找方，钢筋偏移未校正就套柱模。

（4）柱模未保护好，支模前已歪扭，未整修好就使用。

（5）模板两侧松紧不一。

（6）模板上有混凝土残渣，未清理干净，或拆模时间过早。

6. 板模板

在板模板施工中，处理不当可能会出现板中部下挠，板底混凝土面不平，采用木模板时梁边模板嵌入梁内不易拆除。

主要原因：

（1）板搁栅用料较小，造成挠度过大。

（2）板下支撑底部不牢，混凝土浇筑过程中荷载不断增加，支撑下沉，板模下挠。

（3）板底模板不平，混凝土接触面平整度超过允许偏差。

（4）将板模板铺钉在梁侧模上面，甚至略伸入梁模内，浇筑混凝土后，板模板吸水膨胀，梁模也略有外胀，造成边缘一块模板嵌牢在混凝土内，如图5-16所示。

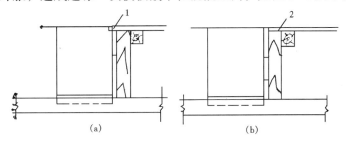

（a）错误的铺钉方法；（b）正确的铺钉方法

1—板模板铺钉在梁侧模上面；2—板模板铺钉到梁侧模外口齐平

图5-16 板模板质量缺陷示意图

7. 墙模板

（1）在墙模板施工中，常见的质量缺陷：

1）炸模、倾斜变形；

2）墙体厚薄不一，墙面高低不平；

3）墙根漏浆、露筋，模板底部被混凝土及砂浆裹住，拆模困难；

4）墙角模板拆不出。

（2）主要原因：

1）钢模板事先未做排板设计，相邻模板未设置围檩或间距过大，对拉螺栓选用过小或未拧紧。墙根未设导墙，模板根部不平，缝隙过大。

2）木模板制作不平整，厚度不一，相邻两块墙模板拼接不严、不平，支撑不牢，没有采用对拉螺栓来承受混凝土对模板的侧压力，以致混凝土浇筑时炸模（或因选用的对拉螺栓直径太小，不能承受混凝土侧压力而被拉断）。

3）模板间支撑方法不当，如图5-17所示。如只有水平支撑，当①墙振捣混凝土时，墙模受混凝土侧压力作用向两侧挤出，①墙外侧有斜支撑顶住，模板不易外倾；而①与②墙间只有水平支撑，侧压力使①墙模板鼓凸，水平支撑推向②墙模板，使模板内凹，墙体失去平直；当②墙浇筑混凝土时，其侧压力推向③墙，使③墙位置偏移更大。

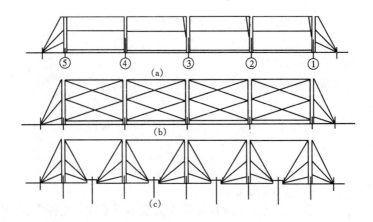

（a）错误的支撑方法；（b）正确的支撑方法之一；（c）正确的支撑方法之二

图 5-17　墙模板缺陷示意图

4）混凝土浇筑分层过厚，振捣不密实，模板受侧压力过大，支撑变形。

5）角模与墙模板拼接不严，水泥浆漏出，包裹模板下口。拆模时间太迟，模板与混凝土黏结力过大。

6）未涂刷隔离剂，或涂刷后被雨水冲走。

8.楼梯模板

楼梯模板施工常见缺陷有楼梯侧帮漏浆，麻面，底部不平。

主要原因：

1）楼梯底模采用钢模板，遇有不能满足模数配齐时，以木模板相拼，楼梯侧帮模也用木模板制作，易形成拼缝不严密，造成漏浆。

2）底板平整度偏差过大，支撑不牢靠。

【工程实例一】

某陶瓷厂车间，现浇钢筋混凝土柱、梁、板的框架结构，钢筋混凝土独立柱基础。二层，底层高为 8m，二层高为 12m。当工程施工到 20m 标高的屋面工程时，屋面模板安装完毕后，施工单位亦要求监理人员到现场验收，监理人员与现场质量检查员到现场验收后，当即指出模板支撑要用角板连接固定到钢筋混凝土柱上，但事后没有复查。2d 后，施工单位进行屋面混凝土的浇捣施工，2h 后，浇筑了大约 80m³ 混凝土，突然发生倒塌。

原因分析

事故发生后，经现场勘察，发生事故倒塌的直接原因是由于 20m 标高屋面模板支撑达不到技术规程的要求，造成支撑失稳而倒塌。

（1）支架立杆间距偏大。

（2）支撑以及支撑与柱的剪刀撑不够。

（3）支撑与支撑对接不当，没有对正中心，而且对接太多。

（4）首层顶撑底部木垫块面积大小不一，厚度仅有 1.6cm，并放置在回填土上。

（5）模板太薄，一般要求 1.8～2.0cm 厚，而实际厚度仅为 1.6cm。

【工程实例二】

某纺织商厦坐落在市区中心，建筑面积为 8 400m²，七层（地下室两层）钢筋混凝土框架结构。在主体结构施工到第二层时，柱混凝土施工完后，为使楼梯能跟上主体施工进度，施工单位在地下室楼梯未施工的情况下，直接支模施工一层楼梯混凝土。支模方法是，在±0.00处的地下室楼梯间侧壁混凝土墙板上放置四块 YKB4.48-2 预应力空心楼板，在楼板上面进行一层楼梯支模。另外在地下室楼梯间（长 7.2m，宽 4.05m，深 7.6m）采用分层支模的方法对上述四块预制楼板进行支撑。其中 −7.6m ~ −5.6m 为下层，−5.6m ~ ±0.00 为上层，上层的支撑柱直接顶在预制楼板下面。如图 5-18、图 5-19、图 5-20 所示。

在浇筑一层楼梯混凝土即将完工时，楼梯整体突然坍塌。

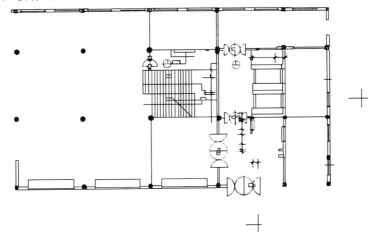

图 5-18　平面图

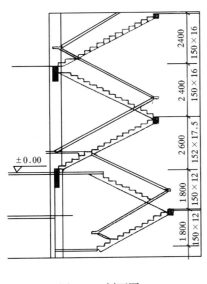

图 5-19　剖面图

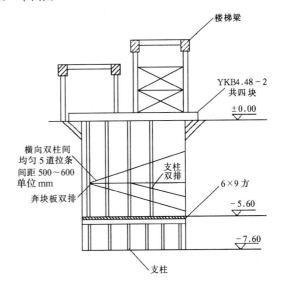

图 5-20　支模交底图

原因分析

（1）直接原因

模板支撑系统不牢，受荷载后变形过大、失稳，施工顺序不当。

1) 支模使用的立柱大都为未去皮的圆杨木，直径细且不直。水平、剪刀支撑用的是杨木板皮，不能满足施工的技术要求。

2) 支模方法错误：在 -5.6m ~ ±0.00m 模板立柱用圆杨木相接，且有少数立柱有两个接头和用圆木和方木相接，接面不平，不同心，接头不牢。水平、剪刀支撑数量不够、位置不对，且多设在 -5.6m ~ -3.5m 范围内。而多数接头所在的 -3.5m ~ ±0.00m 范围内很少有支撑。顶在 ±0.00m 处 YKB4.48-2 空心楼板下的支撑柱无横木，受力不合理，这样在较大荷载作用下，支撑系统变形过大失去稳定性，使支承在 ±0.00m 处作为传力的 YKB4.48-2 空心楼板所承受的集中荷载超过板的允许承载能力而断裂。

3) 施工顺序不当：在支撑楼梯的框架梁柱（标高 2.60m 处）没有浇筑混凝土，又没有采取相应的有效措施即开始浇筑楼梯的混凝土，致使浇筑的楼梯与支承楼梯的框架结构没有形成稳定的结构体系。

（2）间接原因

1) 施工方案不详，安全技术交底不清。该部位施工属非常规施工，但没有制定详细的（应包括具体材料要求、尺寸要求和做法等具体内容）施工方案及书面安全技术交底，使支模工程无章可循。

2) 检查验收不认真：模板支完后，工地管理人员和技术人员没有进行认真检查，事故隐患未及时发现。

3) 施工材料及安全设施的资金投入不足，以至于该模板工程施工时，没有能满足技术、安全要求的用料。

【工程实例三】

某加油站工程，为单层钢筋混凝土建筑，顶盖系钢筋混凝土井字梁结构，平面尺寸为 14m×14m，由 4 根钢筋混凝土柱支撑，柱距 9m×9m，柱高 6.8m，如图 5-21 所示。在浇筑屋面混凝土时突然塌落。

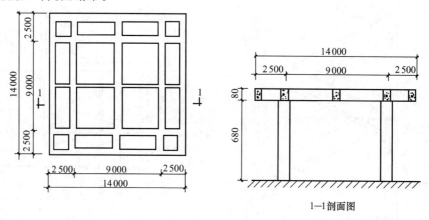

图 5-21 加油站顶盖平面图

原因分析

事故发生后，经现场实地调查，发生事故倒塌的直接原因是由于屋面楼板支撑达不到技术规程的要求，造成支撑失稳倒塌。

（1）没有进行模板工程设计，事后经验算发现，屋面板下支撑不符合规范要求，不稳定。

（2）支撑下部填土未认真压实，致使支撑下沉，受力不均匀。

（3）对支撑高度不够的部位，在支撑下端垫砖，一般为 3～5 皮砖，最多为 7 皮砖，垫砖易滑动，形成滑动支点。

（4）立管支撑之间缺少剪刀撑。

【工程实例四】

某农药厂联合造气车间造气工段工程，为一栋二层混合结构建筑物，二层楼面和屋盖均为现浇钢筋混凝土结构，由砖柱承重，如图 5-22 所示。该工程在施工屋面时，全部倒塌。

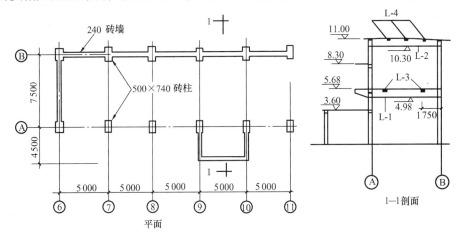

图 5-22　建筑平面、剖面示意图

原因分析

（1）施工单位盲目追求进度，不讲科学管理，不按施工规范施工，模板拆除过早。二层楼面于 11 月 14 日开始浇筑混凝土后，到 11 月 25 日，违反规定将下层模板和支撑全部拆除。在 11 月 29 日浇筑屋面混凝土时，因二层楼面梁下的支撑已全部被拆除，楼面和屋面荷载连同施工荷载全部由二层楼面梁承担，造成二层楼面梁受弯破坏，引起楼面倒塌。

（2）屋面模板安装质量差，上层脚手架搭设不当。屋面大梁模板支撑虽然设有剪刀撑，但长度较大，固定不当，整个模板系统的稳定性差。

（3）屋面浇筑混凝土时，模板上大量堆放材料，上人太多，施工荷载太大。

二、钢筋工程

钢筋是钢筋混凝土结构或构件中的主要组成部分，所使用的钢筋是否符合质量标准，配筋量是否符合设计规定，钢筋的安装位置是否准确等，都直接影响着建筑物的结构安全。国内外的许多重大工程质量事故的重要原因之一，就是钢筋工程质量低劣。

钢筋工程常见的质量事故主要有：钢筋材质达不到质量标准或设计要求；钢筋配筋量不足；钢筋错位偏差严重；因钢筋加工、运输、安装不当等造成的钢筋裂纹、脆断等。

1. 钢筋材质不良

（1）钢筋材质不良的主要表现

钢筋屈服点和极限强度达不到国家标准的规定；钢筋裂纹、脆断；钢筋焊接性能不良；钢筋拉伸试验的伸长率达不到国家标准的规定；钢筋冷弯试验不合格；钢筋的化学成分不符合国家标准的规定等。

其中最主要的原因就是劣质钢筋使用到建筑工程中。《混凝土结构工程施工质量验收规范》（GB 50204—2002）严格规定：

1）钢筋进场时，应按现行国家标准《钢筋混凝土用热轧带肋钢筋》GB 1499、《钢筋混凝土用热轧光圆钢筋》GB 13013 和《钢筋混凝土用余热处理钢筋》GB 13014 的规定抽取试件作力学性能检验，其质量必须符合有关标准的规定。

2）对有抗震设防要求的框架结构，其纵向受力钢筋的强度应满足设计要求；当设计无具体要求时，对一、二级抗震等级，检验所得的强度实测值应符合下列规定：

钢筋的抗拉强度实测值与屈服强度实测值的比值不应小于 1.25；钢筋的屈服强度实测值与强度标准值的比值不应大于 1.3。

3）当发现钢筋脆断、焊接性能不良或力学性能显著不正常等现象时，应对该批钢筋进行化学成分检验或其他专项检查。

（2）钢筋材料的选用

在《混凝土结构设计规范》（GB 50010—2002）中对钢筋材料的选用也作了具体的规定：

1）普通钢筋宜采用 HRB 400 级和 HRB 335 级钢筋，也可采用 HPB 235 级和 RRB 400 级钢筋。其中 HRB 400 级钢筋即通常所讲的新Ⅲ级钢筋，与旧Ⅲ级钢筋相比，解决了Ⅲ级钢筋的可焊性问题，HRB 400 级钢筋焊接性能良好，凡能焊接 HRB 335 级钢筋的熟练焊工均能进行这种钢筋的焊接；按照《钢筋混凝土用热轧带肋钢筋》（GB 1499—91）的规定：HRB 400 级钢筋的屈服强度为 $400N/mm^2$，抗拉强度是 $570N/mm^2$，伸长率为 14%，冷弯 $90°$，弯心直径 D 为 3d，外形为月牙肋。

2）预应力钢筋宜采用预应力钢绞线、钢丝，也可采用热处理钢筋。

【工程实例】

某信用社综合楼建筑面积为 $2\,400m^2$，是一栋七层 L 型平面建筑，为框架结构。底层为营业厅，底层平面如图 5-23，二层以上为住宅。底层层高为 4.5m，二层以上层高为 3.0m，总建筑高度为 22.5m。基础为钢筋混凝土灌注桩基，上部为现浇钢筋混凝土梁、板、柱的框架结构，砖砌填充墙。

当施工到主体装修阶段时，施工人员在上午 7 点发现底层③轴与Ⓑ轴交叉的柱与设计标高 0.2～0.5m 柱段出现裂缝。施工人员和设计人员虽然采取了临时加固措施，但到下午 3 点左右发现该柱钢筋已外露，并向柱边弯曲，整栋楼房二次连续倒塌。

原因分析

该工程倒塌除了混凝土强度偏低外，其中最主要的原因在于钢筋工程的施工上。

（1）所使用的钢筋品种混乱，其中有竹节钢、螺纹钢、圆钢在同一梁柱的截面中使用。

（2）工程所使用的钢筋既无出厂合格证，又没有送有关部门检验，且大多为改制钢（为小轧钢厂生产）。

（3）在倒塌现场直接取样，绝大部分钢筋钢印直径与实际直径不符，直径偏小，相差较大。在八组 HRB 335 级钢筋试件中，只有三组试件合格。在三组 HPB 235 级钢筋试件中，只有一组试件合格。取样试件中，综合评定只有 36% 合格。

（4）乱代用钢筋。③轴与Ⓑ轴交叉柱（三跨，$B=0.35m$，$H=0.6m$）混凝土为 C20，采用 HPB 235 级钢筋，计算配筋 $A_s=2\,958mm^2$，结构图配 4ϕ25，施工时更改为 4ϕ22，折合为 HPB 235

级钢筋 $A_s = 2\,244\text{mm}^2 < 2\,958\text{mm}^2$，比计算少配筋 24.1%。③轴框架柱（一跨，$B = 0.6\text{m}$、$H = 0.35\text{m}$），计算配筋 $A_s = 3\,270\text{mm}^2$，结构图上配 2φ25 + 1φ20，施工时更改为 2φ22 + 1φ18，折合为 HPB 235 级钢筋 $A_s = 1\,497\text{mm}^2 < 3\,270\text{mm}^2$，比计算少配筋 54.9%。

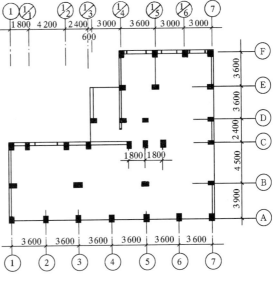

图 5-23　底层平面图

2．配筋不足

为了承受各种荷载，混凝土结构或构件中必须配置足够量的受力钢筋和构造钢筋。施工中，常因各种原因造成配筋品种、规格、数量以及配置方法等不符合设计或规范的规定，从而给工程的结构安全和正常使用留下隐患。常见的配筋不足主要是受力钢筋构造钢筋配筋不足。

造成配筋不足的原因主要有以下四个方面：

（1）设计

1）设计计算错误。例如，荷载取值不当，没有考虑最不利的荷载组合、计算简图选择不正确、内力计算错误以及配筋量计算错误等。

2）构造配筋不符合要求。例如，违反钢筋混凝土结构设计规范有关构造配筋的规定，造成必要的构造钢筋没有或数量不足。

3）其他诸如设计中主筋过早切断、钢筋放置的位置、钢筋连接或锚固不符合要求等。

（2）施工

1）配料错误：例如常见的看错图纸、配料计算错误、配料单制定错误等。

2）钢筋安装错误：不按施工图纸安装钢筋造成漏筋、少筋。

3）偷工减料：施工中少配、少安钢筋，或用劣质钢筋。

（3）使用

使用过程中严重超载是造成配筋不足的另一个原因，另外，结构使用功能的改变也会导致钢筋混凝土构件配筋不足。

（4）其他

地基产生不均匀沉降后，给钢筋混凝土梁柱带来附加应力，而在原设计时并没有考虑这一附加应力。

钢筋混凝土构件或结构配筋不足会造成混凝土开裂严重、混凝土压碎、结构或构件垮塌、构件或结构刚度下降等质量事故。

【工程实例一】

某金工车间屋面大梁为 12m 跨度的 T 形薄腹梁，车间建成后使用不久，发生大梁支承端头突然断裂，造成厂房局部倒塌。倒塌物包括屋面大梁，大型屋面板等构件。

原因分析

事故发生后，通过对事故的检查分析，发现大梁支承端部钢筋的锚固长度不够，按照《混凝土结构设计规范》（GB 50010—2002），受拉钢筋的锚固长度，对普通钢筋按

$$l_a = \alpha \cdot \frac{f_y}{f_t} d$$ 计算。设计要求至少 15cm，实际上不足 5cm。

【工程实例二】

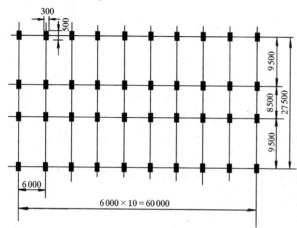

图 5-24　柱网平面布置

某电子有限公司食堂宿舍楼建筑面积为 6 600m²，四层。上部为现浇钢筋混凝土框架结构，下部采用天然地基，钢筋混凝土独立柱基础坐落在南北不同的天然地基上，无基础梁相互联系。进深三跨布置，长度为 10 开间，每个开间为 6m。柱网平面布置如图 5-24 所示，南北南边跨柱网为 6m×9.5m，中间柱网为 6m×8.5m，总长度为 65m，宽度为 27.5m，底层是大空间的食堂，层高为 4.5m，二至四层为员工宿舍，层高为 4m，总高度为 16.5m。

该工程竣工后一年多，某一天突然倒塌，四层框架一塌到底，造成 32 人死亡，78 人受伤。据了解在倒塌前就已发现该楼有明显的倾斜（向南倾斜），墙体、梁、柱多处发现裂缝，特别是通向附属房的过道连系梁有明显的拉裂现象，但一直没有引起重视。

原因分析

（1）设计计算严重错误

该房屋的倒塌除了地基超载受力是造成房屋倒塌的主要因素之外，该房屋的上部结构计算和配筋严重不足是造成倒塌的另一重要原因。

通过对倒塌后现场的柱、梁配筋实测和模拟计算的结果如表 5-4、表 5-5 所示。

表 5-4　各层柱配筋结果表

部位	项目	需要配筋/cm² A_y（纵向）	需要配筋/cm² A_x（横向）	实际配筋/cm² A_y（纵向）	实际配筋/cm² A_x（横向）	实际与需要之比/% A_y（纵向）	实际与需要之比/% A_x（横向）
南北向边柱	底层	22	25	7.1	5.09	32.3	20.4
	二层	18	10	7.1	5.09	39.4	50.9
	三层	10	4	7.1	5.09	71	满足
	四层	18	5	7.1	5.09	39.4	满足
中柱	底层	43	48	9.42	6.28	21.9	13.1
	二层	28	32	9.42	6.28	33.6	19.6
	三层	14	16	9.42	6.28	67.3	39.3
	四层	3	3	9.42	6.28	满足	满足

表 5-5 梁 配 筋 结 果 表

项目 部位	实际配筋/ cm²	需要配筋/cm²				实际与需要之比/%			
		一层	二层	三层	四层	一层	二层	三层	四层
边跨跨中	15.3（6Φ18）	21	20	19	31	72.9	76.5	80.5	49.4
边支座	4.02（2Φ16）	12	13	14	9	33.5	31	20.8	44.7
中间支座	14.73（3Φ25）	27	26	25	25	54.5	55.6	58.9	58.9
中间跨跨中	15.3（6Φ18）	18	19	20	9	85	80.5	76.5	满足

从模拟计算结果来看，柱、框架梁等主要受力构件的设计均不符合设计规范的要求，特别是底层柱的配筋，中柱纵横向（A_y、A_x）实际配筋分别只达到需要配筋的 21.9% 和 13.1%；边柱纵横向（A_y、A_x）实际配筋分别只达到需要配筋的 32.3% 和 20.4%，是属于严重不安全的上部结构。

从倒塌现场实测情况来看，其结构构件尺寸、构造措施、锚固和支承长度均不符合有关规范要求。

（2）施工中偷工减料，工程质量失控

从倒塌现场实测情况来看，结构上所用的钢筋大量为改制材，现场截取了 Φ6、Φ10、Φ12、Φ14、Φ16、Φ18、Φ20、Φ25 八种规格钢材进行力学试验，除 Φ10 规格符合要求外，其余均不符合规定要求。结构构造、锚固、支承长度也都不符合规范要求，大量的拉结筋、箍筋没有设置，进一步降低了建筑物的刚度和稳定性，致使上部结构更趋不安全。

【工程实例三】

某中学食堂，柱距为 8m×8m，采用现浇钢筋混凝土楼盖，建成后不久，发现楼盖下主次梁相交处，主梁产生斜裂缝。

原因分析

裂缝产生后，通过查阅图纸和相关施工资料，发现主梁内次梁位置，为抵抗次梁传给主梁的集中力所设的横向钢筋，虽然理论计算正确，但其制作不符合规范规定的构造要求。规范规定，吊筋的下部应落到主梁的下边，而实际施工时吊筋全部落在次梁的下边，因而没有起到抵抗次梁传递的集中力的作用，造成主梁产生剪切斜裂缝。

【工程实例四】

某三层框架结构，原设计为办公楼，后来用户单位改变为仓库，并局部增加墙隔，在使用中的某一天，突然倒塌。

原因分析

（1）不经同意，任意变更建筑物的使用功能。建筑物的使用功能改变后，加大梁板所承受的荷载，按照原图纸和改变使用功能后的使用荷载验算，原设计主梁的跨中配筋，只能满足需要量的 65.2%，主梁和次梁的抗剪能力也均不够，楼层倒塌事故是迟早会发生的。

（2）未按图施工，偷工减料，从倒塌现场发生，原设计钢筋混凝土大梁受拉钢筋为 10φ22，而实际使用 7φ20+3φ22，有的使用 9φ20+1φ22。原设计大梁箍筋为 φ8@200，而实际使用为 φ6@250。

【工程实例五】

某农业大厦，建筑面积为10 027.43m²，建筑总高度为38.6m。混凝土框架结构，施工主体混凝土结构与填充墙体流水进行，当框架施工至七层时，填充墙体已砌至二层，在墙体砌筑完成后第二天早上发现2轴线的B~C轴及C~D轴梁中部有裂缝，且2轴与B轴相交处柱边缘处也有裂缝，监理要求施工方在梁底进行加固，但施工单位仅在梁底中部加设一根直径为48mm的钢管作为临时支撑，监理人员未进行复查，下午2点钟左右梁底钢管失稳，该段梁突然断裂。

原因分析

事故发生后经现场勘察，该段梁的设计图钢筋配置如图5-25所示：但实际施工时钢筋配置为：梁上口配筋为4Φ22，底筋为4Φ18＋2Φ18，钢筋截面面积减少了33.1%，现场取样检测，三组钢筋均合格。对其他梁进行检测，钢筋配置均符合设计要求。造成事故的主要原因为施工过程中操作人员将Φ18的钢筋误用为Φ22的钢筋，施工现场管理人员及质量检查员对现场施工质量控制不严，检查不认真。

在梁刚出现裂缝时，施工单位没有及时采取有效的加固措施。

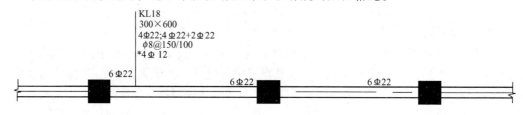

图5-25　KL18配筋图

3.钢筋错位偏差严重

钢筋在构件中的位置偏差是钢筋工程施工中常见的质量事故之一，如果钢筋在构件中的位置偏差在规范允许的范围内，不会对结构或构件带来多大的影响，但是，如果钢筋在构件中的位置偏差超过规范所规定的要求，甚至偏差严重，就会引起结构或构件的刚度、承载力下降，混凝土开裂，甚至引起结构或构件的倒塌。例如，最常见的是一些悬挑阳台板、雨篷板的钢筋网错放在板的下部时，结构就可能发生倒塌。

常见的钢筋错位偏差事故有：梁、板的负弯矩配筋下移错位或错放至下部，梁、柱主筋的保护层厚度偏差，钢筋间距偏差过大，箍筋间距偏差过大等。

造成钢筋错位偏差的主要原因有：

（1）随意改变设计

常见的有两类，不按施工图施工，把钢筋位置放错；乱改建筑的设计或结构构造，导致原有的钢筋安装固定有困难。

（2）施工工艺不当

例如，主筋保护层不设专用垫块，钢筋网或骨架的安装固定不牢固，混凝土浇筑方案不当，操作人员任意踩踏钢筋等原因均可能造成钢筋错位。

【工程实例一】

某住宅建筑面积为603m²，三层混合结构，二、三层均有四个外挑阳台。在用户住入后，三层的一个阳台突然倒塌。

阳台结构断面图见图 5-26。

从倒塌现场可见混凝土阳台板折断（钢筋未断）后，紧贴外墙面挂在圈梁上，阳台栏板已全部坠落地面。住户迁入后，当时曾反映阳台栏板与墙连接处有裂缝，但无人检查处理。倒塌前几天，因裂缝加大，再次提出此问题，施工单位仅派人用水泥对裂缝作表面封闭处理。倒塌后，验算阳台结构设计，未发现问题。混凝土强度、钢筋规格、数量和材质均满足设计

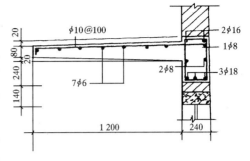

图 5-26　阳台结构断面图

要求，但钢筋间距很不均匀，阳台板的主筋错位严重，从板断口处可见主筋位于板底面附近。实测钢筋骨架位置如图 5-27 所示。

图 5-27　实测钢筋骨架位置

阳台栏板压顶混凝土与墙或构造柱的锚固钢筋，原设计为 2φ12，实际为 3φ6，但锚固长度为 40～50mm，锚固钢筋末端无弯钩。

原因分析

（1）乱改设计。与阳台板连接的圈梁的高度原设计为 360mm，见图 5-26。施工时，取消阳台门上的过梁和砖，把圈梁高改为 500mm，但是，钢筋未作修改，且无固定钢筋位置的措施，因此，使梁中钢筋位置下落，造成根部（固定端处）主筋位置下移，最大达 85mm，见图 5-27。

（2）违反工程验收有关规定。对钢筋工程不作认真检查，却办理了隐蔽工程验收记录。

（3）发现问题不及时处理。阳台倒塌前几个月就已发现栏板与墙连接处等出现裂缝，住户也多次反映此问题，都没有引起重视，既不认真分析原因，也不采取适当措施，最终导致阳台突然倒塌。

【工程实例二】

某中学教学楼，三层混合结构，开间 3.2m，全长 42.4m，进深 8.4m，每间教室均为三个开间，共 9.6m 长，配有两根 C20，250mm×450mm 的钢筋混凝土进深梁 L。如图 5-28 所示，因屋面一根钢筋混凝土进深梁发生断裂坠落，在梁垂直冲击荷载作用下，使其下部三层、二层梁被连续砸断，造成房屋倒塌。

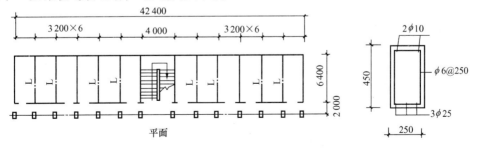

图 5-28　设计平面图及 L 梁配筋断面图

原因分析

施工不按规范作业，大梁的主筋 3φ25 严重向一侧偏移，在梁中部断口处发现，钢筋偏向一边，梁的受拉区 1/3 宽度无钢筋，改变了梁的受力状态，出现偏心受力，造成梁侧向失稳，从而导致梁突然断裂。

4. 钢筋脆断、裂纹和锈蚀

(1) 钢筋脆断

造成钢筋脆断的主要原因有：

1) 钢材材质不合格或轧制质量不合格。

2) 运输装卸不当，摔打碰撞使钢筋承受过大的冲击应力。

3) 钢筋制作加工工艺不当。

4) 焊接工艺不良造成钢筋脆断。

(2) 钢筋裂纹

钢筋产生裂纹主要有纵向裂纹和成型弯曲裂纹。

造成钢筋纵裂纹的主要原因是由于钢材轧制生产工艺不当所引起的。

造成钢筋在成型弯曲处外侧产生横向裂缝的主要原因是钢筋的冷弯性能不良或成型场所温度过低所引起的。

(3) 钢筋锈蚀

钢筋锈蚀主要是指尚未浇入混凝土内的钢筋锈蚀和混凝土构件内的钢筋锈蚀。

尚未浇入混凝土内的钢筋锈蚀主要有以下三种：

1) 浮锈：钢筋保管不善或存放过久，就会与空气中的氧起化学作用，在钢筋表面形成氧化铁层。初期，铁锈呈黄色，称之为浮锈或色锈。对钢筋浮锈除在冷拔或焊接处附近必须清除干净外，一般均不作专门处理。

2) 粉状或表皮剥落的铁锈：当钢筋表面形成一层氧化铁（呈红褐色），用锤击有锈粉或表面剥落的铁锈时，一定要清除干净后，方可使用。

3) 老锈：钢筋锈蚀严重，其表面已形成颗粒状或鳞片状，这种钢筋不可能与混凝土黏结良好，影响钢筋和混凝土共同作用，这种钢筋不得使用。

混凝土构件内的钢筋锈蚀问题必须认真分析处理。因为构件内的钢筋锈蚀，导致混凝土构件体积膨胀，使混凝土构件表面产生裂缝，由于空气的侵入，更加速了钢筋的锈蚀，恶性循环，最终造成混凝土构件保护层剥落，钢筋截面减小、强度降低，甚至出现构件安全破坏。

【工程实例一】

四川省某化纤厂牵切纺车间，建筑面积为 12 000m²，柱网尺寸为 12m×7.2m，屋盖为锯齿形，其主要承重大梁为 12m 跨的薄腹梁，梁长为 11 950mm，梁高为 1 300mm，梁横断面为"Ⅰ"形，上翼缘宽 350mm，下翼缘宽 300mm，腹板厚为 100mm。主筋用 5Φ25，其中有两根为弯曲钢筋；其外形见图 5-29。

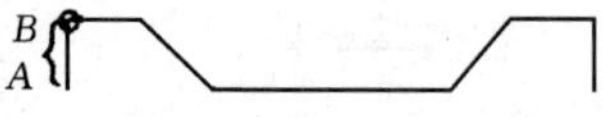

图 5-29 钢筋外形示意图

钢筋脆断的情况：6 月 10 日将一批在预制厂成型的钢筋运往工地时，钢筋弯曲部分 A 不慎钩在混凝土门框上，当时钢筋在 B 处断裂，数量为 2 根。钢筋运到工地，从卡车上卸下来时，又断了 5 根，断口也在 B 处。当时已制作这种钢筋 210 余根，出现断裂的钢筋共

7 根，占已制作钢筋的 3.3% 左右。

调查试验情况：

（1）钢筋材质证明中主要物理性能如表 5-6。这批钢筋系由外单位转来，无出厂证明原件。从表 5-6 可以看出，其物理力学性能符合 HRB 335（20MnSi）级钢筋的要求，但强度指标已达 HRB 400 级钢筋的标准。

表 5-6　钢筋物理力学性能表

试件号	屈服强度 σ_s/（N/mm²）	极限强度 σ_b/（N/mm²）	延伸率 δ_5/%	冷弯 180°
1	470	740	25	弯心直径 D = 100 合格
2	430	655	25	D = 90 合格
3	470	735	22.5	D = 90 合格
国家标准要求	340	520	16	D = 100 合格

（2）施工前抽样复查结果见表 5-7。

表 5-7　施工检验结果（一）

组　号	试件号	屈服强度 σ_s/（N/mm²）	极限强度 σ_b/（N/mm²）	延伸率 δ_5/%	冷弯弯心 D = 100 冷弯 180°
HPB 235	4	385	580	36.0	合　格
	5	395	680	34.5	合　格
HRB 335	6	505	720	25.5	合　格
	7	445	700	24.0	合　格

两组钢筋均符合 HRB 335 级钢筋的要求，其强度已达 HRB 400 级钢筋的标准。

（3）发现断裂现象后，重新取样做抗拉试验，结果见表 5-8。

表 5-8　施工检验结果（二）

试件号	σ_s/（N/mm²）	σ_b/（N/mm²）	δ_5/%	冷弯弯心 D = 100 冷弯 180°
1	465	695	24.0	合　格
2	415	605	28.0	合　格
3	440	665	25.5	合　格

试验结果表明均符合 HRB 335 级钢筋的技术要求，但强度指标已达 HRB 400 级钢筋的标准。

（4）检查钢筋车间的加工情况，弯曲成型用钢筋弯曲机，部分钢筋的弯曲直径只有 60mm，小于规范 $4D$ = 100mm 的要求。因此，怀疑钢筋加工时已经产生裂纹。为此，专门把断下的钢筋头进行冷弯试验，弯心 60mm，弯曲角度为 180°，结果三个断头冷弯均无裂纹。

（5）对断下的两根钢筋头作拉伸试验，其结果见表 5-9 所示，符合 HRB 335 级钢筋的技术要求。

表 5-9　断钢筋头的拉伸试验结果

试件编号	σ_s/（N/mm²）	σ_b/（N/mm²）	δ_5/%
1	405	610	29.5
2	455	715	22.5

原因分析

这批钢筋经过 7 次试验，其物理力学性能均满足 HRB 335 级钢筋的要求，但延伸率 $\delta_5 = 22.5\% \sim 36\%$，超过标准要求 16% 的量；同时对断下的钢筋头进行比规范要求严格的冷弯检验，均未出现裂纹；从化学分析试验结果看，其 S、P 含量明显低于标准的要求，Mn 的含量偏高 0.12%，但不至于造成钢筋脆断。从对断头进行的冷弯试验中可见，已经脆断的钢筋，在弯心直径只有 60mm 的情况下，冷弯 180°，没有出现裂纹，说明钢筋加工中，弯曲处出现裂纹的可能性极小。综上所述，钢筋脆断的主要原因不是材质问题，而是撞击、摔打冲击而造成的。

【工程实例二】

某构件厂生产非预应力空心板时，发现 $\phi 8$ 受力钢筋弯钩处有横向裂缝，发现时已有部分钢筋用到空心板内。

原因分析

（1）据查该批钢筋，无出厂证明。仓库提供的试验报告，各项指标均达到 HPB 235 级钢筋的标准。

（2）从弯钩有裂纹的钢筋中取样试验，其结果没有明显的屈服台阶，延伸率较低，达不到规范要求。尤应指出，钢筋断裂前没有明显的缩颈现象，而且沿钢筋全长出现很多横向裂缝。这些现象都与常见钢筋试件有很大差异。

（3）从无裂纹的钢筋中取样试验，虽然塑性、韧性较好，但几乎有一半试件的极限强度达不到规范的要求。而且屈服强度（σ_s）与极限强度（σ_b）比较接近，有的 σ_s/σ_b 高达 94% 以上。

（4）化学分析见表 5-10。经与标准值对比可见钢材的含碳量偏高，这与塑性差的特性是一致的，但是仅仅含碳量偏高 0.06% 也不至于出现上述严重问题。可能此次化学分析不能全面反映钢筋的真实成分。

表 5-10　钢筋化学分析结果

元素含量/%	C	Si	Mn	S	P
$\phi 8$ 钢筋	0.28	0.23	0.50	0.031	0.015
标准数值	0.14 ~ 0.22	0.12 ~ 0.30	0.40 ~ 0.65	≤0.045	≤0.055

【工程实例三】

某大厦建筑面积为 34 000m²，主楼 20 层，总建筑高度为 77m，框剪结构，主楼底层层高为 5m，2、3 层层高为 4.8m，4~10 层层高为 3.4m，11~20 层层高为 3m。该工程作为高层建筑，竖向钢筋用量较大，直径较粗，同时，为了便于运输，钢筋的生产长度一般在 9m 以内。在比较了焊接质量、生产效率和经济效益等综合指标，该工程采用了竖向钢筋电渣压力焊。但由于选择的施工队伍素质不高，在焊接过程中操作不当、焊接工艺参数选择不合理，产生了各种各样的质量缺陷。钢筋工程质量的检查发现了大量的电渣压力焊钢筋偏心、倾斜、焊包不均、气孔、夹渣、焊包下流等缺陷，如图 5-30 所示，致使大面积钢筋焊接工程返工。

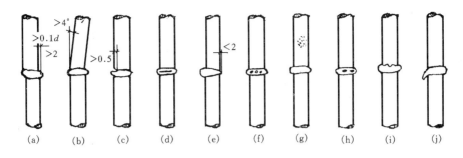

(a) 偏心；(b) 倾斜；(c) 咬边；(d) 未熔合；(e) 焊包不匀；(f) 气孔；

(g) 烧伤；(h) 夹渣；(i) 焊包上翻；(j) 焊包下流

图 5-30　电渣压力焊接头缺陷

原因分析

（1）接头偏心、倾斜

钢筋焊接接头的轴线偏移大于 $0.1d$（d 为钢筋直径）或超过 2mm 的即为偏心。接头弯折角度大于 4°即为倾斜。造成偏心和倾斜的主要原因：

1）钢筋端部歪扭不直，在夹具中夹持不正或倾斜；

2）夹具长期使用磨损，造成上下不同心；

3）顶压时用力过大，使上钢筋晃动和移位；

4）焊后夹具过早放松，接头未及冷却使上钢筋倾斜。

（2）焊包不匀

现场焊接钢筋焊包不匀的主要原因：

1）钢筋端头倾斜过大而熔化量又不足，加压时熔化金属在接头四周分布不匀；

2）采用铁丝圈引弧时，铁线圈安放不正，偏到一边。

（3）气孔、夹渣

造成气孔和夹渣的主要原因：

1）焊剂受潮，焊接过程中产生大量气体渗入熔池；

2）钢筋锈蚀严重或表面不清洁；

3）通电时间短，上端钢筋在熔化过程中还未形成凸面即进行顶压，熔渣无法排出；

4）焊接电流过大或过小；

5）焊剂熔化后形成的熔渣黏度大，不易流动；

6）预压力太小。

三、混凝土工程

混凝土工程是建筑施工中一个最主要的工程。无论是工程量、材料用量，还是工程造价所占建筑工程的比例均较大，可能造成质量事故的可能性也较大。

混凝土工程常见的质量事故主要有：混凝土强度不足，混凝土裂缝，结构或构件错位变形，混凝土外观质量差等质量事故或质量缺陷。

1. 混凝土强度不足

混凝土强度不足对结构的影响程度较大，可能造成结构或构件的承载能力降低，抗裂性能、抗渗性能、抗冻性能和抗侵蚀性能的降低，以及结构构件的强度和刚度的下降。

造成混凝土强度不足的主要原因：

（1）材料质量

1）水泥质量差：

①水泥实际活性（强度）低。造成水泥活性（强度）低的原因是：一是水泥的出厂质量差；二是水泥保管条件差，或贮存时间过长，造成水泥结块，活性降低而影响强度。

②水泥安定性不合格。其主要原因是水泥熟料中含有过多的游离 Ca^{2+}、Mg^{2+} 离子，有时也可能由于掺入石膏过多而造成。

2）骨料（砂、石）质量差：

①石子强度低。

②石子体积稳定性差。有些由多孔燧石、页岩、带有膨胀黏土的石灰岩等制成的碎石，在干湿交替或冻循环作用下，常表现为体积稳定性差，而导致混凝土强度下降。例如变质粗玄岩，在干湿交替作用下体积变形可达 6×10^{-4}。用这种石子配制的混凝土在干湿条件变化下，可能造成混凝土强度下降。

③石子外形与表面状态差。针片状石子含量高（或石子表面光滑）影响混凝土的强度。

④骨料中（尤其砂）有机质、泥土、三氧化硫等含量高。骨料中的有机质对水泥水化产生不利影响，使混凝土强度下降。

当骨料中泥土、粉尘的含量过大，会影响骨料与水泥的黏结、增加用水量，同时泥土颗粒体积不稳定，干缩湿胀，对混凝土有一定的破坏作用。

当骨料中含有硫铁矿（FeS_2）或生石膏（$CaSO_4 \cdot 2H_2O$）等硫化物或硫酸盐，当其含量较高时，就可能与水泥的水化物作用，生成硫铝酸钙，产生体积膨胀，导致硬化的混凝土开裂或强度下降。

3）拌和水质量不合格。

4）掺用外加剂质量差。

（2）混凝土配合比不当

混凝土配合比是决定混凝土强度的重要因素之一，其中水灰比的大小直接影响混凝土的强度，其他如砂率、粗骨料级配比等也都会影响混凝土的强度和其他性能，造成混凝土强度不足。这些影响因素在施工中表现为：

1）随意套用配合比：混凝土配合比是根据工程特点、施工条件和材料的品质，经试配后确定的。但是，目前有些工程却不顾这些特定条件，仅根据混凝土强度等级的指标，或者参照其他工程，或者根据自己的施工经验，随意套用配合比，造成强度不足。

2）用水量大。

3）水泥用量不足。

4）砂、石计量不准。

5）外加剂用错：一是品种用错，在未弄清外加剂属早强、缓凝、减水等性能前，盲目乱掺外加剂，导致混凝土达不到预期的强度；二是掺量不准。

6）碱—骨料反应：当混凝土总含碱量较高时，又使用含有碳酸盐或活性氧化硅成分的粗骨料（如沸石、流纹岩等），可能产生碱—骨料反应（即碱性氧化物水解后形成的氢氧化钠与氢氧化钾），与骨料含有的活性氧化硅起化学反应，生成不断吸水、膨胀的凝胶体，造成混凝土开裂和强度降低。据有关资料介绍，在其他条件相同的情况下，碱—骨料反应后混凝土强度仅为正常值的60%。

（3）混凝土施工工艺

1）混凝土拌制不佳：如混凝土搅拌时投料顺序颠倒，搅拌时间过短造成拌和物不匀，影响混凝土强度。

2）运输条件差：如没有选择合理的运输工具，在运输过程中混凝土分层离析、漏浆等均影响混凝土的强度。

3）混凝土浇筑不当：如混凝土自由倾倒高度过高，混凝土入模后振捣不密实等。

4）模板漏浆严重。

5）混凝土养护不当。

（4）冬季施工技术措施不落实

《建筑工程冬期施工规程》（JGJ 104—97）规定，当室外日平均气温连续5d低于5℃时，即进入冬期施工。浇筑的混凝土经受早期受冻，强度会严重降低。其原因归纳成如下三个方面。

1）水冻结冰后，体积增加9%。由于冻结使混凝土体积膨胀，解冻后孔隙保留下来。因此，混凝土受冻后孔隙率显著提高，如果孔隙率增加到15%～16%，其强度就会降低10%。

2）在骨料周围有一层水膜或水泥浆膜，在受冻后其黏结力受到严重损害，即使解冻后也不能恢复，据有关丧失黏结力的研究资料表明，如果黏结力完全丧失，强度降低13%。

3）在结冻和解冻的过程中，会发生水分迁移现象，水分的体积也有变化，混凝土中的各组分体积膨胀系数又不相同，使得混凝土的体积及各组分的相对位置有所改变，这对于当时的强度仍然很低的混凝土是承受不住的，容易产生裂纹。

【工程实例一】

某建筑工程为高11层的框架结构，建筑面积9 680m²。主体结构的混凝土强度等级为C25。

当主体结构施工到第五层时，发现下列部位的混凝土强度达不到要求：

（1）第三层有六条轴线的剪力墙混凝土，28d的试块抗压强度为19.70N/mm²，至82d后取墙体混凝土芯一组，其抗压强度分别为12.46N/mm²、15.72N/mm²、20.21N/mm²；

（2）第四层有六条轴线墙柱混凝土试块的28d强度为17.24N/mm²，至78d后取墙体混凝土芯一组，其抗压强度分别为10.52N/mm²、7.14N/mm²、18.05N/mm²；除这6条轴线的构件混凝土强度不足外，该层其他构件也有类似的情况。

原因分析

（1）现场水泥使用混乱，该工地同时使用不同厂家的水泥，水泥进场时间记录不详，各种水泥堆放时没有严格分开，又无明显标志，导致错用混用。

（2）混凝土水灰比过大，坍落度较大，还出现泌水、离析等现象，造成强度低下。

（3）混凝土配料计量不准：以体积比代替重量比，导致混凝土配合比不准。

【工程实例二】

某车间工程，为砖混结构平房建筑，屋面采用现浇钢筋混凝土屋盖，屋面荷载由钢筋混凝土大梁传递到砖壁柱上，当年3月开工，9月底完成现浇屋面，接着施工屋面防水层，10月3日拆完大梁底模板和支撑，10月4日下午房屋全部倒塌。

原因分析

屋面梁原设计混凝土强度等级为C20，经现场用回评仪测定，其强度等级在C12～C16之间，混凝土强度未达到设计要求是房屋倒塌的主要原因，造成混凝土强度不足的主要原因有：

（1）砂石质量差。在梁的断口处可清楚地看出砂石未洗干净，混有大小不等的黄土块，白灰砂浆及树叶等杂质。

（2）水泥质量差。施工时，使用的是进场已三个多月，并放置在潮湿地区有部分结块的水泥。

（3）采用人工拌和混凝土。混凝土振捣不密实，蜂窝多，露筋多。

（4）没有进行混凝土的配合比设计，根据自己的施工经验随意套用配合比。

【工程实例三】

某教学楼工程，四层现浇框架结构，当施工四层楼面时，发现三层局部楼面板混凝土浇捣完成数天后还未硬化，混凝土强度达不到设计要求。

原因分析

（1）经现场勘察发现，搅拌混凝土所用的砂石不仅含泥量过高（有的甚至含有拳头大的泥块），还有烂树根等杂质。

（2）混凝土配料计量不准，所用粉煤灰过多。现场搅拌混凝土时，砂、石、水、水泥均用秤计量，唯独粉煤灰是工人凭经验用铁锹直接铲入搅拌机内，随意性太大。

【工程实例四】

某锅炉房工程，单层砖混结构，建筑面积137m²，其中锅炉房100m²，现浇屋面大梁，支承大型屋面板，如图5-31所示，于11月20日开工，2月14日上午11时50分突然发生大梁断裂塌落事故。

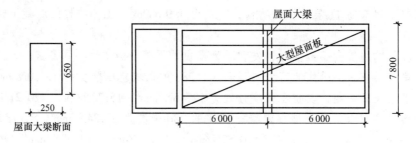

图5-31 屋面板示意图

原因分析

经查气象记录，该工程所在地区12月10日至20日期间最低气温－9.8℃，最高气温为8.4℃，大梁混凝土正在此期间浇筑，未按冬季施工的有关规定采用相应的技术措施。

实际搅拌混凝土时，除将水略加温外，其余材料均未加温，也未用防冻外加剂，大梁浇筑后，又未及时保温（浇筑6d后才保温），致使混凝土边施工边受冻，浇筑后继续受冻，混凝土强度严重削弱，达不到设计要求，致使大梁断裂，屋面塌落，在倒塌现场亦发现大梁断裂后，梁上混凝土碎渣的石子表面有一层冰霜，说明混凝土实属受冻破坏。

2. 混凝土裂缝

混凝土是一种非匀质脆性材料，由骨料、水泥、砂石以及存留其中的气体和水组成。在温度和湿度变化的条件下，硬化并产生体积变形。由于各种材料变形不一致，互相约束而产生初始应力（拉应力或剪应力），造成骨料与水泥石黏结面或水泥石之间出现肉眼看不见的微细裂缝。这种微细裂缝的分布是不规则的，且不连贯，但在荷载作用下或进一步产生温差、干缩的情况下，裂缝开始扩展，并逐渐互相串通，从而出现较大的肉眼可见的裂缝（一般肉眼可见裂缝宽度为 0.03～0.05mm），称为宏观裂缝，即我们通常所说的裂缝。混凝土的裂缝，实际是微裂的扩展。

裂缝在混凝土结构或构件中是普遍存在的，不少钢筋混凝土结构或构件的破坏都是从裂缝开始的。因此必须十分重视混凝土裂缝的分析。但是应该指出，混凝土中的有些裂缝是很难避免的。混凝土的开裂，除了由于荷载作用、地基变形造成的裂缝外，更多的是由于混凝土的收缩和温度变形导致开裂。常见的一些裂缝，如温度收缩裂缝、混凝土受拉区宽度不大的裂缝等，一般不会危及建筑结构的安全。因此混凝土裂缝并非都是事故，也并非均需处理。

在现行的设计和施工规范中对混凝土裂缝问题均作了一定的规定。

《混凝土结构设计规范》（GB 50010—2002）规定：普通钢筋混凝土结构的裂缝控制等级为三级，允许构件受拉边缘混凝土产生裂缝，构件处于开裂状态下工作，最大裂缝宽度的计算值不得超过表 5-11 的规定。

表 5-11　结构构件的裂缝控制等级及最大裂缝宽度限值

环境类别	钢筋混凝土结构		预应力混凝土结构	
	裂缝控制等级	w_{lim}/mm	裂缝控制等级	w_{lim}/mm
一	三	0.3 (0.4)	三	0.2
二	三	0.2	二	一
三	三	0.2	一	一

注：①表中的规定适用于采用热轧钢筋的钢筋混凝土构件和采用预应力钢丝、钢绞线及热处理钢筋的预应力混凝土构件；当采用其他类别的钢丝或钢筋时，其裂缝控制要求可按专门标准确定；
②对处于年平均相对湿度小于 60% 地区一类环境下的受弯构件，其最大裂缝宽度限值可采用括号内的数值；
③在一类环境下，对钢筋混凝土屋架、托架及需作疲劳验算的吊车梁，其最大裂缝宽度限值应取为 0.2mm；对钢筋混凝土屋面梁和托梁，其最大裂缝宽度限值应取为 0.3mm；
④在一类环境下，对预应力混凝土屋面梁、托梁、屋架、托架、屋面板和楼板，应按二级裂缝控制等级进行验算；在一类和二类环境下，对需作疲劳验算的预应力混凝土吊车梁，应按一级裂缝控制等级进行验算；
⑤表中规定的预应力混凝土构件的裂缝控制等级和最大裂缝宽度限值仅适用于正截面的验算；预应力混凝土构件的斜截面裂缝控制验算应符合 GB 50010—2002 中第 8 章的要求；
⑥对于烟囱、筒仓和处于液体压力下的结构构件，其裂缝控制要求应符合专门标准的有关规定；
⑦对于处于四、五类环境下的结构构件，其裂缝控制要求应符合专门标准的有关规定；
⑧表中的最大裂缝宽度限值用于验算荷载作用引起的最大裂缝宽度。

在表 5-11 中环境的类别按表 5-12 的规定确定。

表 5-12　混凝土结构的环境类别

环境类别		条件
一		室内正常环境
二	a	室内潮湿环境；非严寒和非寒冷地区的露天环境，与无侵蚀性的水或土壤直接接触的环境
	b	严寒和寒冷地区的露天环境，与无侵蚀性的水或土壤直接接触的环境
三		使用除冰盐的环境；严寒或寒冷地区冬季水位变动的环境；滨海室外环境
四		海水环境
五		受人为或自然的侵蚀性物质影响的环境

注：严寒和寒冷地区的划分应符合国家现行标准《民用建筑热工设计规程》JGJ 24 的规定。

《建筑工程施工质量验收统一标准》（GB 50300—2001）规定：对设计不允许有裂缝的结构，严禁出现裂缝；设计允许出现裂缝的结构，其裂缝宽度必须符合设计要求。

（1）裂缝的形态及产生原因

混凝土的抗拉强度比抗压强度低得多，在不大的拉应力作用下，就会出现裂缝。有些裂缝会在不同程度上降低结构的耐久性，所以研究裂缝形态，分析其对结构功能的影响，并加以控制是十分重要的。

混凝土结构上的裂缝多种多样，除荷载裂缝外，还有收缩裂缝、沉缩及沉降裂缝、温度裂缝、张拉裂缝及施工裂缝等。下面分别叙述各种裂缝的特征及产生的原因。

1）荷载裂缝：荷载裂缝是工程中最常见的裂缝。

①拉、弯构件裂缝。拉、弯构件的裂缝形态如图 5-32 所示。图 5-32a 为钢筋混凝土轴心受拉构件的裂缝分布情况，其中贯穿整个截面宽度的为"主裂缝"。在主裂缝出现后，随着荷载的增加，对采用变形钢筋的构件，在主裂缝之间的钢筋处还会出现短的"次裂缝"。当钢筋应力接近屈服点时，还可能沿钢筋出现纵向裂缝。

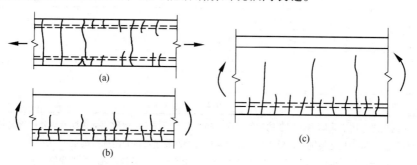

（a）拉杆；（b）梁；（c）梁高较大的 T 形梁、I 形梁
图 5-32　拉、弯构件的荷载裂缝形态

图 5-32b 表示混凝土梁中正截面裂缝，主裂缝多从受拉边开始向中和轴发展，同样，在主裂缝之间可以看到短的次裂缝。图 5-32c 表示梁高较大的 T 形梁或 I 形梁的裂缝分布情况。纵向主筋水平附近处短的次裂缝常比梁腹中的主裂缝多得多（一倍以上），但宽度小得多。当腹板较薄或腹板配筋较少时，裂缝常始自梁腹，然后向上及向下边缘延伸。主裂缝在腹板中的宽度常大于纵向钢筋处的宽度，多为"枣核形裂缝"。这种现象是由于腹板中的混凝土受钢筋的约束较小，回缩较大所致。在厚度较大的单向板或墙中，会产生类

似于图 5-32c 主筋处的"枝状裂缝"。

②受压柱中裂缝。图 5-33 示出了柱子的荷载裂缝图。轴压柱的裂缝表现为多组大致平行的竖向裂缝，如图 5-33a 所示。小偏压柱的裂缝形态与轴压柱相似，只是受力较小边的裂缝少些，如图 5-33b 所示。大偏压柱的受拉边出现类似受弯构件的横向裂缝，接近破坏时，受压边出现平行的竖向裂缝，如图 5-33c 所示。

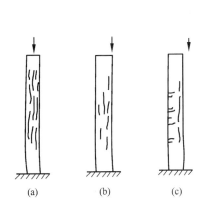

（a）中心受压；（b）小偏压；（c）大偏压

图 5-33 柱子的荷载裂缝形态

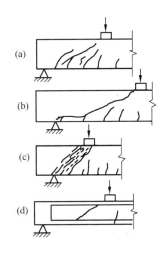

图 5-34 荷载斜裂缝形态

③剪、扭斜裂缝。斜裂缝是由于剪力或扭矩的作用而产生的。

在梁的剪力和弯矩共同作用区段内的斜裂缝，一般在最后阶段都有一条主斜裂缝，称为"临界斜裂缝"。在主斜裂缝的近旁还会有一些次斜裂缝，如图 5-34a 所示。当配箍较少时，次斜裂缝的根数较少。在接近破坏时，还会出现黏结裂缝以及沿纵筋的撕裂裂缝，如图 5-34b 所示。当剪跨比较小（$\lambda < 1$）时，或腹筋配置较多时，容易在梁端产生若干根大致平行的斜裂缝，如图 5-34c 所示。在腹板较薄的梁或预应力梁中，斜裂缝会首先在梁腹部中和轴附近出现，随后向上下延伸。这种裂缝常称为腹剪斜裂缝，如图 5-34d 所示。

扭转斜裂缝是呈 45°的螺旋状裂缝。图 5-35 示出了某钢筋混凝土受扭试件的裂缝展开图。图中裂缝处的数字为该裂缝出现和发展时的荷载值。当配箍过少或箍筋间距过大时，裂缝的根数较少，宽度较大。当纵筋和箍筋配置较多时，螺旋裂缝较多、较密。

下面举例说明上述裂缝在工程中最易出现的部位及分布情况。

图 5-36a 为整浇板的上板面及板底面的裂缝分布情况。其中①号裂缝属于支座构造负弯矩的板面裂缝。②号裂缝属于支座计算负弯矩的板面裂缝。③号裂缝属于跨中计算正弯矩的板底裂缝。

图 5-36b 为内框架梁中的裂缝情况。①、②号是剪力引起的斜裂缝；③号是正弯矩引起的裂缝；④号是负弯矩引起的裂缝；⑤号是因次梁间接加载引起的剪切斜裂缝。

图 5-36c 为框架边柱经常产生的裂缝的部位。对框架来说，边柱承受的弯矩比内柱大，故边柱易出现裂缝。

图 5-36d、图 5-36e 为水箱的外壁面和内壁面的裂缝的情况，矩形水箱的四壁均为偏心受拉构件，裂缝出现在弯矩最大的地方，很可能只有一条，也可能 2~3 条。

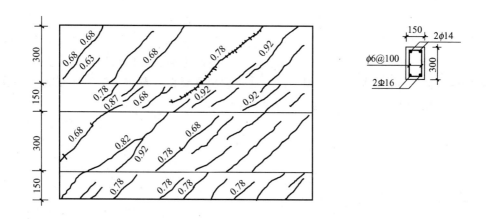

混凝土 $f_c = 20$MPa；纵筋 $f_y^s = 408$；$f_y^n = 384$；

箍筋 $f_y^s = 278$；开裂扭矩 $= 6.3$kN·m；破坏扭矩 $= 9.9$kN·m

图 5-35 受扭构件的破坏展开图

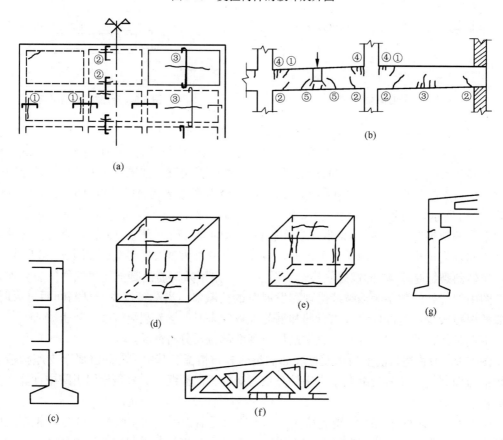

（a）板上面裂缝；板底面裂缝；（b）梁的裂缝；（c）框架柱常见裂缝；（d）水箱外
壁裂缝；（e）水箱内壁裂缝；（f）屋架下弦裂缝；（g）排架柱常见裂缝

图 5-36 工程中常见裂缝的部位及分布情况

图 5-36f 为钢筋混凝土屋架易出现裂缝的部位。一般在屋架受力最大节间的下弦和腹

杆中。因它们承受拉力，裂缝多是贯通的。

图 5-36g 为排架柱常出现裂缝的部位。当出现这些裂缝时，则说明排架柱的抗裂性不好。

2）沉降裂缝：地基的不均匀下沉，在结构构件上引起的沉降裂缝是工程中常发生的一种裂缝。

地基的不均匀沉降，改变了结构的支承及受力体系，由于计算简图的改变，有时会使计算跨度成倍增长。弯矩增长得更快。在承受沉降引起的较大弯矩的部位，如果原结构的配筋较小，易导致构件产生较大的裂缝。

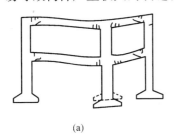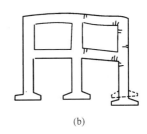

（a）   （b）

图 5-37　框架的沉降裂缝

图 5-37a 示出了中柱下沉比两侧柱多时，结构的不均匀沉降引起的裂缝分布情况。这是较易出现的沉降裂缝。原因主要有：一是在计算各基础荷载时，习惯上按负荷面积摊派，而中柱的实际受力要高出按面积摊派的荷载，从而造成中柱基础的地基净反力较边柱大；二是中柱基础的沉降因受两边柱的影响，还产生附加变形；三是在房屋的中央部位常有电梯间、水箱等结构，它们的恒载所占的比重较大。

图 5-37b 示出另一种较易出现的不均匀沉降（局部沉降）所引起的裂缝分布情况。当局部地基有古墓、废井、暗浜等情况时，均有可能导致基础局部沉陷过大，引起框架梁、柱开裂。

3）收缩裂缝：常说的收缩裂缝，实际包含凝缩裂缝和冷缩裂缝。

所谓凝缩裂缝，是指混凝土在结硬过程中因体积收缩而引起的裂缝。通常，它在浇筑混凝土 2～3 个月后出现，且与构件内的配筋有关。当钢筋的间距较大时，钢筋周围混凝土的收缩因较多地受钢筋约束，收缩较小，而远离钢筋的混凝土的收缩较自由，收缩较大，从而产生了裂缝。在实际工程中，常会遇到凝缩裂缝。例如，梁高 > 650mm，在梁腹产生横向的凝缩裂缝，裂缝间距约为 2 500mm，如图 5-38a 所示。

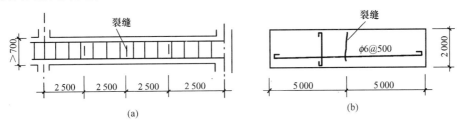

（a）梁；（b）板

图 5-38　梁、板中的凝缩裂缝

再如，某现浇走道板（如图 5-38b），由于分布筋的间距较大，引起横向凝缩裂缝。

冷缩裂缝，是指构件因受气温降低而收缩，且在构件两端受到强有力的约束而引起的裂缝。一般只有在气温低于 0℃时才会出现。

4）干缩裂缝：干缩裂缝（又称龟裂）发生在混凝土结硬前最初几小时。裂缝呈无规则状，纵横交错，如图 5-39 所示。裂缝的宽度较小，大多为 0.05～0.15mm。干缩裂缝是因混凝土浇捣时，多余水分的蒸发使混凝土体积缩小所致。影响干缩裂缝的主要原因是混凝土表面的干燥速度。当水分蒸发速度超过泌水速度时，就会产生这种裂缝。与收缩裂缝不同的是，它与混凝土内的配筋情况以及构件两端的约束条件无关。干缩裂缝常出现在大体积混凝土的表面和板类构件以及较薄的梁中。

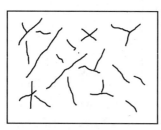

图 5-39　平板干缩裂缝

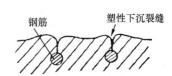

图 5-40　沿钢筋的沉缩裂缝

图 5-41　梁、板交接
处的沉缩裂缝

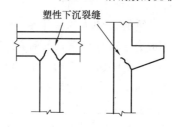

图 5-42　柱、梁（牛腿）
交接处的沉缩裂缝

5）沉缩裂缝：沉缩裂缝是混凝土结硬前没有沉实或沉实能力不足而产生的裂缝。新浇混凝土由于重力作用，较重的固体颗粒下沉，迫使较轻的水分上移，即所谓"泌水"。由于固体颗粒受到钢筋的支撑，使钢筋两则的混凝土下沉变形相对于其他变形为小，形成了沿钢筋长度方向的纵向裂缝，如图 5-40 所示。裂缝深度一般至钢筋顶面。例如，北京某工程的箱形基础底部，在浇筑后一天内出了宽度为 0.5～1.5mm 的沿纵向长度方向的沉缩裂缝。另外，当混凝土浇捣厚度相差较大时，也会出现这种裂缝。例如某工程的现浇梁板结构，梁的尺寸为 300mm×600mm，板厚为 150mm。由于梁板混凝土几乎同时浇捣，梁的沉缩大于板的沉缩，在梁板交接处产生了纵向水平裂缝，如图 5-41 所示。宽度为 0.1～0.3mm，再如，当柱子立浇时，如果连同梁板或牛腿同时浇捣，则由于柱子的沉缩量远大于梁或牛腿的沉缩量，在柱子与梁板或牛腿的交接面处会出现如图 5-42 所示的沉缩裂缝。

6）温度裂缝：温度裂缝有表面温度裂缝和贯穿温度裂缝两种。

表面温度裂缝是因水泥的水化热产生的，多发生在大体积混凝土中。在浇捣混凝土后，水泥的水化热使混凝土内部的温度不断升高，而混凝土表面的温度易散发，于是混凝土内部和表面之间产生了较大温差。内部的膨胀约束了外部的收缩，因而在表面产生了拉应力，中心部位产生了压应力。当表面的拉应力超过混凝土的抗拉强度时，就产生了裂缝。一般的讲，裂缝仅在结构表面较浅范围内出现，且裂缝的走向无一定规律，纵横交错，裂缝宽度约为 0.05～0.3mm。例如，某工程板厚 2.5m，平面尺寸为 27.2m×34.5m，施工时将板分成 6 块，间歇施工。后发现大部分板面都出现不同程度的表面裂缝，裂缝宽度为 0.1～0.25mm。短的裂缝长度仅几厘米，长的裂缝长度达 160cm。6 小块间的施工缝全部裂开。经测试发现，当混凝土内部温度较环境温度高 30℃时，混凝土的表面都有裂缝。凡温差小于或等于 20℃的板，都没有出现表面裂缝。

大多数贯穿温度裂缝是由于结构降温较大，受到外界的约束而引起的，例如，对于框架梁、基础梁、墙板等，在与刚度较大的柱或基础连接时，或预制构件支承并浇接在伸缩缝处时，一旦受寒潮袭击或温度降低时，就产生收缩。但由于两端的固定约束或梁内配筋较多阻止了它们的收缩，因此在这些结构构件中产生了收缩拉应力，以致产生了收缩裂缝。

7）张拉裂缝：张拉裂缝是指在预应力张拉过程中，由于反拱过大，端部的局部承载力不足等原因引起的裂缝。例如，预应力屋面板等板类构件常在上表面或端头出现裂缝。板面裂缝多为横向。主肋端部有纵向裂缝。板角有呈 45°的裂缝，如图 5-43 所示。预应力混凝土吊车梁、屋架等结构构件，因预应力大而集中，多在端头锚固区出现沿预应力筋方向的纵向裂缝，并断续延伸一定长度。

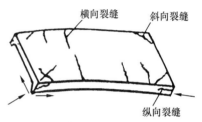

图 5-43 张拉引起的板面裂缝

8）施工裂缝：在施工过程中，常会引起裂缝，例如，浇捣混凝土，当模板较干时，模板吸收混凝土中的水分膨胀，使初凝的混凝土拉裂。又如，在构件的翻身、起吊、运输、堆放过程中，会引起施工裂缝，此外，混凝土拌制时加水过多，或养护不当，也会引起裂缝。

施工过程中，还有因化学作用而引起的膨胀裂缝。在混凝土中使用活性石料（如蛋白石、鳞石英、方石英等）、稳定性不良的水泥或含碱量过高的水泥后，水泥中的碱性成分会和这些骨料引起化学反应，形成硅酸胶凝，遇水无限膨胀，致使混凝土中产生拉应力而引起裂缝，严重时可导致重大工程事故。

（2）裂缝状态的判定

构件上出现裂缝以后，首先应判定裂缝是否稳定，裂缝是否有害，然后根据裂缝特征判定裂缝原因及考虑修补措施。

裂缝是否稳定可根据下列观测和计算判定：

1）观测：定期对裂缝宽度、长度进行观测、记录。观测的方法可在裂缝的个别区段及裂缝顶端涂覆石膏，用读数放大镜读出裂缝宽度。如果在相当长时间内石膏没有开裂，则说明裂缝已经稳定。但这里应注意，有些裂缝是随时间和环境变化的。譬如，贯穿温度裂缝在冬天宽度增大，夏天宽度缩小；又如收缩裂缝初期发展快，在 1～2 年后基本稳定。这些裂缝的变化都是正常现象。所谓不稳定裂缝，主要指随时间不断增大的荷载裂缝、沉降裂缝等。

2）计算：对适筋梁，钢筋应力（σ_s）是影响裂缝宽度的主要因素。因此，可以通过对钢筋应力的计算来判定裂缝是否稳定。如果钢筋应力小于 0.8fy（fy 为钢筋的标准强度），裂缝处于稳定状态。

对于超筋梁中的垂直裂缝，应特别注意受压区混凝土的应变状态以及裂缝的发展高度。如果裂缝发展超过中和轴，则应特别注意。

判别裂缝是否有害，原则上根据裂缝的危害程度和后果而定。一般认为以下裂缝是有害的：

①影响建筑物使用功能的裂缝。如水池、水塔因开裂而渗漏水。

②宽度超过规范限值的裂缝。这类裂缝会引起钢筋锈蚀。

③沿钢筋的纵向裂缝。它易导致钢筋锈蚀，体积膨胀，混凝土保护层崩落。

④严重降低结构刚度或影响建筑整体性的裂缝。

⑤严重损害建筑结构美观的裂缝。

对有害裂缝应及时作修补处理，以免引起钢筋锈蚀。特别是顺筋的纵向裂缝，危害较大。它不仅削弱钢筋与混凝土之间的黏结力，产生裂—锈恶性循环，而且降低构件的承载力。因此，当发现纵向裂缝时，应及时修补。纵向裂缝产生的原因较多。诸如：混凝土的收缩，浇捣时混凝土的塑性下沉，施工质量不良，荷载引起的沿纵筋开裂（如板中沿另一方向钢筋发展的裂缝、梁中沿箍筋的裂缝），以及因钢筋遭受氯盐的侵害等。

在实际工程中，因没有及时修补裂缝，导致钢筋锈蚀，进而使混凝土保护层脱落的例子是很多的。例如，西安某地下工程顶板，在纵向裂缝出现后，由于未及时修补，导致钢筋严重锈蚀，混凝土保护层崩脱，大梁主筋由 $\phi18$ 锈至 $\phi14$，箍筋由 $\phi6$ 锈至 $\phi4$，使结构的安全受到严重的威胁。

【工程实例一】

14 号地 E1 号住宅楼，六层内浇外砌砖混结构，总建筑面积 7 361.7m²。总长度 78.55m，在 31 轴和 32 轴处设变形缝，每侧 5 个单元，东西对称，房屋为内横墙承重，外墙为 240mm 砖墙，砖 MU7.5，砂浆 M7.5（内墙混凝土剪力墙与外墙的连接处均设有构造柱，每层楼板处均有圈梁配筋）。外墙内侧设有 60mm 厚的聚苯板保温层，内墙为 160mm 厚的钢筋混凝土板墙，内配单排双向钢筋网片。板墙钢筋：竖向首层为 $\phi10$ 圆钢，二至六层为 $\phi8$ 圆钢，横向均为 $\phi8$ 圆钢，板墙的混凝土设计强度等级为 C20。楼板采用短向预应力圆孔板，屋盖和局部为现浇钢筋混凝土楼板，设计按抗震设防烈度 8 度设防。屋面采用 50mm 厚水泥聚苯板作保温层。房屋基础为砖砌条形基础，砖 MU10，砂浆 M7.5，埋深 1.9m，地基为强夯地基，承载力为 180kN/m²。

该工程经验收达不到合格标准，但建设单位仍交付使用。住户陆续进住后，发现屋面漏雨，墙面开裂，散水下回填土局部下沉等质量问题。建设单位委托检测，检测结论：该楼内墙混凝土强度不满足设计要求，整栋房屋不满足 8 度抗震设防要求，建议对承重墙体进行加固处理，并对屋面防漏进行处理。

经检查，该楼六层混凝土内墙在南、北两端均出现一条或多条 45°斜裂缝，方向内高外低，最大裂缝宽度有 1mm，裂缝较长者超过 1/2 层高，在尽端单元的混凝土内纵墙也有内高外低的 45°斜裂缝（图 5-44）。尽端单元砖砌外纵墙的门窗角部出现内高外低的斜裂缝（图 5-45），开裂程度小于混凝土内横墙处的裂缝，缝宽不足 1mm。顶层屋盖也存在不同程度的裂缝。首层的一、二单元和九、十单元的砖砌外纵墙的门、窗角部出现外高内低方向斜裂缝（见图5-46），缝宽不足1mm；六层内墙的混凝土观感质量较差。试压后又在1~5层每层的内横墙上各取了6个混凝土芯样，共取50个混凝土芯样进行试验，因1~5层取芯样数量较少，作为混凝土强度参考值，详见表5-13。

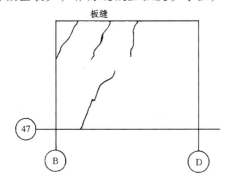

图5-44 六层混凝土内墙裂缝

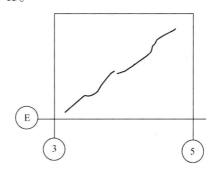

图5-45 尽端单元混凝土墙裂缝

表5-13 混凝土强度参考值

1~31轴	混凝土强度	备 注	32~62轴	混凝土强度	备 注
六层	6.5MPa	评定值	六层	7.2MPa	评定值
五层	8.5MPa	参考值	五层	10.4MPa	参考值
四层	14.8MPa	参考值	四层	12.0MPa	参考值
三层	22.9MPa	参考值	三层	16.1MPa	参考值
二层	7.0MPa	参考值	二层	19.5MPa	参考值
一层	10.8MPa	参考值	一层	10.9MPa	参考值

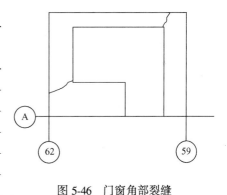

图5-46 门窗角部裂缝

从表13中可以看到，混凝土芯样的强度值大多数达不到设计混凝土强度等级为C20的要求。

原因分析

（1）该楼六层内横墙及内外纵墙上的裂缝属于温度裂缝，根据大量的屋顶层损坏事实统计，用50mm厚的聚苯板达不到预期保温隔热效果。墙体裂缝是由于屋面在白天经日照后，混凝土屋面板受热产生膨胀变形，室内墙体受热程度较屋面板轻，因此，内墙的膨胀变形没有屋面板变形大，二者的变形差异，使墙体受到顶板施加的推力，造成了六层内横墙及内、外纵墙的开裂。

（2）屋面板开裂，影响防水层的损坏或变形，导致屋面出现渗漏。

（3）首层外纵墙门、窗角门的裂缝是由于该房屋端部地基产生了相对房屋中部的不均匀沉降造成的，随着时间的推移，这种沉降将趋于稳定；另外，局部散水下回填土夯填不实，出现沉陷，雨水灌入后也会对地基产生影响。

（4）混凝土强度等级低于设计要求。一是由于施工项目管理混乱，质量控制不落实，对拌制混凝土的砂、石料、水泥及用水量没有严格按配合比进行计量控制；二是操作人员为了浇筑混凝土方便，违章作业，随意加大混凝土水灰比，坍落度严重超标，直接影响混凝土强度等级；三是混凝土浇筑完后未及时进行养护。

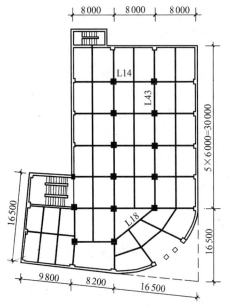

图 5-47 某百货商场平面示意图

【工程实例二】

江苏省某市工程位于闹市区，其建筑平面为带圆弧形的"L"形。见图 5-47。

该工程大部分为三层，局部四层，并附局部地下室。各层的层高依次为 4.8m、4.2m、4.8m 及 3.6m，建筑面积共 3 750m²，现浇框架结构，柱网 6m × 8m，抗震设防（该地区属 7 度）。

施工三层现浇屋面结构后，拆模时发现斜梁裂缝，但当时并未引起重视。该工程使用一年后，屋面严重漏水。施工单位在不上人屋面上加做二毡三油防水层，并加设一皮普通烧结砖作保护层。原设计按不上人屋面考虑，这一处理使屋面荷载超过原设计活荷载的 2.8 倍，而设计单位了解这种情况后，也未加制止。

在附近地区（距离约 105km）地震的影响下，该建筑物圈梁出现裂缝。

建筑物裂缝及变形的基本情况为：

屋顶及四层顶两处的大梁已接近斜拉破坏。三、四层屋面梁多处裂缝，如四层屋面梁共 8 根，其中 5 根裂缝严重，占四层屋面梁总数的 62.5%；三层屋面梁共 58 根，显著开

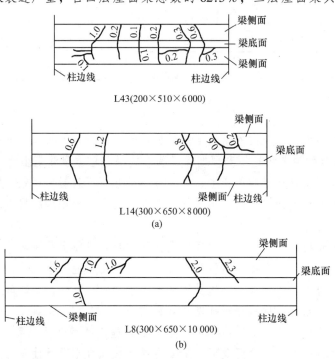

（a）三层屋面梁；（b）四层屋面梁

图 5-48 梁裂缝示意图

106

裂的有 53 根，占三层屋面梁总数的 91.37%。就整栋建筑而言，共有梁 182 根，明显开裂者有 67 根，占全部梁数的 36.8%。经实测，开裂的 67 根梁上共有裂缝 365 条，超过 0.3mm 宽度的裂缝有 140 条，占裂缝总数 38.4%。其中最大的一条裂缝宽度达 2.5mm，已明显露筋，一些有代表性的梁裂缝情况见图 5-48。

该建筑物产生了不均匀沉降，最大沉降差为 60mm，砖墙局部倾斜严重，最大外倾 205mm（砌体工程施工质量验收规范 GB 50203—2002 允许偏差 20mm）。

在四层顶部及三层屋面上的女儿墙发现了一些水平裂缝；二至三层交界区附近也有少量水平裂缝；在二层有 5 条长为 30 ~ 180cm 的垂直裂缝，其位置在建筑物的三层部分与四层部分相接处附近。楼梯间砖墙也出现了一些裂缝。

图 5-49　正立面部分墙裂缝示意图

砖外墙的部分裂缝情况见图 5-49。

原因分析

（1）地质勘测。设计前，没有进行任何地质钻探勘察，而随意确定地基的允许承载力为 120kPa。而后来事故调查的钻探结果表明：该工程的地基相当软弱。从地面往下 2m 是杂填土，密实度不均匀；2 ~ 5m 为灰褐色软塑到流塑状的回填黏土，并夹有少量碎砖、瓦砾及淤泥质土。5m 以下为近似粉砂的黏土，承载力较好，压缩性较低。该工程仅将表层杂填土挖去，将基础做在软塑到流塑状的回填黏土层上。实际的承载能力只有 60 ~ 70kPa。

（2）设计。该工程没有进行系统的设计计算。事故调查中的复核计算表明：该工程的基础、柱、梁、板、承重墙垛、楼梯间砖墙等主要承重构件的承载能力不足或严重不足。例如：地基承载能力实际只有 60 ~ 70kPa，设计估算时却采用 120kPa；而按原设计复核，已用至 150kPa；又如：10m 跨的门厅大梁截面为 70cm×30cm，高跨比只有 1/14.3，配筋也不足，该梁不仅承受 16.5kN/m 的均布荷载，而且还承受着两个 156kN 的集中荷载，正截面与斜截面强度均相差甚多，因而出现了斜截面受拉破坏；再如楼梯间承重墙高 13.2m，墙厚只有 12cm 等。

（3）施工。该工程施工赶工期，从挖土到工程竣工全部施工时间仅用 105d。施工中不严格按施工操作规程。例如混凝土施工中，不认真冲洗石子，含泥量高，配合比控制不严，坍落度过大等，使混凝土强度普遍偏低。后来用回弹仪测得的强度结果为：有 65% 的柱的混凝土强度等级低于设计的等级 C20，其中有 5% 低于 C10；有 52% 的梁低于 C20，其中有 25% 低于 C10。施工中没有按规定留试块，以致拆模前没有按规范规定用试块来确定混凝土是否已经达到可以拆模的最低强度，造成当时的梁就已出现裂缝。发现裂缝后，又没分析研究，听之任之，留下了质量事故隐患。

【工程实例三】

某临街建筑的底层为商店，二层以上为宿舍，七层现浇框架结构，纵向五跨，横向二跨，其第七层平面图如图 5-50 所示。

进行室内粉刷时，发现顶层纵向框架梁 KJ-7、KJ-8 上共有 15 条裂缝，其位置见图 5-50。裂缝分布情况是：在次梁 L_1 的两边或一边和 340cm 宽的开间中部附近。从室内看，梁上的裂缝情况见图 5-51。

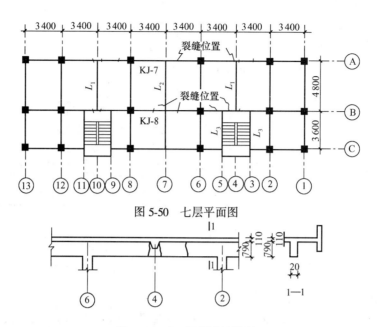

图 5-50 七层平面图

图 5-51 KJ-7 局部裂缝情况

裂缝的形状一般是中间宽两端细，最大裂缝宽度为 0.2mm。

原因分析

（1）混凝土收缩。从裂缝的分布情况可见，框架两端 1~2 个开间没有裂缝，考虑到裂缝的特征是中间宽两端细，于开间中间的裂缝主要是因混凝土收缩而引起的。因为有裂缝的梁是屋顶的大梁，建筑物高度较高，周围空旷，而 KJ-7 大梁的断面形状（见图 5-51 中 1—1 剖面）造成浇水养护困难，施工中又没有采取其他养护措施，致使混凝土的收缩量加大，特别是早期收缩加大。因此，裂缝的数量较多，间距较密，裂缝宽度较小。另外，从大梁断面可以看到上部为强大的翼缘，下部有 3Φ16 的钢筋，这些都可阻止裂缝朝上下两面开展。

（2）施工图漏画附加的横向钢筋。该建筑的结构布置图采用两个开间设一个框架，如图 5-50 中的②、⑥、⑧、⑫号轴线，而在④、⑦、⑩号轴线上采用 L_1、L_2 支承楼板和隔墙的重量，L_1、L_2 与纵向框架梁 KJ-7 等连接。检查中发现，L_1、L_2（次梁）与 KJ-7（主梁）连接处的两侧或一侧都有裂缝；而 L_2、L_3（次梁）与 KJ-8（主梁）连接处的两侧均未发现裂缝。查阅施工图纸可见，凡次梁与主梁连接处增设了附加横向钢筋（吊筋、箍筋）的，框架上都无裂缝；反之，没有附加横向钢筋的部位都有裂缝。违反了《钢筋混凝土结构设计规范》（GB 50010—2002）。

3. 混凝土表面缺陷

混凝土结构或构件的表面缺陷主要是指混凝土孔洞、露筋、蜂窝、夹渣、缝隙等。现浇混凝土构件外观质量缺陷见表 5-14。

表 5-14 现浇混凝土外观质量缺陷

名 称	现 象	严重缺陷	一般缺陷
露筋	构件内钢筋未被混凝土包裹而外露	纵向受力钢筋有露筋	其他钢筋有少量露筋

名 称	现 象	严重缺陷	一般缺陷
蜂窝	混凝土表面缺少水泥、砂浆而形成石子外露	构件主要受力部位有蜂窝	其他部位有少量蜂窝
孔洞	混凝土中孔穴深度和长度均超过保护层厚度	构件主要受力部位有孔洞	其他部位有少量孔洞
夹渣	混凝土中夹有杂物且深度超过保护层厚度	构件主要受力部位有夹渣	其他部位有少量夹渣
疏松	混凝土中局部不密实	构件主要受力部位有疏松	其他部位有少量疏松
裂缝	缝隙从混凝土表面延伸至混凝土内部	构件主要受力部位有影响结构性能或使用功能的裂缝	其他部位有少量不影响结构性能或使用功能的裂缝
连接部位缺陷	构件连接处连接钢筋、连接件松动	连接部位有影响结构传力性能	连接部位有基本不影响结构传力性能的缺陷
外形缺陷	缺棱掉角、棱角不直、翘曲不平、飞边凸肋等	清水混凝土构件有影响使用功能或装饰效果的外形缺陷	其他混凝土构件有不影响使用功能的外形缺陷
外表缺陷	构件表面麻面、掉皮、起砂、沾污等	具有重要装饰效果的清水混凝土构件有外表缺陷	其他混凝土构件有不影响使用功能的外表缺陷

（1）混凝土孔洞

产生混凝土孔洞的主要原因：

1）在钢筋密集处或预留孔洞和埋件处，混凝土浇筑不畅通，不能浇筑满形成孔洞。

2）未按施工操作规程认真操作，漏振。

3）混凝土分层离析，砂浆分离，石子成堆，或严重跑浆，形成特大蜂窝。

4）错用外加剂等材料。如夏季浇筑混凝土中掺早强剂，造成成型振实困难。

5）混凝土施工组织不当，未按施工顺序和施工工艺认真操作而造成孔洞。

6）混凝土中有泥块或杂物掺入。

（2）蜂窝

产生蜂窝的主要原因：

1）混凝土配合比不准确，或砂、石、水泥材料计量错误，或用水不准，造成砂浆少石子多。

2）混凝土搅拌时间短，没有拌和均匀，混凝土和易性差，振捣不密实。

3）未按规程施工混凝土，下料不当等，造成混凝土分层离析。

4）模板孔隙未堵好，或模板安装不牢固，振捣混凝土时模板移位，造成严重漏浆或墙体烂根，形成蜂窝。

5）混凝土一次下料过多，没有分层分段浇筑，振捣不实或下料与振捣配合不好，漏振造成蜂窝。

（3）露筋

造成钢筋混凝土露筋的主要原因：

1）混凝土浇筑振捣时，钢筋垫块移位或垫块太少甚至漏放，钢筋紧贴模板，致使拆模后露筋。

2）钢筋混凝土结构断面较小，钢筋过密，如遇大石子卡在钢筋上，混凝土水泥浆不能充满钢筋周围，使钢筋密集处产生露筋。

3）因配合比不当，混凝土产生离析，浇捣部位缺浆或模板严重漏浆，造成露筋。

4）混凝土振捣时，振捣棒撞击钢筋，使钢筋移位，造成露筋。

5）混凝土保护层振捣不密实，或木模板湿润不够，混凝土表面失水过多，或拆模过早等，拆模时混凝土缺棱掉角，造成露筋。

【工程实例一】

某市吴家场高层住宅 1 号楼，由两个地上 24 层地下 2 层塔楼和一个连体建筑组成，总建筑面积 31 100m²，全现浇钢筋混凝土剪力墙结构。

当年 9 月中旬挖槽，11 月中旬完成底板基础混凝土浇筑，12 月底完成地下室二层墙体、顶板支模、钢筋绑扎。Ⅰ段于次年元月 2 日开始浇筑墙体和顶板，Ⅱ段于元月 5 日开始浇筑，每栋地下室二层墙体顶板混凝土量约 700m³，混凝土强度等级 C30，由搅拌站用罐车送到现场，用混凝土泵输入模，当时白天气温在 8～11℃，混凝土入模温度为 15℃，掺有复合早强减水剂，混凝土坍落度为 8～12cm，每栋混凝土实用浇筑时间为 48h，由搅拌站和现场分别按规定制作了试块。

由于临近春节，于元月 9 日停工，2 月 20 日复工，22 日开始拆模。先拆Ⅰ段内墙模板，发现混凝土墙面有大面积蜂窝、麻面，门口两侧有孔洞，随着模板的拆除，孔洞、露筋面积不断扩大，2 月底模板全部拆完，发现大部分外墙体存在不同程度的孔洞、露筋和振捣不实的问题。造成混凝土墙体严重质量事故。

原因分析

（1）施工管理不到位，现场管理人员没有认真执行操作规程，由于搅拌站供料过于集中，由泵车直接输送入模，没有根据浇筑强度及时调整振捣，以致产生部分墙体漏振和振捣不实，造成孔洞、疏松、露筋及混凝土强度降低。

（2）操作人员分工不明确，在混凝土输送高峰期，忙于应付，以致部分混凝土下料过于集中，无法振捣而造成门口两侧和窗口下部孔洞和露筋。

（3）对墙体、顶板一次浇筑和钢筋过于密集，缺乏周密的计划，以致在混凝土浇筑过程中没有对重点部位加强振捣，造成钢筋密集区混凝土堵塞而产生孔洞。

【工程实例二】

某工程柱基础的长、宽、高尺寸分别为 10m、4m 和 2m，其平、剖面示意如图 5-52 所示。

施工时，柱基础下段 70cm 部分采用原槽浇筑。当开挖邻基坑时，发现这些柱基础面

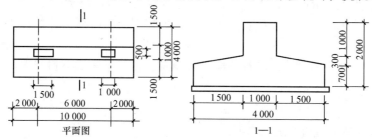

图 5-52　柱基平、剖面示意图

有严重的蜂窝孔洞，还可见柱基底钢筋与垫层之间存在孔隙，用粗钢筋可插进1.4m深。于是怀疑基础混凝土质量，将全部基础挖开检查，发现孔洞露筋多达100余处，其中有3个柱基最严重，图5-53为其中有代表的一个柱基础的孔洞情况。

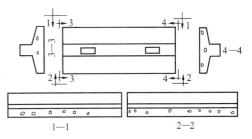

图5-53 柱基础孔洞情况示意图

这个基础共有明显的孔洞20个，孔洞总面积达9.1m^2，约占基础下段（0.7m高）四侧表面积的36%。孔洞全部集中在基础段0.7~1m厚的基础板内，最小的孔洞面积为22cm×22cm=484cm^2，最大的两个孔洞尺寸为150cm×60cm，其面积达9 000cm^2，有14个孔洞的面积在2 000cm^{2}以上，小于1 000cm^{2}的孔洞仅3个，有些孔洞互相连通，最长达3.5m。孔洞深度最浅为8cm，最深达140cm，19个孔洞的深度都在14cm以上。此外，柱基础钢筋错位严重。

原因分析

（1）配制混凝土的石子最大粒径偏大。由于柱基配筋较多，钢筋间有的净距只有39mm，却采用20~40mm的石子配制混凝土，混凝土容易被钢筋网挡住，造成钢筋与垫层之间、钢筋与基坑土壁之间出现空隙、形成蜂窝孔洞。

（2）混凝土浇筑方法不当。浇筑柱基础下半段时，采用串筒下料（图5-54）。由于基础较大，浇筑到中间部分时，把最底下一节串筒拉斜后卸料，砂和砂浆严重分离，石子多数滚到前面形成石子堆。同时，因采用汽车供料，速度很快，使基坑内混凝土堆高达50cm，采用两个串筒下料，形成两大堆混凝土。又由于未及时铺平混凝土堆，致使石子分离更严重，造成混凝土均匀性差，振捣不密实。

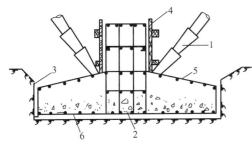

1—串筒；2—基础下半段中间部分；
3—基坑壁；4—木模板；5—基础
倾斜面；6—垫层

图5-54 柱基混凝土浇筑方法

（3）混凝土浇筑顺序混乱。浇筑顺序未按照一定方向，分层浇筑，而是随意乱浇，有些基础在浇筑过程中，工人换班，停歇时间超过初凝时间，导致混凝土密实性很差。从检查中可见，分层处有高达14cm左右的疏松层。

（4）没有根据基础构造的特点采取相应的技术措施。基础下半部高70~100cm，在其顶面配有Φ19的钢筋网，纵横方向分别为Φ19@125和Φ19@300浇筑时工人下不去，振捣又很马虎，往往将振动棒平躺在表层进行振捣，虽然表面冒浆，混凝土内部其实并未捣实。更由于采用串筒斜浇筑造成的石子集中成堆，混凝土分离，给振捣带来更大的困难。

（5）原槽浇筑问题。有条件时，采用原槽浇筑是一项节约措施，但因本工程基坑壁边钢筋又粗又密，充分振捣势必影响土壁稳定。操作人员质量意识不强，错误地认为原槽浇筑以后也检查不到，因此操作马虎，以致发生漏振或振捣不足。

4. 构件变形错位

混凝土结构构件变形错位主要是指：构件如梁、柱、板等平面位置偏差太大，建筑物整体错位或方向错误，构件竖向位置偏差太大，构件变形过大，建筑物整体变形等。

造成混凝土结构错位变形的主要原因有：

（1）读错图纸。常见的如将柱、墙中心线与轴线位置混淆，主楼与裙楼的标高弄错位，不注意设计图纸标明的特殊方向。

（2）测量标志错位。如控制桩设置不牢固，施工中被碰撞、碾压而错位。

（3）测量放线错误。如常见的读错尺寸和计算错误。

（4）施工顺序及施工工艺不当。如单层工业厂房中吊装柱后先砌墙，再吊装屋架、屋面板等，而造成柱墙倾斜。如在吊装柱或吊车梁的过程中，未经校正即最后固定等。

（5）施工质量差。如构件尺寸、形状误差大，预埋件错位、变形严重，预制构件吊装就位偏差大，模板支撑刚度不足等。

（6）地基的不均匀沉降。如地基基础的不均匀沉降引起柱、墙倾斜，吊车轨顶标高不平等。

【工程实例一】

湖北省某车间为单层装配式厂房，上部结构的施工顺序为：先吊装柱，再砌筑墙，然后再吊装屋盖。在屋盖吊装中出现柱顶预埋螺栓与屋架的预埋铁件位置不吻合。经检查，发现车间边排柱普遍向外倾斜，柱顶向外移位 40~60mm，最大达 120mm。

原因分析

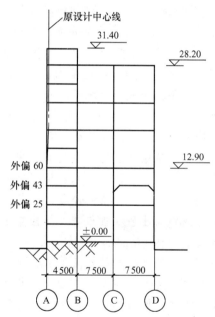

图 5-55　厂房现浇框架示意图

（1）施工顺序错误。屋盖尚未安装前，边排柱只是一个独立构件，并未形成排架结构，这时在柱外侧砌 370mm 厚高 10m 的砖墙，该墙荷重通过地梁传递到独立柱基础，使基础承受较大的偏心荷载，引起地基不均匀下沉，导致柱身向外倾斜。

（2）柱基坑没有及时回填土，至检查时发现基坑内还有积水。地基长期泡水后承载能力下降，加大了柱基础的不均匀沉降。

【工程实例二】

河南省某厂房现浇框架示意图见图 5-55，施工到标高 12.9m 时，检查发现，Ⓐ轴线上的柱向外偏移，最大偏移值为 60mm。

原因分析

产生偏差的原因，除施工工艺不当外，主要是质量检查验收不及时、不认真。根据《混凝土结构工程施工质量验收规范》（GB 50204—2002）第 8.3.2 的规定，现浇框架柱的垂直度允许偏差见表 5-15。从表 5-15 中看出三项外偏差数值均已超出规范规定，这将产生较大的附加内力。

四、预应力混凝土工程

预应力混凝土是近几十年发展起来的一门新技术。预应力混凝土是在使用荷载作用前预先建立内应力混凝土。我国从 1956 年开始采用预应力混凝土结构。近年来，随着预应力混凝土结构设计理论和施工设备与工艺的不断发展和完善，高强度高性能材料的不断出现，预应力混凝土得以进一步推广与应用。但在施工过程中，如果施工不当，会造成质量事故。

预应力混凝土工程常见的质量事故有：预应力筋和锚夹具事故，预应力构件裂缝、变形事故，预应力筋张拉事故和构件制作质量事故等。

1. 预应力筋及锚夹具质量事故

常用作预应力筋的钢材有冷拉钢筋、热处理钢筋、低碳冷拔钢丝、碳素钢丝和钢绞线等。与之相配套使用的锚夹具有螺丝端杆锚具、JM 型锚具、RT-Z 型锚具、XM 型和 QM 型锚具、锥形锚具等。

表 5-15　框架柱垂直度的允许偏差

项　目	层　高		全　高
	≤5m	>5m	
允许偏差/mm	8	10	$H/1\,000$ 但不大于 30

预应力筋常见事故的特征、产生的原因见表 5-16。

表 5-16　常见预应力筋事故特征及原因

序号	事　故　特　征	主　要　原　因
1	强度不足	1. 出厂检验差错 2. 钢筋（丝）与材质证明不符 3. 材质不均匀
2	钢筋冷弯性能不良	1. 钢筋化学成分不符合标准规定 2. 钢筋轧制中存在缺陷，如裂缝、结疤、折叠等
3	冷拉钢筋的伸长率不合格	1. 钢筋原材料含碳量过高 2. 冷拉参数失控
4	钢筋锈蚀	运输方式不当，仓库保管不良，存放期过长，仓库环境潮湿
5	钢丝表面损伤	1. 钢丝调直机上、下压辊的间隙太小 2. 调直模安装不当
6	下料长度不准	1. 下料计算错误 2. 量值不准
7	钢筋（丝）镦头不合格。如镦头偏歪、镦头不圆整、镦头裂缝、颈部母材被严重损伤等	1. 镦头设备不良 2. 操作工艺不当 3. 钢筋（丝）端头不平，切断时出现斜面
8	穿筋时发生交叉，导致锚固端处理困难，如定位不准确或锚固后引起滑脱	1. 钢丝未调直 2. 穿筋时遇到阻碍，导致钢丝改变方向

预应力筋用锚夹具常见质量事故及原因见表 5-17。

表 5-17　预应力筋用锚夹具质量事故特征及原因

序号	锚夹具	事故特征	主　要　原　因
1	螺丝端杆锚具	端杆断裂	材质内有夹渣，局部受损伤，机加工的螺纹内夹角尖锐，热处理不当，材质变脆；端杆受偏心拉力、冲击荷载作用，产生断裂
		端杆变形	端杆强度低（端杆钢号低，或热处理效果差），冷拉或张拉应力高

序号	锚夹具	事故特征	主要原因
2	钢丝（筋）束镦头锚具	钢丝（筋）镦头强度低	镦粗工艺不当，如镦头歪斜，镦头压力过大等 锚环硬度过低，使镦头受力状态不正常，产生偏心受拉
		锚环断裂	热处理后硬度过高，材质变脆；垫板不正，锚环偏心受拉等
3	JM 型锚具 XM 型锚具 QM 型锚具	钢筋（绞线）滑脱	锚具加工精度差，夹片硬度低，操作不当 锚环孔的锥度与夹片的锥度不一致
		内缩量大	顶压过程中，当夹片推入锚环时，因夹片螺纹与钢筋螺纹相扣，使钢筋也随之移动 夹片与钢筋接触不良或配合不好，引起钢筋滑移
		夹片碎裂	夹片热处理不均匀或热处理硬度太高 夹片与锚环锥度不符，张拉吨位太大
4	钢质锥形锚具	滑丝	锚具由锚环和锚塞组成，借助于摩阻效应将多根钢丝锚固在锚环与锚塞之间。钢丝本身硬度，强度很高，如锚具加工精度差，热处理不当，钢丝直径偏差过大，应力不匀等都会造成滑丝现象
		锚具滑脱	锚环强度低，锚固时使锚环内孔扩大

【工程实例】

江苏省某工程 30m 跨度屋架，预应力筋为高强钢丝，采用镦头锚具，张拉采用螺丝端杆与镦头锚环相连接。由于施工不当导致两者断开，结果锚环打入扩大孔道，并挤碎正常孔道壁的部分混凝土。

原因分析

张拉操作时，螺丝端杆与锚环连接的长度不符合工艺要求，实际只结合两个齿，张拉受力后造成两者断开。

2. 构件制作质量事故

预应力混凝土构件的施工方法主要有先张法、后张法、无黏结后张法等。其制作的质量事故及原因见表 5-18。

表 5-18　构件制作质量事故特征及原因

序号	事故特征	主要原因
1	先张钢丝滑动	放松预应力钢丝时，钢丝与混凝土之间的黏结力遭到破坏，钢丝向构件内回缩
2	先张构件翘曲	1. 台面或钢模板不平整，预应力筋位置不正确，保护层不一致，以及混凝土质量低劣等，使预应力筋对构件施加一偏心荷载 2. 各根预应力筋所建立的张拉应力不一致，放张后对构件产生偏心荷载
3	先张构件刚度差	1. 台座或钢模板受张拉力变形大，导致预应力损失过大 2. 构件的混凝土强度低于设计强度 3. 张拉力不足，使构件建立的预应力低 4. 台座过长，预应力筋的摩阻损失大

序号	事故特征	主 要 原 因
4	后张孔道塌陷、堵塞	1. 抽芯过早，混凝土尚未凝固，使用胶管抽芯时，不但塌孔，甚至拉断 2. 孔壁受力或振动的影响 3. 抽芯过晚，尤其使用钢管时往往抽不出来 4. 芯管表面不平整光洁 5. 使用波纹管预留孔道的工艺，而波纹管接口处和灌浆排气管与波纹管的连接措施不当
5	孔道灌浆不实	材料选用、材料配合比以及操作工艺不当
6	后张构件张拉后弯曲变形	1. 制作构件时由于模板变形，现场地基不实，造成混凝土构件不平直 2. 张拉顺序不对称，使混凝土构件偏心受压
7	无黏结预应力混凝土摩阻损失大	1. 预应力筋表面的包裹物，塑料布条、水泥袋纸、塑料套管等破损，预应力筋被混凝土浆包住 2. 防腐润滑涂料过少或不均匀 3. 预应力筋表面的外包裹物过紧
8	张拉伸长值不符	1. 测力仪表读数不准确，冷拉钢筋强度未达到设计要求 2. 预留孔道质量差，摩阻力大；张拉力过大；伸长值测量不准 3. 钢材弹性模量不均匀

【工程实例一】

北京市某厂房长 108m，跨度 18m，屋盖采用 V 形折板，板长 20.6m，宽 3.72m，厚 45mm，混凝土强度为 C35。厂房屋盖吊装完成后数日，从厂房南端第三块折板开始，连续有七块板突然塌落，倒塌面积为 433m^2。

原因分析

倒塌原因是 V 形折板侧向失稳，主要原因：

（1）折板制作质量差

折板在长 150m 的台座上生产，采用长线张拉和重叠三层的制作工艺。由于台座表面不平，操作质量差，又无严格的质量控制，造成折板超厚、超宽、超长、露筋等。尤其严重的是吊环位置和预留插筋位置偏差较大，无法按照设计进行相邻折板间的焊接固定。以首先塌落的第三块折板为例，在每块折板上各有吊环和插筋 13 对，而能搭接焊的只有 3 对，其他均偏移 50～150mm，不能用搭接焊固定。

（2）偏差问题处理不当

经设计单位同意，对上述错位偏差问题的补救措施是用 $\phi12$、长 150～200mm 的一根钢筋把两个吊环连接焊牢，这样形成一根链杆上有两个铰结点，并未起到固定补强作用。插筋偏移 50～150mm 后，没有搭焊固定。

（3）结构吊装

吊装人员无折板施工经验，又未认真进行技术交底，即进行结构吊装。吊完折板后，至发生事故的数日内，没有对折板上的花篮螺栓进行及时调整，致使折板的脊缝、底缝不平直，缝宽不均匀，使折板存在不稳定的因素。同时，也未及时将折板之间的吊环焊接，以及进行脊缝、板缝的灌浆。

（4）温度影响

当天气温度高达30℃，折板上温度超过50℃时，在高温影响下折板发生变形，也是折板侧向失稳的一个因素。

【工程实例二】

某工地的24m预应力钢筋混凝土屋架，在扶直后检查发现有4榀屋架下弦杆产生较大的平面外弯曲（侧向弯曲），其数值已超过容许值（$L/1\ 000$），最严重的一榀的弯曲值f_2（见图5-56）达105mm。

原因分析

通过对工地现场和制作工艺的调查，发现预应力筋位置错位，主要原因有以下两个：

（1）制作屋架的底模高低不平；

（2）下弦杆预留孔位偏差较大，见图5-57。

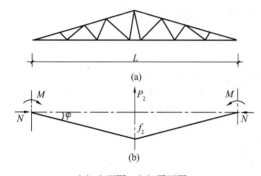

（a）立面图；（b）平面图

图5-56　屋架平面外弯曲示意图

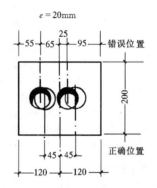

图5-57　屋架下弦预留孔错位

3. 预应力钢筋张拉和放张质量事故

预应力钢筋张拉和放张的常见质量事故及其产生的原因见表5-19。

表5-19　张拉或放张常见事故原因

序号	类　别	原　因
1	张拉应力失控	1. 张拉设备不按规定校验 2. 张拉油泵与压力表配套用错 3. 重叠生产构件时，下层构件产生附加的预应力损失 4. 张拉方法和工艺不当，如曲线筋或长度大于24m的直线筋采用一端张拉等
2	钢筋伸长值不符合规定（比计算伸长值大于10%或小于5%）	1. 钢筋性能不良，如强度不足，弹性模量不符合要求等 2. 钢筋伸长值测量方法错误 3. 测力仪表不准 4. 孔道制作质量差，摩阻力大
3	张拉应力导致混凝土构件开裂或破坏	1. 混凝土强度不足 2. 张拉端局部混凝土不密实 3. 任意修改设计，如取消或减少端部构造钢筋
4	放张时钢筋（丝）滑移	1. 钢丝表面污染 2. 混凝土不密实、强度低 3. 先张法放张时间过早，放张工艺不当

【工程实例一】

湖南省某体育中心运动场西看台为悬挑结构，建筑面积 1 200m²，共有悬臂梁 10 榀，梁长 21m，悬挑净长 15m，采用无黏结预应力混凝土结构，每榀梁内配 5 束共 25 根 ϕ_{15}^j 钢绞线，固定端采用 XM 型锚具，钢绞线束及固定端锚具在梁内的布置见图 5-58。

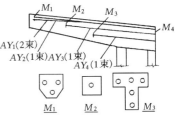

图 5-58 梁内预应力筋及锚具配置示意图

悬臂梁施工中，在浇混凝土前，建设单位、监理单位、施工单位三方共同检查验收预应力筋与锚具的设置情况，一致认为符合设计要求后，浇筑 C40 混凝土。浇混凝土过程中，施工单位提出，为了便于检查固定端锚具的固定情况，建议在固定端锚板前的梁腹上预留 200mm × 300mm 的孔洞，但因故未被采纳。当梁混凝土达到设计规定的 70% 设计强度时，开始张拉钢绞线。在试张拉的过程中，发现固定端锚具打滑，锚具对钢绞线的锚固不满足张拉力的要求。试张 10 根中有 7 根不符合设计要求，其中有 4 根钢绞线的滑移长度，据测算已滑出固定端锚板。

原因分析

（1）看台外挑长度大，配筋密集，仅预应力筋每榀梁就有 5 束 25 根，混凝土浇筑后的振捣中，强行在密集的钢筋中插入振动棒，难免触碰钢绞线，导致已安装的锚环与夹片松动，水泥浆渗入到锚环与夹片的间隙中的问题更加严重。

（2）钢绞线的固定端设计构造不尽合理，锚固端没有选用压花锚具，或将锚具外露，施工也不够精心。

【工程实例二】

四川省某厂屋架跨度为 24m，外形为折线形，采用自锚后张法预应力生产工艺，下弦配置两束 4 Φ 14、44Mn₂Si 冷拉螺纹钢筋，用两台 60t 拉伸机分别在两端同时张拉。

第一批生产屋架 13 榀，采取卧式浇筑，重叠四层的方法制作。屋架张拉后，发现下弦产生平面外弯曲 10～15mm。

原因分析

（1）对拉伸设备重新校验，发现有一台油压表的校正读数值偏低，即对应于设计拉力值 259.7kN 的油压表读数值，其实际张拉力已达到 297.5kN，比规定值提高了 14.6%。由于两束钢筋张拉力不等，导致偏心受压，造成屋架平面外弯曲。

（2）由于张拉承力架的宽度与屋架下弦宽度相同，而承力架安装和屋架端部的尺寸形状常有误差，重叠生产时这种误差的积累，使上层的承力架不能对中，加大了屋架的侧向弯曲。

（3）个别屋架由于孔道不直和孔位偏差，使预应力钢筋偏心，加大了屋架的侧弯。

4.预应力构件裂缝变形质量事故

在预应力混凝土结构施工中，当施加预应力后，常在构件不同部位出现裂缝，严重的裂缝将危及结构的安全。造成这些裂缝的原因是多方面的。

（1）锚固区裂缝

在先张法或后张法构件中，张拉后端部锚固区产生裂缝，裂缝与预应力筋轴线基本重合。产生的主要原因：

1) 预应力吊车梁、桁架、托架等端头沿预应力方向的纵向水平裂缝，主要是构件端部节点尺寸不够和未配置足够数量的横向钢筋网片或钢箍。

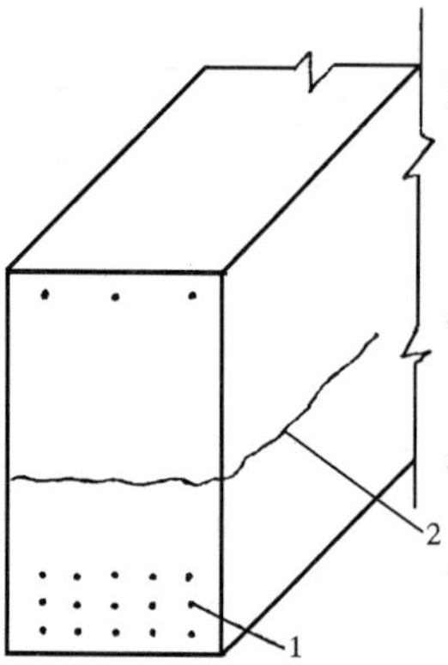

2) 混凝土振捣不密实，张拉时混凝土强度偏低，以及张拉力超过规定等，都会引起裂缝的出现。

（2）端面裂缝

在预应力混凝土梁式构件或类似梁式构件（折板、槽板）的预应力筋集中配置在受拉区部位，在这类构件中建立预压应力后，在中和轴区域内出现纵向水平裂缝，见图5-59。这种裂缝有可能扩展，甚至全梁贯通，而导致构件丧失承载能力。

产生的主要原因是锚具或自锚区传来的局部集中力，使梁的端面产生变形，从而在与梁轴线垂直方向也出现局部高拉应力。

（3）支座竖向裂缝

预应力混凝土构件（吊车梁、屋面板等）在使用阶段，在支座附近出现由下而上的竖向裂缝或斜向裂缝，见图5-60。

1—预应力筋；2—裂缝；

图5-59 端面裂缝

产生的主要原因：先张法或后张法构件（预应力筋在端部全部弯起）支座处混凝土预压应力一般很小，甚至没有预压应力。当构件与下部支承结构焊接后，变形受到一定约束，加之受混凝土收缩、徐变或温度变化等影响，使支座连接处产生拉力，导致裂缝的出现。

（4）屋架上弦裂缝

平卧重叠制作的预应力混凝土屋架，在施加预应力后或扶直过程中，上弦节点附近出现裂缝，扶直后又自行闭合。

主要原因：

1) 施加预应力后，下弦杆产生压缩变形，引起上弦杆受拉。

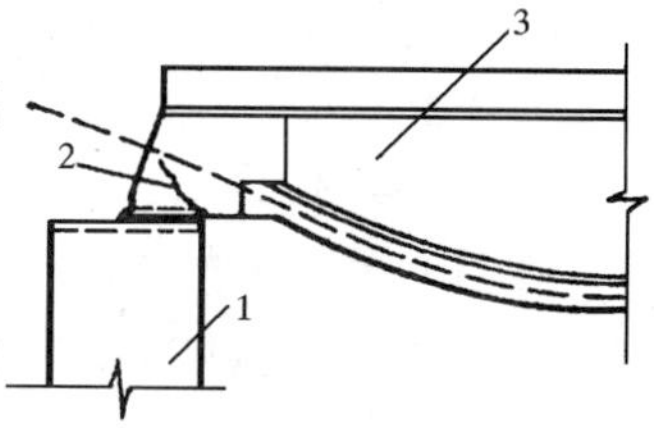

2) 在扶直过程中，当上弦刚离地面，下弦还落在地面上时，腹杆自重以集中力的形式一半作用在上弦，另一半作用在下弦，上弦相当于均匀自重和腹杆传来的集中力作用下的连续梁，吊点相当于支点，使上弦杆产生拉力，导致裂缝的出现。

1—下部支承结构；2—裂缝；

3—预应力构件

图5-60 竖向裂缝

【工程实例一】

某车间有30t和50t，长12m的预应力混凝土吊车梁168根，预应力筋为HRB 400级4Φ12钢筋束，用后张自锚法生产。吊车梁制作后未及时张拉，在堆放期间，发现上下翼缘表面有大量横向裂缝，一般10余条，多的达60～70条，裂缝宽度一般为0.1～0.5mm（如图5-61）。

该批吊车梁张拉后，在梁端浇灌孔附近沿预应力钢筋轴线方向普遍出现纵向裂缝，裂缝首先出现在自锚头浇灌孔处，然后向两侧延伸至梁端部及变截面处，缝宽一般为0.1mm左右。

原因分析

（1）横向裂缝。梁块体长期堆放，环境温度、湿度变化对梁底的影响较小，而对表面，尤其是上下翼缘角部的影响较大。这种温度、湿度差造成的变形，受到下部混凝土的

118

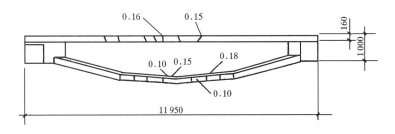

图 5-61 吊车梁裂缝示意图

自约束和底模的外约束，以致在断面较小的翼缘处产生干缩裂缝与温度裂缝。该工地曾经测定梁块体的温度变化情况，1d 中梁表面与底面的温度差最大可达 19℃，由此产生的温度应力，再加上混凝土的干缩应力的长期作用，是这批构件产生横向裂缝的主要原因。

（2）梁端部裂缝。梁端部裂缝主要是因张拉力过高，在断面面积削弱很大的情况下（有自锚头预留孔、浇灌孔和灌浆孔），孔洞附近应力集中，在张拉时，梁端混凝土产生较大的横向劈拉应力，导致混凝土开裂。

【工程实例二】

某钢厂车间采用了跨度为 21m、24m 的预应力混凝土拱形屋架 92 榀。屋架端部节点侧面产生了多条裂缝，宽度 0.05~0.3mm，个别裂缝宽度达 0.9~1.0mm。裂缝纵向长度一般小于 500mm，个别大于 600mm。

原因分析

（1）施工中将屋架端部锚板厚度改薄，由原 14mm 改为 8mm。

（2）施工中无故取消端部承压钢板两侧三角形加劲钢板。

（3）将预应力钢筋预留孔道由原设计的 $\phi50$mm 扩大为 $\phi60$mm。

（4）将孔道周围的螺旋筋由 $\phi8$ 长 400mm 改为 $\phi6$ 长 200~300mm。

经荷载试验，屋架抗裂安全度降低了约 20%，强度也有一定程度的降低。

【工程实例三】

南京市某高层建筑有两层地下室，其梁板结构中有黏结和无黏结预应力梁 6 根，最长的两根梁全长为 72.9m。梁截面为"T"形，肋宽 1.20m，梁全高 1m（包括现浇板厚 300mm）。混凝土强度等级为 C40。地下室梁板采用泵送商品混凝土。浇后 10d 拆梁侧模，14d 拆梁底模，此时预应力筋尚未穿筋张拉。拆底模时，混凝土试块强度为 46.1MPa。拆梁底模支撑的方法是：边拆除钢管支撑，边顶设方木支撑。

拆模时发现梁板平面位置中部附近有 1 条南北方向的直裂缝，因此全面检查大梁的裂缝情况，2 根最长的梁裂缝有以下特征：

2 根梁侧面共有裂缝 28 条。梁两端第 1 跨裂缝很少（仅 1 个侧面有 1 条），梁跨中附近裂缝数量较多，一般每跨有 4~8 条。裂缝大多数从板底部延伸至梁底以上 70~100mm 处，个别梁与板的裂缝连通。裂缝中间宽，两端细，基本与梁底垂直。

发现裂缝后连续观测 1 周，裂缝数量增加，经过 14 个月后再检查，开裂最严重的中间两跨梁侧面除了 2 条裂缝宽 0.15mm 外，其余均为 0.05~0.10mm。

原因分析

（1）混凝土收缩受到强大的约束。从梁裂缝特征分析，其位置在梁长的中部附近较多，裂缝数量较多，宽度不大，裂缝方向与梁轴线垂直，其形状是两端细中间粗，裂缝数量随时间增加等，都具有典型的梁收缩裂缝特征。

（2）设计构造。该梁为现浇框架梁，全长 72.9m，施工时长期暴露在大气中，未设伸缩缝，不符合《混凝土结构设计规范》（GB 50010—2002）的规定。设计虽在 700mm 高梁肋的每侧设置了 2Φ18 构造钢筋，但还是不能防止强大的收缩应力而导致裂缝。出现收缩裂缝后，再张拉预应力筋，裂缝中一部分闭合，一部分依然存在。

（3）施工。该梁混凝土的水泥用量为 541kg/m³（这与设计强度高也有关），坍落度 18cm，混凝土收缩较大。施工虽然养护 14d，但是梁侧表面不是覆盖后浇水，对防止早期收缩的效果不明显。该梁为预应力梁，拆底模时混凝土强度虽已达到设计强度的 115%，但因尚未建立预应力，违反《混凝土结构工程施工质量验收规范》（GB 50204—2002）第 4.3.2 的（模板及其支架的拆除时间和顺序应根据施工方式的特点确定）规定，这是导致梁板出现连通裂缝原因之一。施工时虽采取边拆钢管支撑边顶方木支撑的措施，但是因为该梁和板的自重达 80kN/m，钢管支撑拆除后，自重及施工荷载在梁内产生较大的应力，导致混凝土开裂和梁产生挠度，再顶方木支撑，已无济于事。

（4）其他原因。该梁截面的最小尺寸已超过 1m，混凝土因水泥水化热产生的温度升高，形成内外温差，产生的温度应力促使混凝土开裂或加剧裂缝的产生和发展。

第三节　特殊工艺钢筋混凝土工程

一、液压滑升模板工程

滑升模板是一种工具式模板，用于现场浇筑高耸的构筑物和高层建筑等，如烟囱、筒仓、电视塔、竖井、沉井、双曲冷却塔和剪力墙体系及筒体体系的高层建筑等。目前我国有相当数量的高层建筑是用滑升模板施工的。

滑升模板的施工，是在建筑物或构筑物的底部，沿其墙、柱、梁等构件的周边组装高 1.2m 左右的滑升模板，随着向模板内不断地分层浇筑混凝土，用液压提升设备使模板不断地沿埋在混凝土中的支承杆向上滑升，直到需要的浇筑高度为止。用滑升模板施工，可以节约模板和支撑材料，加快施工速度和保证结构的整体性。但模板一次性投资多、耗钢量大，对建筑的立面造型和构件断面变化有一定的限制。滑升模板施工是一项技术性十分强的施工，施工不当就会造成建筑外形、位置、结构破坏等，甚至造成滑升系统倾覆、坍塌、建筑物或构筑物倒塌等重大质量事故。

下面分别就滑升模板在建筑物和构筑物的施工中常见质量缺陷做一分析。

1. 构筑物滑模施工

滑模施工的常见构筑物主要有：烟囱、筒仓、电视塔、水塔等。在这些构筑物的滑模施工中，常见的质量缺陷主要有：滑升扭转、滑升中心水平位移、水平裂纹等。

（1）滑升扭转

滑升施工时，在滑升模板与所滑结构竖向轴线间出现螺旋式扭曲，如图 5-62 所示。这不仅给筒体表面留下难看的螺旋形刻痕，而且使结构壁竖向支撑杆和受力钢筋随着结构混凝土的旋转位移，产生相应的单向倾斜及螺旋形扭曲，改变了竖向钢筋的受力状态，使结构承载能力降低。

造成滑升扭转的主要原因：

1）千斤顶爬升不同步，造成部分支承杆过载而弯折倾斜，致使结构向荷载大的一方倾斜。

2）滑升操作平台荷载不均，使荷载大的支承杆发生纵向挠曲，出现导向转角。

3）液压提升系统布置不合理，各千斤顶提升之间存在提升时间差，先提升者过载，支承杆出现过载弯曲。

4）滑升模板设计不合理，组装质量差。

（2）滑升中心水平位移

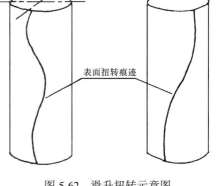

图 5-62　滑升扭转示意图

滑升中心水平位移是指在滑升过程中，结构坐标中心随着操作平台产生水平位移。其主要表现为整体单向水平位移，如图5-63所示。

主要原因：

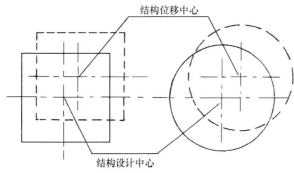

图 5-63　中心水平位移示意图

1）千斤顶提升不同步，使操作平台倾斜，在操作平台自重力水平分力作用下，操作平台向低侧方向移动。

2）操作平台上荷载不匀，如平台一侧人员过分集中，混凝土临时堆放点选择不当，以及混凝土卸料冲击力等，都会造成操作平台倾斜，促使中心位移。

3）风力等外力影响。

（3）水平裂纹

在滑升施工中，水平裂纹是很容易出现的质量问题。重则引起结构断裂性破坏，轻则在结构表面上造成微细裂纹，破坏混凝土保护层，影响结构使用寿命。

造成水平裂纹的主要原因：

1）模板与结构表面的摩阻力过大。构筑物滑升模板时，摩阻力包括模板与混凝土之间的黏结力、吸附力、新浇混凝土的侧压力、千斤顶不同步模板出现倒锥现象或倾斜等而增加的摩阻力。在正常情况下，模板滑升摩阻力与外界气温高低、混凝土在模板内的停留时间有关。在滑升施工中，施工程序、混凝土浇筑方法、施工组织等都和停留时间有关。只要以上某一环节安排不当，使模板内混凝土停留时间过长，加大了摩阻力，都可能造成滑升水平裂纹。

2）模板设计不合理，刚度较差，在施工动载、静载、附加荷载（如纠偏荷载的作用下）模板结构变形，也可能会造成滑升水平裂纹。

2. 高层和多层建筑滑模施工

高层或多层建筑滑模施工有多种施工方法，如分层滑升逐层现浇楼板法、分层滑升预制插板法以及一次滑升降模法等。但在施工过程中，常见的质量缺陷主要有滑升中心水平位移、水平裂纹、表面黏结、框架结构中的柱子掉角等。滑升中的水平位移、水平裂纹产

121

生的原因在前面已作了分析，下面主要分析柱掉角、表面黏结的原因。

（1）柱掉角

在框架结构的滑模施工中，其施工的质量缺陷主要反映在柱子上。

柱掉角并不是一开始就发生的，而是随着滑升的不断进行而逐步趋向严重。一般滑升刚开始，柱角部位开始出现水平裂纹，随着时间的推移，水平裂纹间距变小，最后出现柱角混凝土成段拉坏，演变为掉角，使柱角主筋暴露。

产生这种现象的主要原因：

1）柱角混凝土实际上是柱面主筋的保护层，其内聚力较小，受到柱面两侧摩阻力的作用，在模板提升时黏结力及摩阻力远较平面滑升部位大，加上初期混凝土强度很低，致使柱角部位混凝土拉裂脱落。

2）在柱角部位，模板极易黏结灰浆、混凝土等黏结物，加大了摩阻力，极易造成柱角拉裂或掉角。

3）被拉裂的混凝土碎渣，被柱子钢筋阻止在模板内，形成夹渣，成为模板与低强混凝土之间的扰动因素，进一步损害了柱面质量。

（2）表面黏结

模板与混凝土黏结，使得结构的表面观感质量差。在滑模施工中，往往容易造成表面混凝土与模板的黏结，以至于带脱保护层，这些剥落体在模板内随模板上升，在新浇混凝土表面进行滚动，造成柱混凝土保护层疏松或剥落。

造成这种现象的主要原因：

1）停滑措施不及时或不适当，引起模板黏结。

2）各部位浇筑速度不一致，造成不同部位混凝土凝固时差，使脱模措施不能全面收效。

3）模板上黏结物过多，未及时清理。

【工程实例一】

某市纺织商厦坐落在市区中心，建筑面积 8 400m²，钢筋混凝土七层框架结构，总建筑高度为 22.4m，采用滑模施工技术。正当滑模施工到第五层主体时，发生了操作平台倾覆的重大质量事故。

原因分析

通过现场调查和检查有关施工记录和资料，造成操作平台倾覆的主要原因是因支承杆失稳造成的，而且是模板以下支承杆的失稳引起的。支承杆失稳的主要原因：

（1）在滑升过程中，支承杆的安装本身不垂直。

（2）在施工过程中，操作平台上堆载过大，严重偏心。如一侧堆放了 75kg 的氧气瓶等。

（3）提升系统提升不同步，造成部分支承杆过载而弯折倾斜。

（4）在提升过程中，模板上黏结上灰浆、混凝土等黏结物时，强行提升，使支承杆失去稳定而弯曲。

【工程实例二】

×××港码头区某水塔工程是一座新建钢筋混凝土倒锥壳供水设施。在水塔滑模施工过程中发生倾覆塌落。

该水塔为 100 m³ 倒锥壳钢筋混凝土水塔，塔身直径 2.4m，系筒壁结构，壁厚为 180mm，混凝土设计强度为 C20，施工时按 C40 施工，水塔总高度为 29.42m，筒壁竖向配筋为 22 排Φ14@200，塔身施工采用滑模施工工艺，同时在筒壁施工中按要求配 16φ25 钢筋兼作滑模支承杆，水塔待塔身施工完毕后，在地面预制，然后提升到位。滑模装置及失稳示意见图 5-64。水塔的立面图及剖面图见图 5-65 和图5-66。

该水塔工程于 4 月正式开工，5 月施工进度达到塔身高度 17.5m 时，当滑模班组施工交接，下一班组在没有任何异常的情况下正常施工，滑模架突然倾覆，造成多人伤亡。

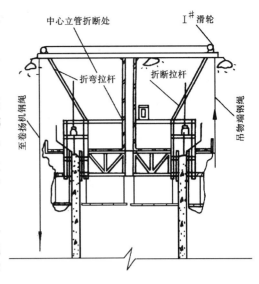

图 5-64 滑模装置及失稳示意图

原因分析：

水塔事故发生后，该市有关部门迅速成立了联合调查组，对事故进行调查处理。调查组分别对设计文件、基础、机具结构、施工流程、混凝土质量、钢筋抗拉强度、施工操作规程等进行了全面审查、分析、研究、试验，对参与施工的 46 人进行了询问。调查结果如下：

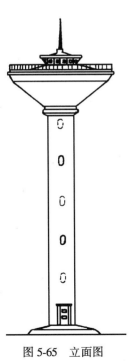

图 5-65 立面图

（1）机具运转故障

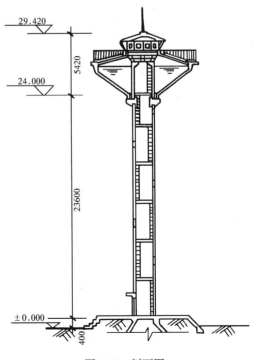

图 5-66 剖面图

现场调查发现，水塔在 17.5m 高度折断，走边丝跳槽被卡在天梁 I 号滑轮上，中心立管在焊口处折断，斜拉梁两断两折。上述情况的发生，是在某种外力作用下才导致滑模机具的倾覆，而这种外力的产生是由于走边丝跳槽被卡在滑轮上，造成卷扬机钢绳受力状态改变，当时模具正在滑升过程中，滑模架上承受走边丝的压力，下受八组 16 个千斤顶（每个 35kN 共 560kN）的向上顶力，致使机具杆件承受不了，造成滑模架中心立管焊缝处折断（φ140 钢管），两侧 4 根拉杆（φ90 钢管）两断两弯，使滑模机具突然倾覆，失去平衡，从而导致这场事故。

（2）施工现场管理松懈

现场质量管理制度不健全、落实不力等是事故发生的一个主要原因。如：当班卷扬机操作工无证上岗，卷扬机房内无照明措施，天梁滑轮及钢丝绳检查制度不健全，施工现场无安全检查员等。

二、框架结构工程施工

1. 现浇钢筋混凝土框架结构

现浇钢筋混凝土框架结构工序多，难度大，技术和管理要求高。现浇钢筋混凝土框架结构在施工中出现的质量问题，除了钢筋混凝土工程施工中常见的如混凝土强度不足、钢筋用量偏低等质量事故外，就其框架结构本身而言，可能出现的质量缺陷或事故主要是柱、梁、板等构件的施工质量缺陷或事故，以及各构件之间刚性连接节点不牢固的质量缺陷或事故。下面主要就柱、柱梁连接等施工中常见质量缺陷或事故做一简要分析。

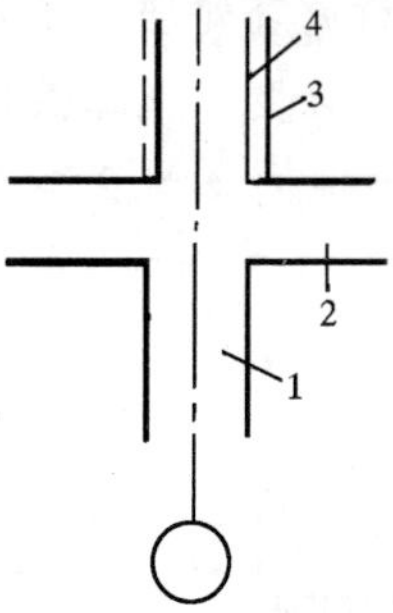

（1）柱平面错位

多层框架的上下层柱，在各楼层处容易发生平面位置错位，特别是在边柱、楼梯间柱和角柱更是明显。如图 5-67 所示。

造成上述现象的主要原因：

1）放线不准确，使轴线或柱边线出现较大的偏差。

2）下层柱模板支立不垂直、支撑不牢或模板受到侧向撞击，均易造成柱上端移动错位。

1—柱；2—梁；3—上层柱偏离轴线位移的位置线；4—上层柱正确位置线

图 5-67　柱平面错位

3）柱主筋位移偏差较大，使模板无法正位。

（2）柱主筋位移

柱主筋位移，在钢筋混凝土框架结构施工中极易发生，钢筋的位移严重地影响了结构的受力性能。

造成柱主筋位移的主要原因：

1）梁、柱节点内钢筋较密，柱主筋被梁筋挤歪，造成柱上端外伸主筋位移。

2）柱箍筋绑扎不牢，模板上口刚度差，浇筑混凝土时施工不当引起主筋位移。

3）基础或柱的插筋位置不正确。

（3）柱弯曲、鼓肚、扭转

在柱的施工中，柱容易发生弯曲、截面扭转、鼓肚、窜角等质量缺陷，如图 5-68、图 5-69 所示。

1）造成柱弯曲的主要原因：模板刚度不够，斜向支撑不对称、不牢固、松紧不一致，浇筑混凝土时模板受力不一，造成弯曲变形。

2）造成柱截面扭转主要原因：放线误差，支模未能按轴线兜方，上下端固定不牢，支撑不稳，上部梁板模板位置不正确和浇筑混凝土时碰撞等因素，均可能造成柱身扭转。

3）造成鼓肚、窜角的主要原因：柱箍间距过大或强度、刚度不足，一次浇筑过高、速度太快，振捣器紧靠模板，使混凝土产生过大的侧压力等引起模板变形，柱箍安装不牢固等。

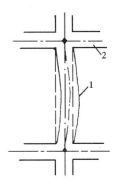

1—柱身弯曲；2—梁
图 5-68 柱身弯曲

（4）梁柱交接部位强度达不到设计要求

梁柱节点是框架结构极重要的部位，该部位的质量对于保证框架结构有足够的强度至关重要。在梁柱节点部位常见的质量事故有混凝土振捣不密实、主筋锚固达不到设计要求、箍筋遗漏等。

造成上述事故的主要原因：

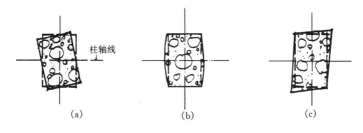

（a）截面扭转；（b）截面鼓肚；（c）截面窜角
图 5-69 柱截面扭转、鼓肚、窜角

1）钢筋太密，浇筑混凝土的漏振均会引起该处混凝土的不密实。

2）主筋设计错误或施工错误等均会造成主筋锚固不够。

3）由于该节点三个方向梁柱交叉，钢筋密集，加以受传统施工工艺和顺序的影响，绑扎箍筋的不方便，因此，施工中往往造成箍筋遗漏。

（5）梁板施工

钢筋位置不正、楼板超厚等。

主要原因：

1）主次梁在柱头交接处钢筋重叠交叉，排列不当时，钢筋容易超过板面标高，要保证钢筋的保护层厚，必然使楼板加厚。

2）板内各种预埋管线过多，也可能形成露筋或板厚的质量通病。

3）施工顺序安排不当。特别是电气工和钢筋工的工序。先绑负筋时，部分电气管道压在上面，使负筋位置降低，影响结构承载力。

4）设计不合理。

【工程实例】

某百货商店工程是一幢中部为四层，两侧为三层的现浇框架结构工程。在完成基础工程后，开始上部结构的施工，当主体结构和部分装饰工程均已完成时，突然发生局部倒塌，各层倒塌情况的平面示意见图5-70。

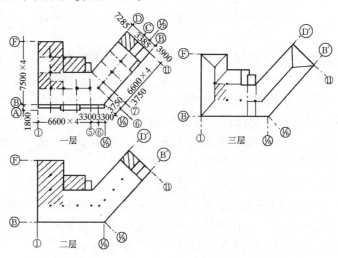

（图中画斜线部分为倒塌部位）

图5-70 各层倒塌情况示意图

原因分析

（1）设计方面

1）倒塌部分的次梁多数为两跨连续梁，在框架计算中，把连续梁当做简支梁来计算支座反力，并以此支座反力作为次梁对于框架的作用荷载，次梁支座传到框架上的荷载少算了25%，造成框架内力计算值偏小，此外框架底层柱实际高度为6m，而计算简图中取柱高为5.8m，也使结构偏于不安全。

2）该工程框架设计中，内力计算组合没有按照设计规范规定的活荷载应采用最不利组合的方法进行计算。

3）框架设计中，有的荷载漏算或取值偏小。例如四层部分屋面干铺炉渣找坡层，平均厚度为7cm，计算中仅取4cm。又如，所有梁的自重均未计入梁的抹灰层的重量。

4）施工图纸有些问题未交待代楚，有的还有差错。例如墙厚尺寸不清，有的墙厚在各图纸中还有矛盾。特别需要指出的是倒塌部分的次梁伸入墙内的支撑长度，图纸中不明确，实际的支撑长度为24cm，事故发生后，才知道应为37cm。

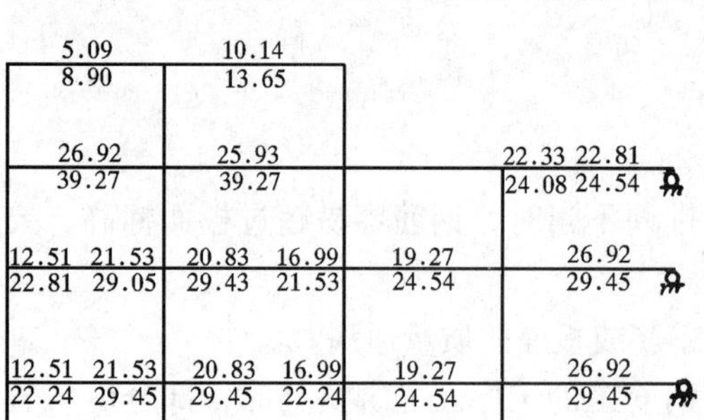

5）框架配筋不足：倒塌的KJ-1框架施工图中，有十处图中配筋量少于需要的配筋量。例如Ⓑ轴线的一层梁，支座配筋少44%，二层梁支座配筋少45%；Ⓒ-Ⓓ轴线间四层梁中配筋少18%（此梁已跨塌）；Ⓓ轴线一层梁支座配筋量少24%，二层梁支座配筋量少21%（此梁已垮塌）等。KJ-1框架施工图中部分断面配筋量与计算需要的配筋量

（图中横线以上为施工图配筋，横线以下为计算需要配筋量，单位：cm²）

图5-71 框架部分杆件配筋量对照图

126

对照情况见图5-71。

（2）施工方面

1）混凝土浇筑质量低劣：主要是框架柱有严重孔洞、烂根和出现蜂窝状疏松区段（50cm和100cm高处是无水泥石子）。例如框架KJ-1二层柱上麻面、孔洞严重，此段高达50cm，深12cm，混凝土捣固很不密实。柱断塌后情况见图5-72，图中明显可见，断裂破坏处钢筋被扭成卷曲状。柱被破坏成三段，下段是柱根部，高约85cm，混凝土面上可以看到多条明显的竖向裂缝，说明该柱因承载能力不足而破坏。中段长约90cm，全段横截面最大处的底边宽为32cm，上边宽为20cm（设计柱断面为40cm×40cm）。柱的上段完全粉碎，只剩一块混凝土挂在钢筋上，柱钢筋被扭弯。

图5-72 柱断塌情况

2）混凝土实际强度低：该工程大部分混凝土没有达到设计强度，见表5-20。

表5-20 低于设计强度的混凝土情况一览表

结构部位	一层框架	KJ-1框架	三、四层框架	二层框架	二层框架	已倒塌部分	一、二层
构件名称	柱	柱	柱	柱	梁	梁	圈梁
设计强度	C30	C30	C20	C20	C20	C20	C20
实际强度	17.2	19.6～27.7	12.4～17.4	11.1	14.8	12.5～18.0	＜10.0
检验方法	试块	回弹仪	回弹仪	回弹仪	试块	回弹仪	回弹仪
检验龄期	41天				42天		
备 注				已倒塌		已倒塌	

此外，三至四层框架没有试块检验报告单。

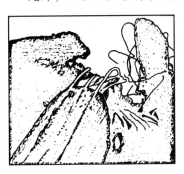

图5-73 次梁从墙中脱落

3）部分次梁从墙中全部脱落：三层Ⓔ轴线上次梁和左右邻近次梁从③轴线墙中全部脱落，见图5-73。

4）钢筋工程：经检查发现钢筋安装位置超过规范允许偏差，圈梁转角部位钢筋搭接长度不够。

5）施工超载：三层屋顶的一部分在施工过程中用作上料平台，且堆料过多。倒塌时屋顶堆有脚手杆49根和屋面找坡用的炉渣堆等。

6）构件超重：经检查大部分预制空心板都超厚，设计为18cm，实际为19～20.5cm。

7）乱改设计：未经设计单位同意，屋面坡度由2%改为4%，地面细石混凝土厚度由4cm改为6cm；水泥砂浆找平层由1.5cm改为3cm，这就使静荷载由原设计的1 392N/m² 增加到1 911N/m²，比原设计增加37%。四层则由549N/m²增加到1 215N/m²，增加了120%。

8）炉渣层超重：倒塌时期正值雨季，连连阴雨使屋面炉渣层的含水率饱和，炉渣的

127

实际密度达 1 037kg/m³，超过设计值 30%。

9）砌筑工程质量差：砖与砌筑砂浆强度均未达到设计要求，见表 5-21。

表 5-21　低于设计规定的砖与砂浆情况一览表

项　目	材　料					
	砖	砌　筑　砂　浆				
设计强度/（N/mm²）	10.0	10.0		5.0		
所用部位	一层柱	一层	二层	一层	二层	三、四层
实际强度/（N/mm²）	7.5	3.8	4.5	1.7	2.3	无试块

砌体组砌方法不符合施工规范的要求。例如很多部位砂浆不饱满，通缝较多等。

设计要求埋置的拉结或加强钢筋，施工中漏放或少放。例如转角处没有埋置转角钢筋，设计要求每三皮砖放一层钢筋网，实际有的四皮砖，有的六皮砖才放置一层钢筋网。

2. 预制钢筋混凝土框架结构

预制装配钢筋混凝土框架结构施工不当，会引起梁、板、柱的质量事故。

梁柱节点出现质量事故，会严重影响到整个框架结构的整体性和刚度。

节点质量事故主要有：柱与柱、柱与梁、梁与梁之间的焊接质量差，以及箍筋加密不符合设计要求。

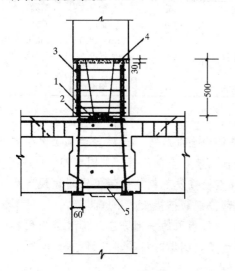

1—定位埋件；2—φ12 定位箍筋；3—单面焊 4～6d；4—捻干硬性混凝土；5—单面焊 8d
图 5-74　节点构造

图 5-74 显示了梁柱节点处理的构造。

预制框架柱施工的质量事故主要有：柱平面位置扭转、柱安装垂直偏差、柱安装标高错误等。

造成柱平面位置扭转的主要原因：吊装中弹线对中不准确；定位轴线不准等。

造成柱垂直偏差的主要原因：安装时校正不对，焊接顺序和质量影响了柱的垂直度。

造成柱标高误差的主要原因：预制柱长度误差大，安装前未及时检查处理，定位钢板标高误差等。

【工程实例一】

一天夜间，一阵大风将某市焦化厂工地正在施工的皮带运输机转运站的装配式钢筋混凝土框架刮倒。框架顶标高 38.7m，平面尺寸为 8.7m×8.7m 的 6 层框架，见图 5-75。框架是预制框架结构。结构吊装于初冬完工，梁与柱节点未焊接，接头的混凝土也未浇筑，就这样放置了一个冬天。事故发生时风力估计有 8 级，框架的 4 根柱子在离地面 80～120cm 处断裂，柱向顺风方向倾倒。倒下后迎风面柱的主筋被拉开，背风面的主筋弯成 90°。柱顶的梁被甩出，其余的梁大部分在梁端处与柱牛腿拉开。

原因分析

事故发生后，有人认为是风刮倒的。但经过实际调查后，确认是一宗施工责任事故，是施工过程中忽视结构的整体稳定造成的。

设计要求柱、梁吊完一层，应将节点上下钢筋和预埋铁件焊接完成，并即浇灌节点混凝土，使梁、柱节点形成刚性接头，然后才能吊装上一层框架。当时由于土建施工与吊装施工是两个单位，协调配合不好，对于结构处于不稳定状态，长期无人过问，这场大风，才使问题暴露出来。

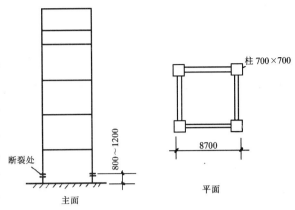

图 5-75　框架示意图

【工程实例二】

四川省某厂电站主厂房为一装配式钢筋混凝土框架结构，梁、柱为刚性接头，钢筋采用"V"形坡口对焊，见图 5-76。梁主筋为两根通长受拉钢筋，受压区有三根非通长的负弯矩钢筋，见图 5-77。每根梁一次焊成，焊完后发现在 7m 标高的平台处有程度不同的裂缝，其长度、宽度与焊接间隔时间和焊缝大小有关，焊接间隔时间越短焊缝越大，裂缝越严重。

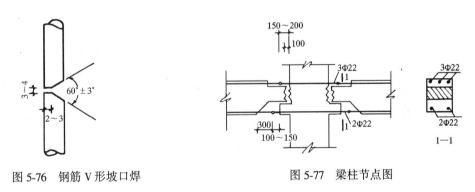

图 5-76　钢筋 V 形坡口焊　　　　图 5-77　梁柱节点图

原因分析

是每根梁一次施焊完毕，热量集中，温度过高，冷却后梁的收缩受到框架柱的约束，使梁产生裂缝。

第四节　大型构件和设备安装工程

一、装配式钢筋混凝土结构吊装工程

在装配式厂房、多层预制框架等施工中，其主要承重结构柱、吊车梁、梁、屋架、屋面板等构件大多采用工厂预制或现场预制。承重构件的吊装安装质量是施工的关键。

各种预制构件因构造不同，安装方法及其工艺也不同，发生的质量事故或缺陷也不尽相同，造成的原因也各种各样。

1.构件堆放时发生裂纹、断裂或倒塌

主要原因：

1）构件强度不足，支点不符合要求，构件重叠层数过多。

2）地基不平，未经夯实或雨季没有排水措施，地基浸泡下沉。

3）临时加固不牢。

2.柱安装轴线位移、裂缝

（1）轴线位移

柱的实际轴线偏离标准轴线的主要原因：

1）杯口十字线放偏。

2）构件制作时断面尺寸、形状不准确。

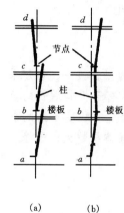

图5-78 轴线位移

3）对于多层框架 DZ_1 型和 DZ_2 型柱，安装时如采用柱小面的十字线，而不采用柱大面的十字线，造成柱扭曲和位移。

各层柱未围绕轴线，而以下层柱几何中心线为起点校正，造成累积误差，见图5-78b。

例如某14层（地下二层）的预制短柱式框架结构科研楼。总高47.6m，设计允许吊装误差为沿全高不得大于20mm；每层柱的垂直允许偏差为5mm。施工中，每层柱安装都严格检查，满足了设计要求。但全部吊装结束，验收时发现最上一层柱轴线偏离标准轴线误差最大50mm，远远超过了设计要求。其主要原因是没有按图5-78(a)那样每层进行误差调正。

4）对于插进杯口的柱，如单层工业厂房柱，不注意检验杯口尺寸，如杯口偏斜，柱与杯口内无法调正，或因四周楔块未打紧，在外力作用下松动。

5）多层框架柱与柱连接，依靠钢筋焊接，钢筋粗，偏移后不宜移动，会使柱位移加大。

（2）柱裂缝

柱的裂缝超过允许值的主要原因：

1）吊装构件的混凝土强度没有达到设计强度的要求。

2）设计时忽略了吊装所需的构造钢筋。没有进行吊装验算或采取必要的加固措施。

3）在运输或安装过程中受到外力的碰撞。

（3）柱垂直偏差

柱产生垂直偏差的因素较多，吊装施工、环境（如风力、日光照射等）因素都可能影响到柱的垂直偏差。

产生的主要原因：

1）测量中的误差或错误。

2）柱安装后，杯口混凝土强度未达到规定要求就拔去楔子，由于外力的作用造成柱的垂直偏差。

3）双肢柱由于构件制作误差或基础不平，只能保证单肢垂直偏差，忽略了另一肢的垂直偏差。

4）柱与柱、柱与梁因焊接变形使柱产生垂直偏差。

3．梁安装中垂直偏差、位移

（1）梁垂直偏差

梁垂直偏差的主要原因：

1）梁侧向刚度较差，扭曲变形大。

2）梁底或柱顶不平，缝隙垫得不实。

3）两端焊接连接因焊接变形产生垂直偏差。

（2）梁位移

梁产生水平位移的主要原因：

1）预埋螺栓位置不准，柱安装不垂直，纵横轴线不准等。

2）外力的作用使梁位移。

4．屋架安装垂直偏差、开裂、下弦拉杆受力不均

（1）屋架垂直偏差

造成屋架垂直偏差超过允许值的主要原因是屋架制作或拼装过程中本身扭曲过大；安装工艺不合理，垂直度不易保证。

（2）屋架开裂

造成屋架裂缝的主要原因：

1）屋架扶直就位时吊点选择不当。

2）屋架采取重叠预制时受黏结力和吸附力影响开裂。

3）预应力混凝土构件孔道灌浆强度不够。

4）吊装中屋架受振或碰撞开裂。

（3）下弦拉杆受力不均

下弦拉杆受力不均的主要原因：

在拼装过程中，吊点选择不合理，使下弦杆受压，当屋架安装到设计位置时，屋架两端支点摩擦力较大，依靠屋架本身自重不能使下弦杆拉直。

【工程实例一】

某发电厂第二期扩建工程施工期间，主厂房Ｅ轴线 12 根预制钢筋混凝土柱与 53 块板式梁，在八级大风的袭击下，由南向北发生倒塌。

该主厂房扩建面积为 11 个柱距共 66m（⑨轴至⑳轴），横向一跨（Ⓓ轴至Ⓔ轴），跨度 30m，面积 1 980m²，如图 5-79 所示。

主厂房 E 轴共有 12 根预制钢筋混凝土双肢柱，柱距 6m，柱外形断面尺寸为 500mm × 2 200mm，柱全高 44.4m，分两节预制后拼装。柱与基础为湿式接头（二次浇筑混凝土），上下柱节的连接为钢板焊接接头，相邻柱间自下向上共用五层纵向板式梁相连接。接头为钢板焊接后二次浇筑

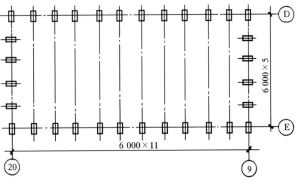

图 5-79　主厂房轴线图

131

混凝土，组成刚性接头。柱外形见图 5-80。

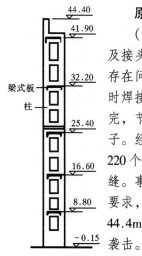

图 5-80 柱外形图

原因分析

（1）该工程由施工单位现场制作预制构件，另一施工单位负责吊装及接头焊接。两施工单位工序衔接不协调，施工过程中，由于预制构件存在问题，未能及时处理，而且现场焊工不足，梁柱吊装之后，不能及时焊接固定。为了赶吊装进度，违反施工程序，在下截柱梁节点尚未焊完，节点尚未浇筑混凝土，整个排架尚未稳定的情况下，就安装上节柱子。经事后调查，Ⓔ轴 12 根钢筋混凝土预制柱与 55 块板式梁之间共有 220 个节点，在这些节点上，共有 528 个钢筋坡口平焊接头和 616 条焊缝。事故发生前只焊了 220 条焊缝，有的焊接长度和厚度也未达到设计要求，528 个钢筋坡口平焊一根未焊（图 5-81），致使Ⓔ轴形成一个高达44.4m 的在较长时间处于不稳定状态的排架结构，抵挡不了 8 级大风的袭击。

（2）排架吊装期间，由于排架的不稳定状态，总工程师曾决定在Ⓔ列柱南北两端设置缆风绳，并在第一柱的⑩～⑬轴间设剪刀缆绳等临时的加固措施。但在实施时，现场人员不经请示，任意拆除北端和⑩～⑬轴间的剪刀缆绳，南端拴在挡风柱上的缆绳，有一根被解脱而无人过问。事故发生时，Ⓔ轴柱南端仅有 2 根缆绳，其直径为 1.27cm，其中一根拴在临时电话线杆上，另一根拴在地面上的混凝土预制构件上。在 8 级大风的袭击下，一根缆风绳被拉断，另一根将临时电话线杆连根拔出，拖出 16m 远。

图 5-81 柱梁节点图

【工程实例二】

某车间 12m 钢筋混凝土屋面大梁，平卧预制。起吊后发现 50% 吊环附近混凝土局部压碎，吊环偏斜，混凝土产生裂缝，如图 5-82 所示。

裂缝均从吊环根部开始，在平卧起吊的上侧，朝大梁下翼缘方向发展，上大下小，最大为 1mm，未穿透，亦未进入下翼缘，在上翼缘范围内多呈倾斜状，而在腹板中部多呈竖直状。

凡有裂缝处的吊环多产生不同程度的偏斜，其偏斜最大值为 40mm，其根部混凝土多数出现局部压碎现象。

原因分析

（1）上翼缘裂缝

吊环安装时箍筋被碰撞发生位移，平卧起吊时仅有

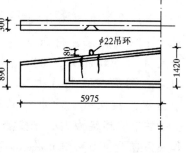

图 5-82 屋面大梁破坏情况

两个钢箍起作用。按剪力 12.5kN 分析，考虑动力系数 1.5，安全系数 1.4，吊环处需钢筋截面为 1.86cm²，实际只有 0.932cm²，起吊时是用两台吊车平卧起吊，吊环受力不均匀，造成了受剪破坏。

（2）大梁腹板裂缝

腹板侧向刚度本来很小，翼缘开裂后，上部梁的侧向刚度大为降低，引起腹板开裂，在其向下延伸的过程中，大梁已逐渐立起，此时梁的刚度很大，所以腹板的裂缝未发展到下翼缘，亦未裂透。

（3）吊环偏斜

屋面大梁重量为 5t，平卧起吊开始时，每个吊环平均受力为 12.5kN，吊环的受力由受弯逐渐变为受拉。吊环直径为 $\phi22$，其根部的弯曲应力 $\sigma = 412.7N/mm^2$（不包括动力系数和安全系数），远远大于钢筋的屈服点 $240N/mm^2$，使吊环一肢出现较大的拉伸塑性变形。另外，预制梁的吊环悬出长度超过 80mm，最大达 180mm，增大了吊环平卧起吊的弯矩。用两台吊车起吊，吊环受力不均匀，受力较大的吊环，残余变形也大，吊环发生偏斜。

（4）吊环根部混凝土被压碎

平卧起吊时，吊环受弯，在其根部产生很大的局部压力。按 B.H. 日莫契金著《杆件弹性插入端的计算》分析，吊环根部的局部压应力 $\sigma_j = 40N/mm^2$；而此处混凝土的容许压应力 $[\sigma_j] = 18.5N/mm^2$，小于 $[\sigma_j]$（未计安全系数及动力系数）。另外，设计中未规定平卧施工时吊环放置的位置，施工时将其放在钢筋网的上面。如将吊环放在钢筋网的下面，吊环受纵向钢筋的阻挡，局部压力会大大减小。另外，施工时，吊环长短不一，采用两台吊车起吊，难以同步，使吊环受力不均匀。以上原因，造成局部受力太大而将混凝土压碎。

二、钢结构工程

钢结构是一门古老而又年轻的工程结构技术。随着国民经济的发展和社会的进步，我国钢结构的应用范围也从传统的重工业、国防和交通部门为主扩大到各种工业与民用建筑工程，尤其在高层建筑、大跨结构、各种轻型工业厂房和仓储建筑中得到越来越多的应用。钢网架结构、轻钢结构、高层钢结构的出现，对钢结构的施工安装提出了新的要求，如果安装不当，就会出现质量事故。

1. 钢结构连接

钢结构连接质量事故常见的原因：

（1）连接件材质差。

（2）荷载、安装、温度和不均匀沉降作用使连接中产生的应力超过其承载力。

（3）连接质量低劣，如焊缝尺寸不足、漏焊、未焊透、夹渣、气孔、咬边等，螺栓和铆钉头太小、紧固不好、松动、栓杆弯曲等。

（4）在动力荷载和反复荷载作用下疲劳损伤。

（5）连接节点构造不完善。

焊缝缺陷产生的原因，见表 5-22。

表 5-22　焊缝缺陷产生原因

缺陷	产生原因
咬边（咬肉）	1. 电流过大 2. 运条速度不当 3. 电弧太长
焊瘤	1. 点焊过高 2. 运条不当或电弧过长 3. 电流不适当
夹渣	1. 焊接电流太小 2. 坡口角度太小 3. 焊件上有较厚的锈蚀 4. 药皮性能不好 5. 操作不熟练
气孔	1. 碱性焊条受潮、药皮变质、钢芯锈蚀，非碱性焊条焙烘温度过高，药皮变质 2. 埋弧焊时焊剂未按规定焙烘，焊丝不清洁 3. 焊件表面有水、油、油漆等 4. 电流太大，焊条烧红 5. 薄钢板焊接的速度太快，空气湿度大 6. 焊条药皮偏心焊时混入空气
弧坑	1. 熄弧时间太短 2. 薄钢板焊接时电流太大 3. 埋弧自动焊时未先停车再停丝
未焊透	1. 电流过小，施焊过速，热量不足 2. 运条不正确，焊条偏向坡口一侧 3. 拼装间隙不正确，不易施焊 4. 焊条没有伸入焊缝根部 5. 起焊温度较低 6. 双面焊时没有清根
焊接裂纹	1. 焊件的含碳量过高或含硫、磷成分高 2. 焊条质量差 3. 定位焊点太少或在强制变形下定位焊 4. 结构刚度大而焊接顺序不当 5. 焊件厚而没有预热 6. 低温下焊接 7. 结构构造引起的严重应力集中 8. 反复荷载作用下产生疲劳破坏

【工程实例】

中国某航空公司与德国某航空公司合资兴建的喷漆机库扩建工程，机库大厅东西宽52m，南北长82.5m，东西两端开口，屋顶高34.9m。机库屋盖为钢结构，东西两面开口，由两榀双层桁架组成宽4m、高10m的空间边桁架，与中间焊接空心球网架连成整体。

平面桁架采用交叉腹杆，上、下弦采用钢板焊成"H"形截面，型钢杆件之间的连接均采用摩擦型大六角头高强螺栓，双角钢组成的支撑杆件连接采用栓加焊形式，共用10.9级、M22高强螺栓39000套，螺栓采用20MnTiB，高强螺栓由上海某高强度螺栓厂和上海另一家螺栓厂制造。

钢桁架于当年3月下旬开始试拼接，4月上旬进行高强螺栓试拧。在高强螺栓安装前和拼接过程中，建设单位项目工程师曾多次提出终拧扭矩值采用偏大，势必加大螺栓预拉力，对长期使用安全不利，但未引起施工单位的重视，也未对原取扭矩值进行分析、复核和予以纠正。直至5月4日设计单位在建设单位再次提出上述意见后，正式通知施工单位将原采用的扭矩系数0.13改为0.122，原预拉力损失值取设计预拉力的10%降为5%，相应的终拧扭矩值由原采用的629N·m，取625N·m改为560N·m，解决了应控制的终拧扭矩值。

但当采用560N·m终拧扭矩值施工时，M22、$l = 60mm$的高强螺栓终拧时仍然多次出现断裂。为了查明原因，首先测试了$l = 60mm$高强螺栓的机械强度和硬度，未发现问题。5月12日设计、施工、监理、业主、厂家再次对现场操作过程进行全面检查，当用复位法检查终拧扭矩值时，发现许多螺栓超过560N·m，暴露出已施工螺栓超拧严重。

原因分析

（1）施工前未进行电动扳手的标定

高强螺栓终拧采用日本产$NR-12T_1$型电动扭矩扳手，在发生超拧事故后，对电动扳手进行检查，实测结果证实表盘读数与实际扭矩值不一致，当表盘读数为560N·m时，实际扭矩值为700N·m；表盘读数为380N·m时，扭矩值才是所要控制的560N·m。因此，施工前，扳手未通过标定，施工人员不了解电动扳手的性能，误将扭矩显示器的读数作为实际扭矩值，是造成超拧事故的主要原因，仅此一项的超拧值达25%。

（2）扭矩系数取值偏大

扭矩系数是准确控制螺栓预拉力的关键。根据现场对高强螺栓的复验，扭矩系数平均值（某工厂0.118，另一工厂0.117）均较出厂质量保证书的扭矩系数（某工厂0.128，另一工厂0.121）平均值小。施工单位忽视了对螺栓扭矩系数的现场实测，采用图纸说明书要求的扭矩系数平均值，即$K = 0.110 \sim 0.150$，取$K = 0.130$，作为计算终拧扭矩值的依据，显然取值偏大，导致终拧扭矩值超拧约6%。

（3）重复采用预拉力损失值

钢结构高强螺栓连接的设计、施工及验收规程规定，10.9级、M22高强螺栓的预拉力取190kN。而本工程设计预拉力取200kN，施工单位在计算终拧扭矩值时，按施工规范取设计预拉力的10%作为预拉力损失值，这样，施工预拉力为220kN，大于大六角头高强螺栓施工预拉力210kN的5%。

2.钢柱安装

（1）钢柱常见的安装质量事故

1）柱肢变形（弯曲、扭曲）；

2）柱肢体有切口裂缝损坏；

3）格构式柱腹杆弯曲和扭曲变形；

4）柱头、吊车梁支承牛腿处焊缝开裂；

5）柱垂直偏差，带来围护构件和邻近连接节点损坏和吊车轨道偏位；

6）柱标高偏差，影响正常使用；

7）柱脚及某些连接节点腐蚀损伤。

（2）原因分析

1）柱与吊车梁的连接节点构造与施工图不符，铰接连成刚接、刚接连成铰接，使柱与节点上产生附加应力；

2）柱与柱的安装偏差，导致柱内应力显著增加，构件弯曲；

3）柱常受运输货物、吊车吊臂或吊头碰撞，导致柱肢弯曲、扭曲变形、切口和裂缝；

4）由于高温的作用使柱肢弯曲，支撑节点连接损坏开裂；

5）没有考虑荷载循环的疲劳破坏作用，使牛腿处焊缝开裂；

6）地基基础下沉，带来柱倾斜、标高降低；

7）周期性潮湿和腐蚀介质作用，导致钢柱局部腐蚀，减少了柱截面；

8）节点构造不合理。

3．钢屋盖安装

（1）钢屋盖工程常见的质量事故

1）桁架杆件弯曲或局部弯曲；

2）屋架垂直偏差；

3）桁架节点板弯曲或开裂；

4）屋架支座节点连接损坏；

5）屋架挠度偏差过大；

6）屋盖支撑弯曲；

7）屋盖倒塌。

（2）主要原因

1）制作安装原因：

①构件几何尺寸偏差，由于矫正不够、焊接变形、运输安装中受弯，使杆件有初弯曲，引起杆件内力变化。

②屋架或托架节点构造处理不当，形成应力集中，檩条错位或节点偏心。

③腹杆端部与弦杆距离不合要求，使节点板应力变化，出现裂缝。

④桁架杆件尤其是受压杆件漏放连接垫板，造成杆件过早丧失稳定。

⑤桁架拼接节点质量低劣，焊缝不足，安装焊接不符合质量要求。

⑥任意改变设计要求，使用强度低的钢材或减少杆件截面。

⑦桁架支座固定不正确，与计算简图不符，引起杆件附加应力。

⑧违反屋面板安装顺序，屋面板搁置面积不够、漏焊。

⑨忽视屋盖支撑系统作用，支撑薄弱，有的支撑弯曲。

⑩屋面施工违反设计要求，任意增加面层厚度，使屋盖重量增加。

2）使用中的原因：

①屋面超载，不定期清扫屋面积灰。

②没经预先设计而在非节点处悬挂管道或重物，引起杆力变化。

③使用过程中高温作用和腐蚀，影响屋盖承载能力。

④重级制吊车运行频繁，产生对屋架的周期性作用，造成屋盖损伤破坏。

⑤使用中切割或去掉屋盖中杆件等。

【工程实例一】

某选矿厂主厂房第三期工程全长 113.5m，共 5 跨，各跨的跨度分别为 15m、24m、7.5m、30m、36m，见图 5-83。

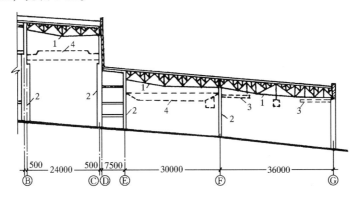

1—钢屋架；2—钢柱；3—梁式吊车；4—桥式吊车

图 5-83　主厂房剖面图

事故发生前，结构安装已完成的部分有：ⓔ、ⓕ轴线的柱与吊车梁，ⓖ轴线全部钢筋混凝土柱和该列柱的㊺～㊻轴线间的柱间支撑，ⓔ～ⓕ跨㊳～㊿轴线的屋架和支撑，ⓕ～ⓖ跨㊳～㊿轴线的屋架和支撑等。

倒塌主要发生在㊳～㊿轴线间 30m、36m 两个跨间，倒塌总面积为 66m×84m = 5544m²。此外在ⓔ～ⓕ跨的㊹～㊻轴线间倒塌了屋盖和楼盖。该区域内的全部屋架和屋盖构件，轴线ⓕ的全部钢柱，轴线㊹～㊼间ⓖ列的两根钢筋混凝土柱均倒塌，部分墙体向建筑物外倒塌；ⓔ～ⓕ跨的两根屋盖梁和㊹～㊻轴线间的大梁和楼板，以及此轴线间的砖墙也倒塌，ⓖ轴线的其余柱和墙倾斜了 30～50cm。

原因分析

（1）设计计算简图在ⓔ、ⓕ、ⓖ各柱顶处为铰接，实际上ⓕ轴线屋架的连接，以及屋架与ⓔ列柱的连接均为刚性焊接；

（2）屋架支承板未按设计要求焊接在ⓕ柱列的柱顶上；

（3）屋面板与屋架上弦杆的连接，没有按规范要求三点焊接；

（4）ⓕ柱列的柱在尚未浇筑柱脚前，已施工屋面保温层和油毡防水层；

（5）ⓕ柱列的纵向支撑与柱间部分横杆没有及时安装；

（6）地脚螺栓严重偏位，平均偏差 60～70mm，最大达 100mm。

【工程实例二】

上海市某研究所会议中心为 17.5m 直径圆形砖墙加扶壁柱承重的单层建筑，檐口总高度为 6.4m，中间内环部分高 4.5m。屋盖采用 17.5m 直径的悬索结构，主要由沿墙钢筋混凝土外环和型钢内环（直径 3m），以及 90 根直径为 7.5mm 的钢铰索组成，现浇钢筋混凝土板搭接于钢铰索上刚性防水。屋盖平面与剖面图见图 5-84。

该工程 1983 年建成交付使用。1998 年 9 月 22 日 20 时 30 分左右，屋盖整体塌落。经

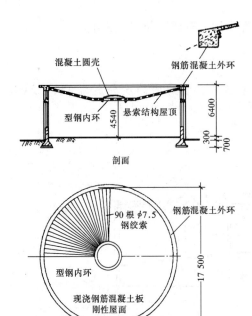

混凝土圆壳　钢筋混凝土外环
型钢内环
悬索结构屋顶
4540
6400
300
700

剖面

钢筋混凝土外环
90根φ7.5钢绞索
型钢内环
17 500
现浇钢筋混凝土板刚性屋面

屋顶构造平面

图 5-84　屋盖平、剖面示意图

检查 90 根钢铰索全部沿周边折断，门窗大部分被振裂，但周围砖墙和圈梁均无塌陷损坏迹象。

原因分析

经多方分析，一致认为屋盖倒塌的原因是由于钢铰索长期锈蚀、断面减小，承载力不足所造成的。主要是对悬索结构的设计和施工经验不足，尤其是对钢索的保护防锈、夹头处理以及钢索通过钢筋混凝土外环的节点等处理不当。

2.4　钢网架结构安装工程

钢网架结构虽是高次超静定结构，整体性好、安全度高，但是设计、制造和安装中的许多复杂的技术问题还没有被深刻地认识到。例如一般结构的次效应较小，而网架结构的次效应很大，甚至起控制作用。网架结构对设计人员安装人员的素质要求较高。稍有疏忽，钢网架结构极易发生质量事故，甚至整体倒塌。我国自 1988 年开始，已发生多起钢网架结构倒塌事故。

钢网架工程质量事故按其存在的范围分为整体事故和局部事故。按造成事故的因素可分为单一因素事故、多种因素事故和复杂因素事故。

（1）钢网架工程常见的质量事故

1）杆件弯曲或断裂；

2）杆件和节点焊缝连接破坏；

3）节点板变形或断裂；

4）焊缝不饱满或有气泡、夹渣、微裂缝超过规定标准；

5）高强螺栓断裂或从球节点中拔出；

6）杆件在节点相碰，支座腹杆与支承结构相碰；

7）支座节点位移；

8）网架挠度过大，超过了设计规定相应设计值的 1.15 倍；

9）网架结构倒塌。

（2）主要原因

1）设计原因：

①结构形式选择不合理，支撑体系或再分杆体系设计不周，网架尺寸不合理。如当采用正交正放网架时，未沿周边网格上弦或下弦设置封闭的水平支撑，致使网架不能有效地传递水平荷载。

②力学模型、计算简图与实际不符。如网架支座构造属于双向约束时，计算时按三向约束考虑。

③计算方法的选择、假设条件、电算程序、近似计算法使用的图表有错误，未能

发现。

④杆件截面匹配不合理，忽视杆件初弯曲、初偏心和次应力的影响。

⑤荷载低算和漏算，荷载组合不当。自然灾害（如地震、风载、温度变化、积水积雪、火灾、大气有害气体及物质的腐蚀性等）估计不足或处置不当，或对一些中型网架结构没有进行非线性分析，稳定性分析，没有考虑支座不均匀沉降、不均匀侧移、重型桥式吊车对网架的影响，中、重级制吊车对网架的疲劳验算，吊装验算及分析等。

⑥材料（包括钢材、焊条等）选择不合理。

⑦网架结构设计计算后，不经复核就增设杆件或大面积的换杆件，导致超强度设计值杆件的出现。

⑧设计图纸错误或不完备。如几何尺寸标注不清或矛盾，对材料、加工工艺要求、施工方法及对特殊节点的特殊要求有遗漏或交代不清。

⑨节点形式及构造错误，节点细部考虑不周全。

2）制作原因：

①材料验收及管理混乱，不同钢号、规格材料混杂使用，特别是混用了可焊性差的高碳钢，钢管管径与壁厚有较大的负偏差，安装前杆件有初弯曲而不调直。

②杆件下料尺寸不准，特别是压杆超长，拉杆超短。

③不按规范规定对钢管剖口，对接焊缝焊接时不加衬管或按对接焊缝要求焊接。

④高强螺栓材料有杂质，热处理时淬火不透，有微裂缝。

⑤球体或螺栓的机加工有缺陷，球孔角度偏差过大。

⑥螺栓未拧紧，网架使用期间在接缝处出现缝隙，螺栓受水汽浸入而锈蚀。

⑦支座底板及与底板连接的钢管或肋板采用氧气切割而不将其端面刨平，组装时不能紧密顶紧，支座受力时产生应力集中或改变了传力路线。

⑧焊缝质量差，焊缝高度、长度不足，未达到设计要求。

3）拼装及吊装原因：

①胎具或拼装平台不合规格即进行网架拼装，使小拼单元、中拼单元产生偏差，最后导致整个网架的累积误差很大。

②焊接工艺、焊接顺序错误，产生很大的焊接应力，造成杆件或整个网架变形。

③杆件或单元或整个网架拼装后有较大的偏差而不修正，强行就位，造成杆件弯曲或产生很大的次应力。

④对网架施工阶段的吊点反力、杆件内力、挠度等不进行验算，也不采取必要的加固措施。

⑤施工方案选择错误，分条分块施工时，不采取正确的临时加固措施，使局部网架成为几何可变体系。

⑥网架整体吊装时采用多台起重机具，各吊点起升或下降时不同步，用滑移法施工时，牵引力和牵引速度不同步，使部分杆件弯曲。

⑦支座预埋钢板、锚栓位置偏差较大，造成网架就位困难，强迫就位或预埋板与支座底板焊死，改变了支承的约束条件。

⑧看图有误或粗心，导致杆件位置放错。

⑨不经计算校核，随意增加杆件或网架支承点。

4）使用及其他原因：

①使用荷载超过设计荷载。如屋面排水不畅，积灰不及时清扫，积雪严重及屋面上随意堆料、堆物等，都会导致网架超载。

②使用环境的变化（包括温度、湿度、腐蚀性介质的变化），以及使用用途的改变。

③基础的不均匀沉降。

④地震作用。

【工程实例一】

某市国际展览中心由展厅、会议中心和一座 16 层的酒店组成。其中展厅面积7 200m²，由 5 个展厅组成（图 5-85），屋面采用螺栓球节点网架结构，由德国的几家公司联合设计，并由一家外国公司设计、制造网架结构的所有零部件。

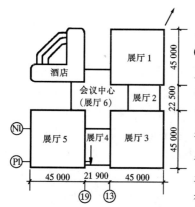

图 5-85　展厅 4 平面位置

投入使用三年，地区受台风影响，一天普降大暴雨，总降雨量为 130.44mm，尤其是早晨 5～6 时，降雨量达60mm/h。上午 7 时左右 4 号展厅网架倒塌。经现场调查发现，网架⑪～⑪轴全部塌落，东边屋面构件大面积散落于地面，其余部分虽仍支承于柱上，但可发现纵向下弦杆及部分腹杆压屈。倒塌现场发现大量的高强螺栓被拉断或折断，大量的套筒因受弯而呈屈服现象。从可观察到的杆件上没有发现杆件拉断及明显的颈缩现象，也未发现杆件与锥头焊缝拉开。⑪～⑲轴支座附近斜腹杆被压屈，且该支座的支承柱向东有较大的倾斜。

4 号展厅网架平面尺寸为 21.9m×27.7m，网架结构形式为正放四角锥螺栓球节点网架，网格为 3.75m×3.75m，网架高度为 1.8m。网架上铺复合保温板及防水卷材。网架由 4 柱支承。网架设计时考虑的荷载为：屋盖系统自重 1.25kN/m²，均布活载 1.0kN/m²。另外考虑了风荷载及±25℃的温度应力。屋面用小立柱以 1.5% 单向找坡。

原因分析

4 号展厅除承担自身屋面雨水外，还要承担会议中心屋面溢流过来的雨水，而 4 号展厅屋面本身并未设置溢流口，且雨水斗泄水能力不够。4 号展厅建成后，曾多次发现积水现象，事故现场两个排水口均被堵塞。屋面雨水不能及时排除，导致屋面积水，网架超载。

在原设计荷载下，网架结构承载力满足要求，且此时⑪轴支座反力大于⑪轴支座反力。如果考虑到 1.5% 的找坡及排水天沟的影响，按实际情况以三角形分布荷载及天沟的积水荷载进行结构分析，当屋面最深处积水达 35cm 时，⑪～⑬轴支座节点和⑪～⑲轴支座节点附近受压腹杆内力接近于压杆压屈的临界荷载，该处支座拉杆的拉力已超过高强螺栓 M27 的允许承载力，⑪轴支座反力大于⑪轴支座反力，力的分布与均布荷载相比已发生了变化。当屋面最深处积水达 45cm 时，上述两处支座的 φ88×3.6 腹杆的压力已超过其压屈的临界荷载，该处的斜腹杆拉力已超过 M27 高强螺栓的极限承载力。因此当屋面有35～45cm 积水时，该网架⑪轴支座反力远大于按原设计荷载时的反力值，支座附近的腹杆压屈，拉杆的高强螺栓超过其极限承载力被拉断，导致网架倒塌。但此时网架拉杆均仍

140

在弹性范围内，因此高强螺栓的安全度低于杆件的安全度。计算分析得出的结论与现场的情况是吻合的。

【工程实例二】

某市地毯进出口公司地毯厂仓库，平面尺寸为48m×72m，屋盖采用了正方四角锥螺栓球节点网架，网格与高度均为3.0m，支撑在周边柱距6m的柱子上。

网架工程通过阶段验收，一月后突然全部坍塌。塌落时屋面的保温层及GRC板已全部施工完毕，找平层正在施工，屋盖实际荷载估达2.1kN/m²。

现场调查发现：除个别杆件外，网架连同GRC板全部塌落在地。因支座与柱顶预埋件为焊接，虽然支座已倾斜，但大部分没有坠落，并有部分上弦杆与腹杆与之相连，上弦跨中附近大直径压杆未出现压曲现象，下弦拉杆也未见被拉断。腹杆的损坏较普遍，杆件压曲，杆件与球的连接断裂。杆件与球连接部分的破坏随处可见，多数为螺栓弯曲。

原因分析

(1) 该网架内力计算采用非规范推荐的简化计算方法，该简化计算方法所适用的支承条件与本工程不符，与精确计算法相比较，两种计算方法所得结果相差很大，个别杆件内力相差高达200%以上。按网架倒塌时的实际荷载计算，与支座相连的周圈4根腹杆应力达-559.6N/mm^2，超过其实际临界力。这些杆件失稳压屈后，网架中其余杆件之间发生内力重分布，一些杆件内力增加很多，超过其承载力，最终导致网架由南至北全部坠落。

(2) 施工安装质量差也是造成网架整体塌落的原因。网架螺栓长度与封板厚度、套筒长度不匹配，导致螺栓可拧入深度不足；加工安装误差大，使螺栓与球出现假拧紧，网架坍塌前，支座上一腹杆松动，而该腹杆此时内力只有56.0kN，远远小于该杆的高强螺栓的极限承载力，从现场发现了一些螺栓从螺孔中拔出的现象。另外，螺孔间夹角误差超标，使螺栓偏心受力，施工中支座处受拉腹杆断面受损，都使得网架安全储备降低，加速了网架的整体坍塌。

小　　结

砌体结构工程，考虑到目前砖石砌体仍在使用，重点分析了砖砌体产生裂缝的原因，并进行了疏理和归纳。

混凝土小型空心砌块砌体工程容易产生的"热、裂、漏"质量缺陷和加气混凝土砌块砌体容易产生的"墙身开裂及墙面抹灰层空裂"质量缺陷，从多方面作了分析。

钢筋混凝土结构子分部工程，是由模板、钢筋、混凝土、预应力等分项工程组成。主要对在分项工程施工过程中造成混凝土结构工程质量事故的原因作了具体分析。

模板工程，主要分析了梁、柱、板、基础、楼梯等基本构件在模板施工中常见的质量事故及其原因。特别要深刻地理解和认识在模板工程施工中仅仅由于小小的失误或错误，也会酿成重大的工程质量事故。

钢筋工程，主要介绍了钢筋材质达不到标准或设计要求、钢筋配筋量不足、钢筋偏位、钢筋裂纹和脆断等质量事故产生的原因，并通过大量的工程实例充分地印证了这些质量事故。

混凝土工程，主要介绍了混凝土强度不足、混凝土裂缝、结构或构件错位变形、混凝外观质量差等质量事故产生的原因。重点对混凝土裂缝产生的原因作了分析。

预应力混凝土工程，主要分析了预应力筋和锚夹具事故、预应力构件裂缝、变形事故、预应力筋张拉事故和预制构件制作质量事故产生的原因。重点分析了预应力筋张拉事故和预制构件制作质量事故产生的原因。

特殊工艺钢筋混凝土工程，主要分析了构筑物和高层、多层建筑滑模施工中的质量事故或缺陷。

框架结构施工，主要分析了预制装配式框架结构和现浇钢筋混凝土框架结构施工中常见的质量事故或缺陷。

大型构件和设备安装工程，主要分析了结构安装工程中的常见质量事故或缺陷。结构安装工程包括钢筋混凝土结构安装工程和钢结构安装工程。结构安装工程的质量对整个建筑物的质量有至关重要的影响，它不仅直接影响建筑物的强度、刚度，甚至会导致重大的倒塌事故。

钢筋混凝土结构安装工程，主要分析了构件堆放时易发生的质量事故的原因，分析了预制构件安装中常见的质量事故及产生的原因。

钢结构安装工程，重点分析了钢结构连接，特别是焊接的质量事故产生的原因。对钢网架结构工程质量事故产生的原因也作了分析。

复习思考题

1. 影响砖砌体裂缝的主要原因有哪些？

2. 举例说明砌体裂缝出现的位置、出现的时间、裂缝的形态、裂缝的发展，分析裂缝产生的原因。

3. 影响混凝土小型空心砌块和加气混凝土砌块砌体工程的质量缺陷的主要原因是什么？

4. 带形基础、杯形基础模板施工中常见的质量缺陷有哪些？产生的原因是什么？

5. 梁、深梁、圈梁模板施工中常见的质量缺陷有哪些？产生的原因是什么？

6. 板、楼梯模板施工中常见的质量缺陷有哪些？产生的原因是什么？

7. 柱模板施工中常见的质量缺陷有哪些？产生的原因是什么？

8. 通过对模板工程中工程实例的学习，结合自身的工程实际，谈谈自己的体会，应该吸取什么教训？

9. 系统阐述钢筋制作安装中易出现哪些质量事故？

10. 电渣压力焊常见的质量事故有哪些？产生的原因是什么？

11. 配筋不足质量事故产生的原因有哪些？如主筋不足有哪些特征？

12. 钢筋严重错位偏差的主要原因有哪些？会产生什么样的后果？

13. 钢筋脆断事故的主要原因有哪些？

14. 混凝土强度不足的主要原因有哪些？对不同的结构构件有什么影响？

15. 混凝土裂缝是否都是质量事故？为什么？

16. 混凝土裂缝的类型有哪些？产生的主要原因是什么？

17. 混凝土孔洞、露筋、蜂窝麻面产生的原因是什么？

18. 混凝土结构错位变形事故有哪些类别？常见的主要原因有哪些？

19. 通过混凝土工程实例的工程分析，谈谈自己的体会。

20. 预应力筋、锚夹具事故有哪些特征？产生的主要原因是什么？

21. 后张法预应力构件预留孔道塌陷、堵塞产生的原因是什么？

22. 后张法预应力构件预留孔道不正的特征和原因是什么？

23. 预应力筋张拉和放张事故的主要原因有哪些？

24. 预应力构件裂缝有哪些类型？各自产生的原因是什么？

25. 构筑物滑模施工中主要的质量缺陷有哪几种？

26. 预制装配式钢筋混凝土框架施工中主要质量事故或缺陷有哪些？

27. 高层和多层建筑中滑模施工中的主要质量事故或缺陷有哪些？

28. 现浇钢筋混凝土框架结构施工的主要质量事故或缺陷有哪些？

29. 结合自己的实践经验，谈谈在框架结构采用滑模施工中保证工程质量的经验和体会。

30. 哪些原因会使构件在堆放时就出现断裂、裂缝？

31. 造成单层厂房柱和框架柱的轴线偏离标准轴线的原因是否相同？为什么？

32. 哪些因素会导致柱在吊装过程中产生裂缝？

33. 影响柱垂直偏差的因素有哪些？

34. 试分析单层厂房结构吊装中出现质量事故的原因？举例加以说明。

35. 钢结构连接损伤事故常见的原因有哪些？

36. 焊接缺陷常见的原因有哪些？

37. 为什么要特别重视钢网结构工程质量？

38. 钢网架结构工程质量事故有哪些类型？

第六章 防 水 工 程

防水工程，包括屋面防水、地下建筑防水和其他防水工程。

防水工程的质量，直接影响建筑物的使用功能和寿命。《建设工程质量管理条例》规定："屋面防水工程、有防水要求的卫生间、房间和外墙面的防渗漏的功能为五年。"这不仅明确了防水工程的重要性，更明确"在正常使用条件下，建设工程最低保修期限"内施工单位应承担的责任。

近几年来，房屋建筑向高层、超高层发展，对防水提出了更高的要求。与此同时，大量新型防水材料的应用，新的防水技术的推广，也取得质的飞跃。

如屋面防水重点推广 SBS（APP）高聚物改性沥青防水卷材、合成高分子防水卷材、氯化聚乙烯——橡胶共混防水卷材、三元乙丙橡胶防水卷材，地下建筑防水重点推广自防水混凝土。在防水技术方面，改变了传统的靠单一材料防水，采用卷材与涂料、刚性与柔性相结合的多道设防综合防水的方法。

防水工程是综合性较强的系统应用工程。造成防水工程质量通病的原因更具有复杂性，多数是设计、材料、施工、维护等过程中质量失控所造成的。

防水材料的选用由设计决定，使用不同的材料做成防水层又与施工、维护有关。本章重点分析在防水施工过程中造成渗漏的原因，有必要时也分析防水材料的品质。

防水工程实际就是防水材料的合理组合的二次加工。材料品质是关键，是保证防水质量的前提条件。防水材料应有产品合格证书和性能检测报告，材料的品种、规格、性能应符合现行国家质量标准和设计要求，不合格的材料不得在工程中使用。

第一节 屋面防水工程

屋面防水工程包括卷材防水屋面、涂膜防水屋面、刚性防水屋面、瓦防水屋面、隔热防水屋面五个子分部工程。

瓦屋面子分部工程包括平瓦、油毡瓦、金属板材屋面、细部构造四个分项工程。

隔热屋面子分部工程包括架空屋面、蓄水屋面、种植屋面三个子分项工程。

20 世纪 90 年代，建筑新材料、新技术的推广和运用，屋面防水工程采用了"防排结合，刚柔并用，整体密封"的技术措施，把屋面的防水主体与屋面的细部构造（天沟、檐沟、泛水、水落口、檐口、变形缝、伸出屋面管道等部位）组成了一个完整的密封防水系统，使屋面防水工程质量整体水平有所提高。

特别提出的是：屋面渗漏，70%以上是节点渗漏。节点部位大都属于细部构造。细部构造决定防水质量，《屋面工程质量验收规范》GB 50207—2002 规定"应全部进行检查"，屋面防水工程质量就有了基本保证。

一、卷材防水屋面

卷材防水屋面施工，主要靠手工作业和传统积累的经验，检测手段单一。新型卷材的使用虽然逐步得到了推广，但与其相应的技术、工艺、质量保证措施常常不能同步。

卷材防水屋面工程是一个各构造层次相互依存、相互制约，共同发挥作用的防水机体，其质量通病，往往与屋面找平层、屋面保温层、卷材防水层有直接或间接的因果关系。如强制性条文明确规定："屋面（含天沟、檐沟）找平层的排水坡度必须符合设计要求。"否则，容易造成积水，防水层长期被水浸泡，易加速损坏。如保温层保温材料的干湿程度与导热系数关系成负相关，控制保温材料的含水率是保证防水质量的重要环节。

卷材防水屋面防水常见的质量通病：卷材开裂、起鼓、流淌和渗漏，是前三种因素引发最终的渗漏。后一种通病，往往是细部构造做防水处理时，施工工艺不当，造成节点渗漏，表现为直接性。

1. 卷材开裂

卷材开裂的主要原因：防水材料选用不当，紧前工序失控，质量不合格，卷材防水施工工艺不当。

（1）防水材料选用不当

设计忽视了屋面防水等级和设防要求。如重要的建筑和高层建筑，防水层合理的使用年限为 15 年，宜选用高聚物改性沥青防水卷材或合成高分子防水卷材。或忽视了建筑物的使用功能和建筑物所在地的气候环境。如南方夏日高温，季节性雨水多，选择材料要考虑其物理性能，应以所在地最高温度为依据。

（2）找平层不符合规范要求

目前大多数建筑物为钢筋混凝土结构。其基层具有较好的结构整体性和刚度。故一般采用水泥砂浆、细石混凝土找平层或沥青砂浆找平层作为防水层的基层。

一些施工单位对找平层质量不够重视，主要表现为：

1）水泥砂浆找平层，水泥与砂体积比随意性大；

2）水泥强度等级低于 32.5 级；

3）细石混凝土找平层强度等级低于 C20；

4）沥青砂浆找平层，沥青与砂质量比不符合规定要求；

5）找平层留设分格缝不当（水泥砂浆或细石混凝土找平层不宜大于 6m，沥青砂浆找平层不宜大于 4m）；

6）找平层表面出现酥松、起砂、起鼓和裂缝。

（3）保温（隔热）层施工质量不好

保温层的厚度决定屋面的保温效果。保温层过薄，达不到设计的效果，其物理性能难以保证，使结构会产生更大的胀缩，拉裂防水层。

（4）卷材铺设操作不当

选用的沥青玛瑞脂没有按配合比严格配料；

沥青玛瑞脂加热温度控制不严，温度超过 240℃，加速玛瑞脂老化，降低其柔韧性。加热温度低于 190℃，黏度增加，均匀涂布困难。温度过高或过低，都会影响卷材的黏结强度。

除了材料的品质原因外，卷材铺贴的搭接宽度的长短，接头处的压实与否，密封是否严密，都会导致卷材开裂、翘边。

分析卷材开裂，主要从三个方面入手：

1）有规律的裂缝一般是由温度变形引起的，无规则的裂缝一般是由结构不均匀沉降、找平层、卷材铺贴不当或材料的质量不符合要求引起的。

2）裂缝出现在施工后不久，一般是因找平层开裂和卷材铺贴质量不好引起的。施工后半年或一年以后出现裂缝，而且是在冬季，由温度变形造成的。

3）屋面板不裂，找平层开裂引起卷材开裂，一般是由找平层收缩变形引起的，屋面板开裂发生在板缝或板端支座处，一般是由温度变形或不均匀沉降引起的。

2. 卷材起鼓

引起卷材起鼓的原因：材质问题、基层潮湿、粘接不牢。

（1）材质问题

当前卷材品种繁多，性能各异，在规定选用的基层处理剂、接缝胶黏剂，密封材料等与铺贴的卷材材性不相容。

（2）基层潮湿

基层潮湿含有两层意思：一指找平层不干燥，即基层的含水率大于当地湿度的平衡含水率，影响卷材与基层的粘接；二指保温层含水率过大（保温材料大于在当地自然风干状态下的平衡含水率），二者的湿气滞留在基层与卷材之间的空隙内，湿气受热源膨胀，引起卷材起鼓。

（3）粘接不牢

"粘接不牢"是一个泛指的大概念。基层潮湿是造成粘接不牢的原因之一，主要是突出"湿气"的破坏作用。

这里指的粘接不牢，排除基层品质外，主要是指铺贴操作不当。

1）采用冷粘法，涂布不均匀，或漏涂；或胶黏剂涂布与卷材铺贴间隔时间过长或过短；或没有考虑气温、湿度、风力等因素的影响。

2）铺贴卷材时用力过小，压粘不实，降低了黏结强度。

3. 屋面流淌

流淌是指卷材顺着坡度向下滑动，滑动造成卷材皱折、拉开。流淌的主要原因：

（1）玛瑞脂耐热度低，错用软化点较低的焦油沥青，玛瑞脂黏结层厚度超过2mm。

（2）在坡度大的屋面平行于屋脊铺贴沥青防水卷材，因沥青软化点低，防水层较厚，就容易出现流淌。垂直铺贴时，在半坡上做短边搭接（一般不允许），短边搭接处没有做固定处理。

（高聚物改性沥青防水卷材、合成高分子防水卷材耐温性好，厚度较薄，不容易流淌，铺贴方向不受限制。）

（3）错选用深色豆石保护，且豆石撒布不均匀，粘接不牢固。豆石受阳光照射吸热，增加了屋面温度，加速流淌发生。

4. 节点漏水

节点漏水一般发生在细部构造部位。细部构造是渗漏最容易发生的部位。

146

细部构造渗漏的原因：

（1）设计方面

节点防水设防不能够满足基层变形的需要；

节点防水没有采用柔性密封、防排结合、材料防水与构造防水结合的方法。

（2）施工方面

1）女儿墙与屋面接触处渗漏：砌筑墙体时，女儿墙内侧墙面没有预留压卷材的泛水槽口，或卷材固定铺设虽然到位，受气温影响卷材端头与墙面局部脱开，雨水通过开口流入（图6-1、图6-2）。

2）屋面与墙面的阴角处渗漏：阴角处找平层没有抹成弧形坡，卷材在阴角处形成空悬，雨水通过空悬（卷材老化龟裂）破口流进墙体，见图6-3。

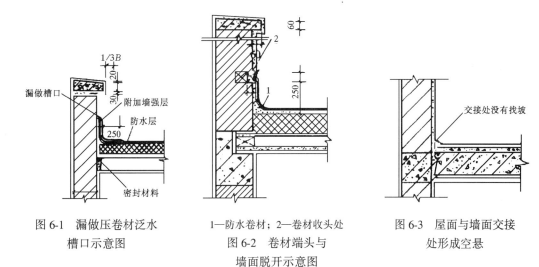

图6-1 漏做压卷材泛水槽口示意图

1—防水卷材；2—卷材收头处
图6-2 卷材端头与墙面脱开示意图

图6-3 屋面与墙面交接处形成空悬

3）落水口处渗漏：落水口安装不牢，填缝不实，周围未做泛水卷材铺贴，落水口杯周围500mm范围内，坡度小于5%。高层建筑考虑外装饰效果，一般采用内排式雨水口。如采用外排式，容易忽视雨水因落差所产生的冲击力，又没有采取减缓或其他防冲击措施，导致裙楼屋面受雨水冲击处易损坏渗漏，见图6-4、图6-5。

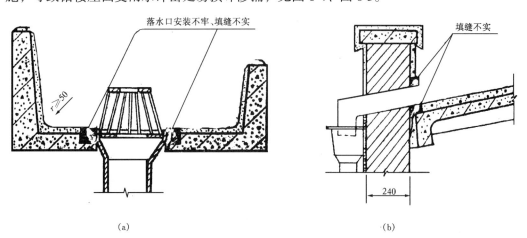

（a）

（b）

图6-4 落水口安装不牢、填缝不实示意图

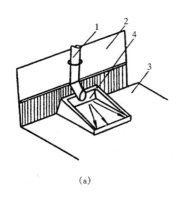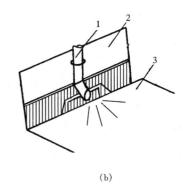

(a)   (b)

（a）采取了缓冲保护措施；（b）没有采取缓冲保护措施
1—高层排水管；2—高层墙体；3—低层屋面；4—缓冲保护设置

图 6-5　雨水落差冲击示意图

【工程实例一】

某屋面防水工程，卷材铺设正逢夏季（气温 30～32℃），卷材铺设 5d 后，发现局部卷材被拉裂。经检验：找平层采用体积比 1:2.5（水泥:砂）水泥砂浆，二次抹压成活，找平层厚度符合规范（40mm）要求。设置的分格缝缝距为 10m。

原因分析

（1）分格缝纵横缝距太大（不宜大于 6m），找平层干缩裂缝难于集中于分格缝中，分格缝钢筋未断开，局部裂缝拉裂卷材。

（2）施工日志记载，找平层抹完 2d 后，即开始铺贴卷材。铺贴时间过早，水泥砂浆硬化初期收缩量大，未待稳定。养护时间太短，砂浆早期失水，加速水泥砂浆找平层开裂。

【工程实例二】

某单层单跨（跨距 18m）装配车间，屋面结构为 1.5m×6m 预应力大型屋面板。按设计要求：屋面板上设 120mm 厚沥青膨胀珍珠岩保温层，20mm 厚水泥砂浆找平层，二毡三油一砂卷材防水层。保温层、找平层分别于 8 月中旬、下旬完成施工，9 月中旬开始铺贴第一层卷材，第一层卷材铺贴 2d 后，发现 20% 卷材起鼓，找平层也出现不同程度鼓裂。起泡直径大小不一，起泡高度最高达 60mm，起泡直径最大达 4.5m。

原因分析

根据当时气象记录记载，白天气温平均为 35℃，屋面表测温度为 48℃（下午 2 时）。通过剥离检查，发现气泡 85% 以上出现在基层与卷材之间，鼓泡潮湿、有小水珠，鼓泡处玛琋脂少数表面发亮。

（1）卷材与基层粘接不牢，空隙处有水分和气体，受到炎热太阳光照射，气体急骤膨胀形成鼓泡。

（2）保温层施工用料没有采取机械搅拌，有沥青团，现浇时遇雨又没有采取防雨措施，保温层材料含水率较高，又是采用封闭式现浇保温层，气体水分受到热源膨胀，造成找平层不同程度鼓裂。

（3）铺贴卷材贴压不实，粘接不牢，使卷材与基材之间出现少量鼓泡。

【工程实例三】

某南方住宅小区，平顶屋面防水设计时，考虑为了减少环境污染，改善劳动条件，施工简便，选择了耐候性（当地温差大）、耐老化，对基层伸缩或开裂适应性强的卷材，决定选用高分子防水卷材——三元乙丙橡胶防水卷材。完工后，发现屋面有积水和渗漏。施工单位为了总结使用新型防水卷材的施工经验，从施工作业准备，施工操作工艺进行全面调查。

原因分析

（1）屋面积水　找平层采用材料找坡排水坡度小于2%，并有少数凹坑。

（2）屋面渗漏

1）基层面、细部构造原因：

基层面有少量鼓泡；

基层含水率大于9%；

基层面尘土杂物清扫不彻底；

女儿墙、变形缝、通气孔等突起物与屋面相连接的阴角处没有抹成弧形，檐口、排水口与屋面连接处出现棱角。

2）施工原因：

涂布基层处理剂涂布量随意性太大（应以 0.15～0.2kg/m² 为宜），涂刷底胶后，干燥时间小于 4h；

涂布基层胶黏剂不均匀，涂胶后与卷材铺贴间隔时间不一（一般为 10～20min），在局部反复多次涂刷，咬起底胶；

卷材接缝，搭接宽度小于100mm，在卷材重叠的接头部位，填充密封材料不实。

铺贴完卷材后，没有及时将表面尘土杂物除清，着色涂料涂布卷材没有完全封闭，发生脱皮。

细部构造加强防水处理马虎，忽视了最易造成节点渗漏的部位。

【工程实例四】

某厂单层金属材料仓库，建筑面积 3 000m²，平屋顶，内檐沟组织排水。使用一年后，遇大暴雨，室内地面积水4cm，雨水沿内墙面流入。维修工人上屋面检查发现落水口全被粉煤灰和豆石堵死。将雨水口疏通后，檐沟仍有积水不能排净。

原因分析

（1）设计不合理　该仓库毗邻为锅炉房，大量粉煤灰落在屋面上，平时被雨水冲刷积存在檐沟内，落水口间距太大（大于20m）。

（2）施工原因　在防水屋面施工时，进行了找坡处理，但檐沟的纵向找坡小于1%；绿豆石加热温度不够，撒布后对浮石没有清除。檐沟垂直面的豆石全部脱落，与粉煤灰相裹，堵死落水口。

【工程实例五】

某住宅工程屋面卷材防水施工完毕后，临近冬期，发现卷材出现细微裂缝并逐渐发展，裂缝为有规律状和无规律状两类。

原因分析

（1）有规律状

1）变形缝设置不符合规定要求，变形缝节点构造处理不符合规定要求。

2）屋面面积大，温差变形使防水层产生缩胀。

（2）无规律状

1）卷材老化快，在低温条件下产生冷脆。

2）刚性保护层与卷材防水层之间漏设隔离层，保护层缩胀变形。

二、刚性防水屋面

刚性防水屋面是在基层铺设细石混凝土防水层。细石混凝土防水层，包括普通细石混凝土防水层和补偿收缩混凝土防水层，还有纤维混凝土防水屋面及预应力混凝土防水屋面等，前两种应用较为普遍。

刚性防水屋面主要依靠混凝土自身的密实性达到防水目的。

刚性防水屋面一般由结构层、找平隔离层、防水层组成。细石混凝土防水层，取材容易，施工简单，造价低廉，维修方便，耐穿刺能力强，耐久性能好，在防水等级Ⅲ级屋面中推广应用较为普遍。其不足处，刚性防水材料的表观密度大、抗拉强度低，常因混凝土干缩、温差变形及结构变形产生裂缝。

防水层的做法，一般在结构层板上现浇厚为40mm的细石混凝土（目前国内多采用此厚度），内配 $\phi4@100\sim200mm$ 的双向钢筋网片。防水层设置分格缝，缝内嵌填油膏。刚性防水层，实际是刚板块防水、柔性接头、刚柔结合的防水屋面。

重要建筑和屋面防水等级为Ⅱ级及其以上的，如采用细石混凝土防水层，一定要设置两道设防，即刚性与柔性防水材料结合并举。

刚性防水屋面发生渗漏很普遍。强制性条文规定："细石混凝土防水层不得有渗漏或积水现象。"又规定："密封材料嵌填必须密实、连续、饱满，粘接牢固，无气泡、开裂、脱落等缺陷。"执行强制性条文，渗漏有所减少，但要彻底根治，还需时日。

刚性防水屋面渗漏往往是综合因素造成的。从质量缺陷表面观察：一是开裂，二是起砂起皮，三是嵌填分格缝有空隙。

如从本质上找原因：材质不合格，工艺不当。当然也涉及设计上的问题，如设有松散材料保温层的屋面，受较大震动或冲击的，坡度大于15%的屋面，就不适用于细石混凝土防水层。

细石混凝土防水层渗漏的主要原因：防水层裂缝，结构层裂缝。

1. 防水层裂缝分析

（1）没有选用强度等级为32.5级普通硅酸盐水泥或硅酸盐水泥，这两种水泥早期强度高，干缩性小，性能较稳定，炭化速度慢。如采用干缩性大的火山灰质水泥，又没有采取泌水性措施，就容易干缩开裂。

（2）粗细骨料的含泥量过大，粗骨料的粒径大于15mm，容易导致产生裂纹。

（3）细石混凝土防水层的厚度小于40mm，混凝土失水很快，水泥水化不充分。另外由于厚度过薄，石子粒径太大，就有可能上部砂浆收缩，造成上部位裂缝。厚薄不均，突变处收缩率不一，容易产生裂缝，见图6-6、图6-7。

（4）在高温烈日下现浇细石混凝土，又没有采取必要的防晒措施，过早失去水分引起开裂。

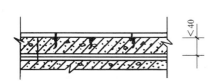

图 6-6 防水层厚度过薄造成
裂缝示意图

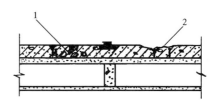

1—石了粒径太大；2—厚薄不均，突
变处裂缝

图 6-7 防水层裂缝示意图

(5) 分格缝内的混凝土不是一次摊铺完成，人为的留有施工缝，为产生裂缝留下隐患；抹压时，有的为了尽快收浆，撒干水泥或加水泥浆，造成混凝土硬化后，内部与表面强度不一，干缩不一，引起面层干缩龟裂，见图 6-8。

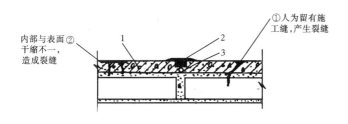

1—刚性防水层；2—密封材料；3—背衬材料

图 6-8 裂缝示意图

(6) 水灰比大于 0.55。水灰比影响混凝土密实度，水灰比越大，混凝土的密实性越低，微小孔隙越多，孔隙相通，成为渗漏通道。

2. 结构层裂缝分析

没有在结构层有规律的裂缝处，或容易产生裂缝处设置分格缝。

混凝土结构层受温差、干缩及荷载作用下挠曲，引起的角变位，都能导致混凝土构件的板端处出现裂缝。如在屋面板支端处，屋面转折处、防水层与突出屋面结构的交接处等部位，没有设置分格缝，见图 6-9。

结构层裂缝对刚性防水层有直接的影响，结构层裂缝会引发防水层开裂。

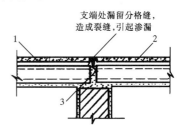

1—刚性防水层；2—隔离层；
3—细石混凝土

图 6-9 屋面板支端处
裂缝示意图

【工程实例一】

某南方住宅小区，混合结构、六层，18 幢。屋面防水设计时，从综合效益考虑，采用刚性防水屋面。

做法：用 1:3 水泥砂浆在结构层上找平、压实抹光，找平层干燥后，铺一层厚 4mm 干细石滑动层，在其上铺设一层卷材，搭接缝用热玛琋脂粘接。

防水层施工完全符合施工规范。

一年以后，有两栋住六楼的用户反映，屋面漏水。检查发现，防水层多处出现无规律裂缝。

原因分析

（1）裂缝位置无规律性，是结构层温度变形引起的。

（2）对出现屋面渗漏的两栋住宅，据施工人员回忆，为赶工期，隔离层完工后没有对其进行保护，混凝土运输直接在上进行，绑扎钢筋网片时，隔离层表面多处被刺破。

（3）隔离层的设置，使结构层和防水层的变形相互不受约束，以减小防水层产生拉应力，避免开裂。该两栋住宅，局部隔离层已失去作用。

【工程实例二】

某屋面采用刚性防水屋面施工，因受条件限制，项目经理决定采用仓库仅存的矿渣水泥，方案一提出，遭到质量监督员的反对，坚持细石混凝土防水层采用普通硅酸盐水泥的建议未被采纳。项目经理采取一系列技术措施，使屋面防水工程达到了质量要求。

达到了质量要求的做法分析：

（1）减少用水量，降低水灰比，掺入减水剂用以改善混凝土的和易性。

（2）采用机械振捣，直至密实和表面泛浆。

（3）延长养护时间，保持养护湿润。

（4）提高细石混凝土防水层中的含钢率，采用 $\phi 4@100$ 以下双向钢筋网片。

（5）在混凝土中掺用膨胀剂，配制成补偿收缩混凝土，严格控制膨胀剂的掺量。掺量和限制膨胀率通过反复试验确定。

【工程实例三】

某单层仓库，建筑面积 $1200m^2$，无保温层的装配式钢筋混凝土屋盖，刚性防水屋面。动用半年后，发现屋面有少许渗漏后把该仓库改用为金属加工车间，渗漏加剧。检查发现：防水层多处出现有规则或无规则裂缝。

原因分析

（1）渗漏加剧。该建筑原为仓库，改用为生产车间，又装有 4 台振动机械设备，对刚性防水屋面极为不利。

（2）分格缝留置错误。结构屋面板的支承端部分漏留分格缝，纵横分格缝大于 6m。分格缝面积大于 $36m^2$。

（3）防水层温差、混凝土干缩、徐变、振动等因素，造成防水层开裂。

三、涂膜防水屋面

防水涂料是以高分子合成材料为主在常温下呈无定型的液体，涂布于结构表面能形成坚韧密封的防水膜。

防水涂料常用于钢筋混凝土装配式结构无保温层的防水，或用于板面找平层和保温层面的防水。

涂膜防水层用于Ⅲ、Ⅳ级防水屋面时，均可单独采用一道设防。也可用于Ⅰ、Ⅱ级屋面多道防水设防中的一道防水层。二道以上设防，防水涂料与防水卷材应具有相容性。

防水涂料的分类：

按涂料类型分为溶剂性、水乳性和反应性；

按涂料成膜物质的主要成分分为合成树脂类、橡胶类、橡胶沥青类、沥青类和水泥基类等；

按涂料的厚度分为厚质、薄质涂料。

适用于涂膜防水层的涂料可分为高聚物改性沥青防水涂料、合成高分子防水涂料。

防水涂料一般具有耐候性、弹性、黏结性、防水性的品质，又具有较强的抗老化性能。故应用越来越广，是防水材料的发展方向。

涂膜防水屋面施工，如对材料的物理性能和适用条件不了解，或施工方法不当，引起的质量通病有：开裂、粘接不牢、保护层脱落、破损。

防水涂料的品质，是确保涂膜防水必须考虑的第一要点。

防水涂料的质量指标，根据屋面防水工程要求，其物理性能达不到要求，引起渗漏是必然的。

（1）材料品质

固体含量　是防水涂料的主要成膜物质，固体含量过低，涂膜的质量难以保证。

耐热度　涂料的耐热度小于80℃，耐热保持不了5h，会产生流淌、起泡和滑动。

柔性　柔性太低，涂料就不具备对施工温度一定的适应性，引起开裂。

不透水性　防水涂料达不到规定的承受压力（MPa）和承受一定压力的持续时间，完工后的防水层就会产生直接渗漏。

延伸　防水涂料低于规定的延伸性要求，就不具备适应基层变形的能力。

（2）开裂

基层刚度小，结构板安装不牢固；找平层出现裂缝；找平层没有按规定留置分格缝，或留置了分格缝，没有用油膏嵌实；涂料过厚。

（3）粘接不牢

使用了变质失效的材料，配合比随意性大；基层表面不平整、不光滑、不清洁，或基层起砂、起壳、爆皮；基层含水率大于规定的要求；基层与突出屋面结构连接处、基层转角处没有做成钝角或圆弧。

（4）保护层脱落、涂膜破损

没有按设计规定或涂料使用规定的要求，选择保护层材料。如薄质涂料宜使用蛭石、云母粉；厚质涂料没有选用黄砂、石英砂、石屑粉等；在涂布最后一道涂层，没有及时撒布或撒布保护材料不均匀，粘接不牢。

成品保护不好，人为破坏防水层。

【工程实例一】

某单位新建的办公大楼，屋面采用涂膜防水，屋面为现浇钢筋混凝土板。六楼为会议厅。考虑夏日炎热，分别设置了保温层（隔热层）、找平层、涂膜防水层。竣工交付使用不久，晴天吊顶潮湿，遇雨更为严重。一年后，外墙面抹灰层脱落。检查发现：屋面略有积水，防水层无渗漏。

原因分析

（1）屋面积水系找平层不平所致，材料找坡，为减轻屋面荷载，坡度小于2%。

（2）搅拌保温材料时，拌制不符合配合比要求，加大了用水量；保温层完工后，没有采取防雨措施，又没有及时做找平层。找平层做好后，保温层积水不易挥发，渗漏系保温层内存水受压所致。

（3）保温层内部积水，女儿墙根部，冬季积水冻胀，产生外根部裂缝，抹灰脱落，遇

153

雨时由外向室内渗漏。

【工程实例二】

某建筑屋面采用涂膜防水。因屋面结构采用的是装配式混凝土板，板端缝均按施工规范进行了柔性密封处理。使用的防水涂料的物理性能均符合质量要求。该工程投入使用后，发现天沟、檐沟多处渗漏。

原因分析

（1）天沟、檐沟与屋面交接处虽然增铺了附加层，空铺的宽度小于200mm，降低了附加层的防水作用。

（2）泛水处的涂膜尽管刷至女儿墙的压顶下，但收头没有用防水涂料多遍涂刷封严，压顶没有做防水处理。

四、瓦防水屋面

瓦屋面防水是我国传统的屋面防水技术，主要以排水为主。

1. 平瓦屋面

平瓦屋面是指传统的黏土机制平瓦和混凝土平瓦。主要适用于防水等级为Ⅱ、Ⅲ级以及坡度不小于20%的屋面。

平瓦屋面渗漏和安全事故的主要原因：

（1）平瓦屋面施工盖瓦的有关尺寸偏小。

1）脊瓦在两坡面瓦上搭盖宽度，每边小于40mm；

2）瓦伸入天沟、檐沟的长度小于50mm（应在50~70mm之间）；

3）天沟、檐沟的防水层伸入瓦内宽度小于150mm；

4）瓦头挑出封檐板的长度小于50mm（应在50~70mm之间）；

5）突出屋面的墙或烟囱的侧面瓦伸入泛水宽度小于50mm；

6）尺寸偏小，降低了封闭的严密性。

（2）屋面与立墙及突出屋面结构等交接处部位，没有做好泛水处理。

1）天沟、檐沟的防水层采用的防水卷材质量低劣；

2）安全事故主要指平瓦的滑落或坠落。

造成的原因：平瓦铺置不牢固，地震设防地区或坡度大于50%的屋面，没有采取固定加强措施。

2. 油毡瓦屋面

油毡瓦为薄而轻的片状材料，适用于防水等级为Ⅱ、Ⅲ级以及坡度不小于20%的屋面。

油毡瓦屋面引起渗漏的主要原因：

（1）油毡瓦质量不符合规定要求：如表面有孔洞、厚薄不均、楞伤、裂纹、起泡等缺陷。

（2）搭盖的有关尺寸偏小：

脊瓦与两坡面油毡瓦搭盖宽度每边小于100mm；

脊瓦与脊瓦的压盖面小于脊瓦面积的1/2；

在屋面与突出屋面结构的交接部位，油毡瓦的铺设高度小于250mm。

（3）油毡瓦的基层不平整，造成瓦面不平，檐口不顺直。

（4）油毡瓦屋面与立墙及突出屋面结构交接部位，没有做好泛水处理，细部构造处没有做好防水加强处理。

3．金属板屋面

金属板屋面适用于防水等级为Ⅰ～Ⅲ级的屋面。其具有使用寿命长，质量相对较轻，施工方便，防水效果好，板面形式多样，色彩丰富等特点，被广泛采用于大型公共建筑、厂房、住宅等建筑物屋面。

金属板材按材质分为：锌板、镀铝锌板、铝合金板、铝镁合金板、钛合金板、钢板、不锈钢板等。

金属板材按形状分为：复合板、单板。

当前，国内使用量最大的为压型钢板。

金属板材屋面渗漏的主要原因：连接和密封不符合设计要求。以压型钢板为例：

（1）连接不符合设计要求

板的横向搭接小于一个波；纵向搭接长度小于200mm；板挑出墙面的长度小于200mm；板伸入檐沟的长度小于150mm；板与泛水搭接宽度小于200mm；屋面的泛水板与突出屋面墙体搭接高度小于300mm，见图6-10、图6-11。

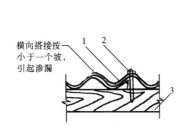
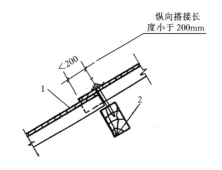

1—波瓦；2—螺钉；3—檩条

图6-10　渗漏示意图

1—金属板材；2—檩条

图6-11　引起渗漏示意图

（2）板相邻的两块没有按最大频率风向搭接。

（3）板的安装没有使用单向螺栓或拉铆钉连接固定，钢板与固定支架固定不牢。

（4）两板间放置的通长密封条没有压紧，搭接口处密封不严，外露的螺栓（螺钉）没有进行密封保护性处理。

五、隔热防水屋面

"隔热"仅是从功能上去理解，隔热屋面真正的作用还是要确保防水。

隔热屋面的渗漏，其发生原因，本章第一节1、2、3所作的分析，可作为借鉴、参考。现根据其屋面具有隔热的特点，作如下补充：

（1）架空屋面

架空是为保证通风效果，达到隔热的目的。从防水这个角度分析，架空层可以当作防水层的保护层。隔热制品的质量和施工是否符合规范要求，直接影响防水层的防水效果。

如相邻两块隔热制品的高差大于 3mm，存有积水就是隐患。

（2）蓄水屋面

蓄水屋面多用于我国南方地区，一般为开敞式。防水层的坚固性、耐腐蚀性差，会造成渗漏；蓄水区每边长大于 10m，蓄水屋面长度超过 40m，又没有设横向伸缩缝，累积变形过大，会使防水层被拉裂。

（3）种植屋面

种植屋面除具有隔热作用，还可以美化人们的生活和工作环境。被喻为空中花园、城市的"绿肺"。

种植屋面渗漏的主要原因：保护层上面覆盖介质及植物腐烂或根系穿过保护层深入到防水层，使用的材料不能阻止植物根系对防水层损坏的这一特殊要求。

第二节　地下建筑防水工程

地下防水工程是建筑工程一个子分部工程。与建筑工程关系紧密的地下建筑防水工程有：防水混凝土、水泥砂浆防水层、卷材防水层、涂料防水层、塑料板防水层、金属板防水层、细部构造等 9 个分项。

地下建筑防水工程质量，直接影响工程的使用寿命和使用功能。

地下建筑防水工程的质量通病：渗漏。

地下建筑防水工程，按不同的防水等级采用刚性混凝土结构自防水，或与卷材或与涂料等柔性防水相结合，进行多道设防。对于"十缝九漏"的沉降缝（变形缝）、施工缝、穿墙管等容易渗漏的薄弱部位，因地制宜采取刚性或柔性或刚柔结合防水措施，使这一渗漏顽症得到了抑制。

本节对防水混凝土、水泥砂浆防水层、卷材防水层、涂膜防水层，在施工过程中容易造成的质量通病，作重点分析。

一、防水混凝土

防水混凝土结构是以其具有一定的防水能力的整体式混凝土或钢筋混凝土结构。其防水功能，主要靠自身厚度的密实性。它除防水外，还兼有承重、围护的功能。防水混凝土工程，取材方便，工序相对简单，工期较短，造价较低。在明挖法地下整体式混凝土主体结构设防中，防水混凝土是一道重要防线，也是做好地下建筑防水工程的基础。在 1～3 级地下防水工程中，以其独具的优越性，成为首选。

混凝土防水工程渗漏的主要原因：

（1）材料品质不符合规定

1）水泥品种没有按设计要求选用，强度等级低于 32.5 级，或使用过期水泥或受潮结块水泥。前者降低抗渗性和强度；后者水泥不能充分水化，影响混凝土的抗渗性和强度。

2）粗骨料（碎石或卵石）的粒径没有控制在 5～40mm 之间，碎石或卵石、中砂的含泥量及泥块含量分别大于规定的要求，影响了混凝土的抗渗性。如含有黏土块，其干燥收缩、潮湿膨胀，会起较大的破坏作用。

3）用水含有害物质，对混凝土产生侵蚀破坏作用。

4）外加剂的选用或掺用量不当。在防水混凝土中适量加入外加剂，可以改善混凝土内部组织结构，以增加密实性，提高混凝土的抗渗性。如 UEA 膨胀剂的质量标准，分为合格品、一等品两个档次，两者的限制膨胀率、掺入量不同，错用就会造成补偿收缩混凝土达不到预期的效果。

（2）水灰比、水泥用量、砂率、灰砂比、坍落度不符合规定

1）水灰比。在水泥用量一定的前提下，没有调整用水量控制好水灰比。水灰比过大，混凝土内部形成孔隙和毛细管通道；水灰比过小，和易性差，混凝土内部也会形成空隙。水灰比过大或过小，都会降低混凝土的抗渗性。水灰比大于 0.6，影响混凝土耐久性。

2）水泥用量。水灰比确定之后，水泥用量过少或过多，都会降低混凝土的密实度，降低混凝土的抗渗性。

3）砂率、灰砂比。防水混凝土的砂率没有控制在 35% ~ 40% 之间，灰砂比过大或过小，都会降低抗渗性。

4）坍落度。拌和物坍落度没有控制在允许值的范围内。过大或过小，对拌和物施工性及硬化后混凝土的抗渗性和强度都会产生不利影响。

（3）混凝土搅拌、运输、浇筑和振捣

1）混凝土应采用机械搅拌。搅拌时间少于规定要求，难以保证混凝土良好的均质性。混凝土运输过程中，没有采取有效技术措施，防止离析和含水量的损失，或运输（常温下）距离太长，运输时间长于 30min 等。

2）浇筑和振捣。浇筑的自落高度没有控制在 1.5m 以内，或超过此高度，又没有采用溜槽等技术措施；浇筑没有分层或分层高度超过 30 ~ 40cm；相邻两层浇筑时间间隔过长。振捣漏振、欠振、多振等。

上述原因均会不同程度地影响混凝土抗渗性和强度。

（4）防水混凝土养护不符合规定

养护对防水混凝土抗渗性影响极大。浇水湿润养护少于 14d（一般从混凝土进入终凝时开始计算），或错误采用"干热养护"，在特殊地区、特殊情况下，不得不采用蒸气养护时，对混凝土表面的冷凝水处理、升温降温没有采取必要可行的措施等。

（5）工程技术环境不符合规定

1）在雨天、下雪天和五级风以上气象环境下作业。

2）施工环境气温不在 5 ~ 35℃ 之间。

3）地下防水工程施工期间，没有采取必要的降水措施，地下水位没有稳定保持在基地 0.5m 以下。

（6）细部构造防水不符合规定

地下建筑防水工程，主体采用防水混凝土结构自防水的效果尚好。细部构造的防水处理略有疏忽，渗漏就容易发生。《地下防水工程质量验收规范》（GB 50208—2002）把细部构造独立地列为一个分项，突出了其防水的重要作用。

细部构造防水施工，使用的防水材料、多道设防的处理略有不当，都会导致渗漏。

1）变形缝渗漏。止水带材质的物理性能和宽度不符合设计要求，接缝不平整、不牢固，没有采用热接，产生脱胶、裂口。

中埋式止水带中心线与变形缝中线偏移，未固定或固定方法不当（如穿孔或用铁钉固定），被浇筑的混凝土挤偏。

顶、底板止水带下侧混凝土捣捣不密实，留有孔隙。

后埋式止水带（片），在变形缝两侧的宽度不一，宽度小的一侧缩短渗漏路线。

预留凹槽内表面不平整，过于干燥，铺垫的素灰层过薄，使止水带的下面留有气泡或空隙。

铺贴止水带（片）与混凝土覆盖层施工间隔时间过长，素灰层干缩开裂，混凝土两侧产生的裂缝，成为渗漏通道。

变形缝处增设的卷材或涂料防水层，没有按设计要求施工。

2）施工缝渗漏。混凝土浇筑前，没有清除施工缝表面的浮浆和杂物，对混凝土界面没有进行处理（漏铺水泥砂浆或漏涂处理剂等），浇捣不及时，产生孔隙或裂缝。

施工缝采用遇水膨胀橡胶腻子止水条或采用中埋止水带时安装不牢固，留有空隙。

3）后浇带与现浇混凝交接面处渗漏。后浇带与先浇筑混凝土的"界面"，可以理解为"施工缝"。施工缝渗漏的有些原因，也会造成后浇带交接处渗漏。

后浇带浇筑时间，如少于两侧混凝土龄期42天，两侧混凝土温差、干缩变形、交接处形成裂缝。见图6-12。

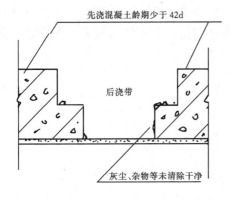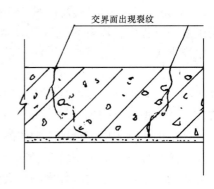

图6-12　先后浇带界面处裂缝示意图

后浇带没有采用补偿收缩混凝土，后浇带硬化产生收缩裂缝。

后浇带混凝土养护时间少于28d，强度等级低于两侧混凝土。

4）穿墙管道部位渗漏。管道周围混凝土浇捣不实，出现蜂窝、孔洞（大直径管道底部更容易出现此缺陷），或套管内表面不洁，造成两管间填充料不实，见图6-13。

用密封材料封闭填缝不符合规定要求。

穿墙套管没有采取防水措施（加焊止水环），穿墙管外侧防水层铺设不严密，增铺附加层没有按设计要求施工，见图6-14～图6-16。

5）埋设件部位渗漏。埋设件端部或预留孔（槽）底部的混凝土厚度小于250mm，或当厚度小于250mm，局部没有加厚，或没有如加焊止水钢板等采取其他防水措施。因混凝土厚度减薄，容易发生渗漏（见图6-17）。

预留地坑、孔洞、沟槽内防水层，没有与孔（槽）外结构防水层保持连接，降低了防水整体的密封性。

穿过混凝土结构螺栓，或采用工具式螺栓，或螺栓加堵头做法，前者没有按规定满焊止水环或翼环，后者没有采取加强防水措施，或凹槽封堵不密实，留有空隙。

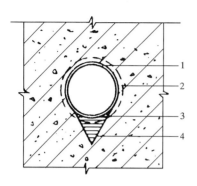

1—止水环；2—预埋大管径管套；

3—蜂窝、孔洞；4—难以振实的三角处

图 6-13　管道底部蜂窝、孔洞示意图

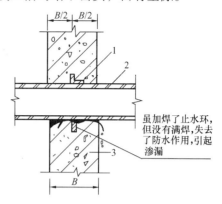

1—止水环；2—预埋套管；

3—钢筋混凝土防水结构

图 6-14　管道部位渗漏示意图

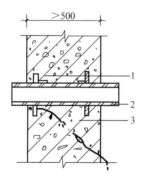

1—止水环；2—预埋套管；3—钢筋混凝土防水结构

（右侧保护层太薄、止水环锈蚀，引起渗漏）

图 6-15　双止水环套管示意图

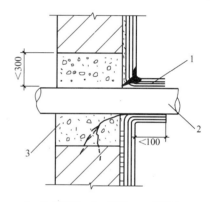

1—防水卷材；2—管道；3—混凝土

图 6-16　管道外侧渗漏示意图

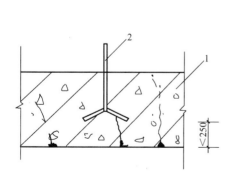

（a）

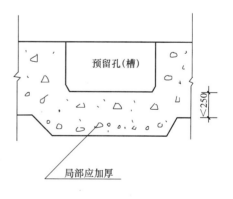

（b）

（a）错误；（b）正确

1—钢筋混凝土防水结构；2—预埋铁件

图 6-17　底部渗漏示意图

159

【工程实例一】

上海地铁一号线车站，自防水钢筋混凝土结构，顶板还设置了柔性附加防水层。在设计和施工中特别注重混凝土强度和防渗等级。车站投入运营后，发现顶板多处出现无规律微细裂缝，在顶板和侧墙交界处多有45°斜裂缝，严重渗漏。

原因分析

(1) 该地下建筑是利用混凝土自身的密实性防水的。混凝土是非匀质性多孔的建筑材料，其内部存在大小不同的微细孔隙，具有透水性。

孔隙的产生来自结构本身：如凝胶孔、毛细孔等，其中除凝胶孔外，都可以视为渗潜通道。

(2) 单位水泥用量较大，加大了混凝土内部的水化热，产生温差收缩裂缝。

(3) 将自防水混凝土结构作为主要防水屏障的同时，没有辅之以柔性材料作为防水的增强设防。

【工程实例二】

河南郑州某大厦主楼高283.18m，地上63层，地下室3层，基地埋深21m，底板厚4m，掺用UFA外加剂。外墙采用涂料防水层。检查发现：在－3层地下室四周及距墙6.4m范围内底板上，出现渗水、滴漏。

原因分析

(1) 对混凝土是一种非匀质材料认识不足。

(2) 没有从材料和施工方面采取有效措施，以提高混凝土的密实性，减少空隙和改变孔隙特征，阻断渗水通道。

【工程实例三】

某垃圾处理场氧化池，池长37.5m，宽2.5m，圆弧曲线与矩形相结合平面，周长约80m，池壁厚300mm，配筋纵横均为φ16@150，高4.5m，露地面净高3.3～3.7m，混凝土等级C25，抗渗等级S6。清水循环试用期发现渗漏。氧化池平面图，见图6-18。

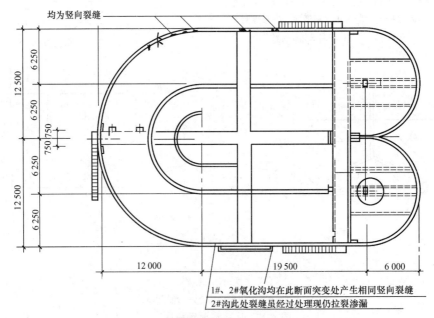

图6-18 氧化池平面图

资料：钢筋、水泥、混凝土检验指标合格。

原因分析

(1) 根据裂缝走向呈竖向，均在突变处产生裂缝的规律，裂缝产生的直接原因是混凝土温差及收缩变形。

(2) 在氧化池正中竖向段末设置伸缩缝。

(3) 氧化池下部深埋地下 0.8~1.2m，上部敞露地面，没有采取相应的防温差措施。

【工程实例四】

某影剧院工程，一层地下室作为停车库，采用自防水钢筋混凝土。该结构用作承重和防水。当主体封顶后，地下室积水深度达 300mm，抽水排干，发现渗水多从底板部位和止水带下部渗出。后经过补漏处理，仍有渗漏。

原因分析

(1) 根据施工日志记载，施工前没有作技术交底。使用的农民工对变形缝的作用都不甚了解，更不懂得止水带的作用，操作马虎。止水带的接头没有进行密封黏结。

(2) 底板部位和转角处的止水带下面，钢筋过密，振捣不实，形成空隙。

(3) 使用泵送混凝土时，施工现场发生多起因泵送混凝土管道堵塞，临时加大用水量，水灰比过大，导致混凝土收缩加剧，出现开裂。

(4) 变形缝的填缝用材不当，没有采用高弹性密封膏嵌填。封缝也没有采用抗拉强度、延伸率高的高分子卷材。

(5) 在处理渗漏时，使用的聚合物水泥砂浆，抗拉强度低。

二、水泥砂浆防水层

水泥砂浆防水层经过几十年的推广应用，在地下防水工程中形成了比较完整的防水技术。适用于承受一定静水压力的地下混凝土、钢筋混凝土或砌体结构基层的防水。

水泥砂浆防水层，是通过利用均匀抹压、密实，交替施工构成封闭的整体，以达到阻止压力水的渗透（一般抗渗压力为 1.5~2.0MPa）。

水泥砂浆防水层的质量通病为渗漏。渗漏表现为局部平面渗漏、阴阳角渗漏、空鼓开裂渗漏、细部构造渗漏。

引起渗漏的原因：

(1) 基层的品质

水泥砂浆防水层能否防水，基层的质量是关键。基层表面不平整、不密实、有孔洞缝隙、或对存在这些缺陷又不作处理或处理不当，会影响水泥砂浆防水层的均匀性及与基层的黏结。或基层的强度低于设计值的 80%，也会使水泥砂浆防水层失去防水作用。

(2) 材料品质

防水砂浆所用的材料没有达到规定的质量标准，会直接影响砂浆的技术性能指标。

1) 水泥的品种没有按设计要求选用，强度低于 32.5 级；

2) 没有选用中砂，或选用中砂的粒径大于 3mm，含泥量、硫化物和硫酸盐含量均大于 1%；

3) 水含有害物质；

4) 使用聚合物乳液有颗粒、异物、凝固物；

5）外加剂的技术性能不符合质量要求。

（3）局部表面渗漏

分层操作厚薄不均，用力不一（用力过大破坏素灰层，用力过小抹压不密实）。

（4）施工缝渗漏

施工缝与阴阳角距离小于200mm，甩槎和操作困难。或不按规定留槎，或留槎层次不清，甩槎长度不够，造成抹压不密实，缝隙漏水，见图6-19。

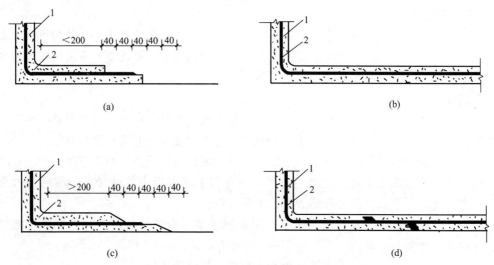

(a)、(b) 错误做法；(c)、(d) 正确做法
1—砂浆层；2—素灰层
图 6-19　防水层施工缝处理

（5）阴阳角渗漏

抹压不密实，对阴阳角部位水泥砂浆容易产生塑性变形开裂和干缩裂缝，没有采取必要的技术措施。阴阳角没有做成圆弧形。

（6）空鼓、开裂渗漏

排除材料品质引起的原因，主要是施工过程中对基层处理不当造成的。

1）基层干燥，水泥砂浆防水层早期失水，产生干缩裂缝，防水层与基层黏结不牢，产生空鼓；

2）基层不平，使防水层厚薄不均，收缩变形产生裂缝；

3）基层表面光滑或不洁，防水层产生空鼓；

4）养护不好，或温差大，引起干缩或温差裂缝。

【工程实例】

某建筑工程考虑结构刚度强，埋深不大，对抗渗要求相对较低，决定采用水泥砂浆防层。施工完毕后，经观察和用小锤轻击检查，发现水泥砂浆防水层各层之间结合不牢固，有空鼓。

原因分析

（1）材料品质　水泥的品种虽然选用了普通硅酸盐水泥，但强度等级低于32.5级。

混凝土的聚合物为氯丁胶乳，虽方便施工，抗折、抗压、抗震，但收缩性大，加之施工工艺不当，加剧了收缩。

（2）基层质量　基层表面有积水。产生的孔洞和缝隙虽然作了填补处理，却没有使用同一品种水泥砂浆。

（3）施工工艺不当　操作工人应知理论差，对多层抹灰的作用，不甚了解。第一层刮抹素灰层时，只是片面知道以增加防水层的黏结力，刮抹仅是两遍，用力不均，基层表面的孔隙没有被完全填实，留下了局部渗水隐患。素灰层与砂浆层的施工，前后间隔时间太长。素灰层干燥，水泥得不到充分水化，造成防水层之间，防水层与基层之间黏结不牢固，产生空鼓。

（4）氯丁胶乳防水砂浆没有采取干湿相结合的方法养护。氯丁胶乳防水砂浆最初可以依靠空气中的氧，通过交链产生胶网膜。早浇水养护（早于2d），会冲走砂浆中的胶乳。

三、卷材防水层

卷材防水层是用防水卷材和沥青交结材料胶合组成的防水层。高聚物改性沥青防水卷材，合成高分子防水卷材具有延伸率较大，对基层伸缩或开裂变形适应性较强的特点，常被用于受侵蚀性介质或受振动作用的地下建筑防水工程。卷材防水层适用于混凝土结构或砌体结构的基层表面迎水面铺贴。

防水卷材采用外防外贴和外防内贴两种施工方法。前者防水效果优于后者。在施工场地和条件不受限制时宜选用外防外贴。

卷材防水层整体的密封性，是防水的关键。凡出现渗漏，就可以判定是密封性遭到了不同程度的破坏。造成卷材防水层常见的渗漏通病的主要原因：

（1）材料品质

选用的高聚物改性沥青防水卷材、合成高分子防水卷材铺贴，与选用的基层处理剂、胶黏剂、密封材料等配套材料不相容。合理的防水年限与卷材厚度的选择不配。

（2）基层质量

基层强度小，不平整，不光滑，有松动或起砂现象。基层含水率大于规定的要求。这些原因都会使卷材与基层面粘贴不牢。

（3）卷材接头搭接

接头搭接质量关系到整体密封性。两幅卷材短边和长边的搭接缝宽度小于100mm。采用多层卷材铺贴，上下层相邻两幅卷材搭接缝没有错开，或错开的距离小于规定要求。或上下两层卷材相互垂直铺贴，在同一处形成渗水通道。或接头处黏结不密实，封闭不严密，产生张嘴翘边，引起渗漏。见图6-20。

搭接缝封口不严密，容易发生在高分子卷材施工中，这类卷材一般均为单层铺设，搭接缝处理不好，极容易造成渗漏。使用的密封材料与高分子卷材材性不相容，也是造成封口不严密的常见原因之一。

（4）空鼓

空鼓，主要是指卷材与基层面之间，滞留气体在外界温度作用下膨胀。空鼓的产生：基层潮湿，不平整，不清洁，压铺用力不均。

（5）转角处渗漏

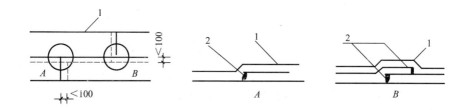

1—卷材；2—密封不严密

图 6-20 三层卷材重叠示意图

基层的转角处没有做成圆弧或钝角，形成空隙，或没有在转角处进行加强处理。发现质量问题，又没有及时采取补救措施。

【工程实例一】

某城镇兴建一栋住宅楼，地下室为砖体结构。考虑降低成本，防水层采用纸胎防水卷材。交付使用半年后，多处发现渗漏。

原因分析

地下建筑工程防水层按规范要求，严禁使用纸胎防水卷材。胎基吸油率小，难以被沥青浸透。长期被水浸泡，容易膨胀、腐烂，失去防水作用。加之强度低，延伸率小，地下结构不均匀沉降，容易被撕裂。

【工程实例二】

某购物广场，框架结构，四层，地下一层建筑面积 5 000m²，采用卷材防水层。因地下水位较高，在进行地下工程防水施工时，注意了排水和降低地下水位的工作，地下水位一直保持在地下室底部最低部高程以下 0.5m。整个防水工程完成后，经检验：无渗漏。当主体结构临近封顶时，发现防水卷材大面积鼓胀，鼓泡破裂处，有渗水。

原因分析

该工程在进行地下防水施工期间，采取了降低地下水位的措施。当上主体时认为降水已不重要，没有继续进行，时值又连逢几场大雨，地下水回升到垫层以上。防水卷材受到向上顶压力，产生鼓胀。

【工程实例三】

某地下建筑防水工程施工完毕，就有渗漏。经检查地下室底板完整。在其他漏点补好后，地下室仍有渗漏，地面积水日趋增多。经仔细观察，地下室地板出现新的裂缝。

原因分析

裂缝发生在底板下反梁的位置，反梁间是回填土。回填土的密实度不够，造成底板下受力不均，反梁附近的底板经受不住结构物沉降引起拉力，出现裂缝，拉裂卷材防水层，使地下室发生渗漏。

四、涂料防水层

防水涂料在常温下为液态。涂刷于结构表面形成坚韧防水膜层。其防水作用，是经过常温交联固化形成具有弹性的结膜。

以合成树脂及合成橡胶为主的新型防水材料，在国外已形成系列产品。该系列产品最大的特点，具有延伸性和耐候性，在防水工程中得到了大量应用。

我国研究成功的橡胶沥青类、合成橡胶类、合成树脂类三大系列产品，使地下建筑防水工程以自防水混凝土为主并与柔性防水相结合的应用技术得到了重点推广。

涂料防水适用于侵蚀性介质或受振动作用的地下建筑工程，适用于迎水面或背水面涂刷的防水层。反应型、水乳型、聚合物水泥防水涂料或水泥基、水泥基渗透结晶型涂料都适用于防水层。

涂料防水层一般采用外防内涂或外防外涂两种施工方法。

涂料防水层，在施工中容易出现的质量缺陷，尽管外观形态各异，但最终的后果都导致渗漏。

造成渗漏的主要原因：

首先分析，涂料防水层所用的材料品质及配合比是否符合设计要求；防水涂料的平均厚度是否符合规定（最小厚度不得小于设计厚度的 80%）。如防水等级为 I 级的地下建筑防水工程，设防道数不能少于三道，采用聚合物水泥涂料涂刷，其厚度不能小于 1.5 ~ 2.0mm。

其次要分析在涂料防水层施工时是否违反了如下规定：

涂刷前是否在基面涂刷了基层处理剂，基层处理剂与涂料是否相容；

涂膜是否通过多遍涂刷完成，上下层涂刷时间的间隔是否待下层涂料结固成膜；

每遍涂刷时，是否交替改变涂层涂刷的垂直方向，同层涂膜的先后接茬的宽度是否控制在 30 ~ 50mm 之间；

是否保护好了涂料防水层的施工缝（即：甩槎），搭接宽度是否小于 100mm，甩槎表面是否处理干净；

涂料防水层施工时，是否先进行了细部构造的防水处理，然后再大面积涂刷；

防水涂料的保护层是否符合施工规范的规定。

再次对施工质量缺陷进行分析：

（1）起鼓

1）基层不干燥，黏结不牢。涂料防水层与基层是否黏结密实，取决于基层的干燥程度。地下结构的基层表面要达到干燥，一般不容易，在涂刷防水涂料前，没有进行处理剂涂刷，或刷涂的处理剂与涂料不相容。

2）基层表面不平整，不清洁，或有空鼓、松动、起砂和脱皮。

（2）气孔、气泡

搅拌方式不对，使空气进入被搅拌的涂料中，涂刷的厚薄不均又是一次成膜，气孔、气泡破坏了涂料防水层质地均匀性，形成了防水的薄弱部位。

（3）翘边

1）涂料黏结力不强，或搭接接缝密封处理不严密；

2）基层表面不平、不洁、不干燥；

3）对细部构造防水的加强处理，不符合施工规范。

（4）破损

涂料防水层施工过程中或施工完毕，没有做好保护。

另外，在进行渗漏分析时，还要考虑：

防水涂料操作时间，即操作时间越短的涂料（固结速度快），不宜用于大面积防水涂料施工；

防水涂料要有一定黏结强度，即潮湿基面（基层饱和但无渗漏水）要有一定的黏结强度；

防水涂料成膜必须具有一定的厚度；

防水涂料应具有一定的抗渗性、耐水性。

【工程实例一】

某商场地下室仓库，用涂料作防水层。采用外防内涂施工方法。选用的是水乳型丁苯橡胶改性沥青防水涂料。该种涂料的特点：涂膜弹性好，延伸率高，容易形成厚涂膜、价格低，施工方便。该工程的防水没有达到合理的使用年限。一年后，就发生局部渗漏。

原因分析

检查发现，涂布厚度仅为 1mm，没有达到设计要求下限的 80%（按规范规定厚度一般不能小于 2mm），据当时在一线的操作工人回忆，局部部位没有采取多遍涂刷，两涂层施工间隔时间太短，涂料发生流淌，规定搭接缝宽度随意性太大，有的大于 100mm，有的小于 100mm，涂布前甩槎表面也没有处理干净。

【工程实例二】

某地下仓库为钢筋混凝土结构，根据设计要求，采用新型涂料中的粉状黏性防水涂料，以达到防水。该涂料采用国产原料配制而成的无机防水涂料，呈白色粉状。具有黏结力强、抗老化、抗冻、耐碱，防水防潮的功能。在进行技术交底时，设计单位特别强调，选用它是考虑了可在潮湿基面上施工，施工简便，有利缩短工期。施工完毕后，发现局部渗漏。经分析，施工人员按常规工艺操作，对新材料性能认识不足造成的。

（1）虽然按要求配制涂料：水 = 1∶0.6（重量比），并搅拌成糊状，但放置时间太短（应放置 20min），没有待充分反应后，就进行涂刷。加之基层面没有充分润湿（控制无明水），过早失水，使防水层发生粉化、剥离，达不到防水效果。

（2）从涂料拌和起，使用时间太长（必须在 2 小时用完），涂料硬化。

（3）基层裂缝、孔洞没有用防水砂浆（涂料∶石英砂 = 1∶1）填补密实。

（4）对新材料、新工艺不熟悉。

第三节　卫生间、外墙面防水工程

《建设工程质量管理条例》"有防水要求的卫生间、房间和外墙面的防渗漏。"是针对上述建筑部位的渗漏与城市建设的高速发展，高层建筑的日益增多，人们生活工作环境的不断改善，相互之间的矛盾愈加突出而提出的。如何防治渗漏，是建筑防水施工面临的新的课题。

一、卫生间防水

卫生间的防水工程，国家还没有颁布统一的施工规范。虽然，有些地区在设计和施工方法上有所革新，取得较为满意的防水效果。但大多数仍沿循传统的施工方法。监控力度不一，管理水平参差不齐，加之工序的衔接、工种的配合、协调难度大。卫生间管道多，操作面狭小，施工难度大，这些因素都非常容易造成卫生间渗漏。卫生间渗漏不仅是常见的质量通病，而且是个顽症。

卫生间渗漏的原因：

（1）楼地板渗漏

卫生间一般都是采用现浇钢筋混凝土板，混凝土强度等级低于 C20，板厚小于 80mm。浇捣不密实，不是一次性浇捣完成，养护不好，产生裂缝，重要防水层不起防水作用，渗漏缘于此，见图 6-21。

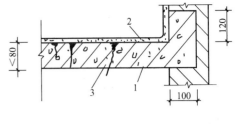

1—钢筋混凝土；2—面层；
3—施工缝处裂缝
图 6-21　现浇钢筋混凝土板渗漏示意图

（2）贯穿管道周围渗漏

1）楼板施工时，管洞的位置预留不准确；安装管道时，凿大洞口，为以后的堵洞增加施工难度，留下隐患。管道一旦安装固定，没有及时堵洞；堵洞时没有将周围杂物清除干净，没有进行湿润。堵塞材料不合格，堵塞不密，留有空洞或孔隙，见图 6-22。

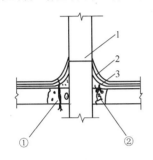

1—铅丝或麻绳绑扎；2—面层；3—防水卷材
①—凿大洞口、堵洞困难、引起渗漏
②—洞内有杂物，墙塞不密，引起渗漏
图 6-22　管道周围渗漏示意图

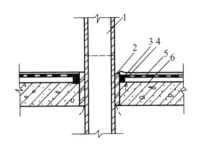

1—管道；2—套管；3—密封材料；
4—止水环；5—涂料防水层；6—结构层
图 6-23　管道与套管之间渗漏示意图

2）管道与套管间没有进行密封处理，套管低于地面，管与管之间存在空隙，见图 6-23。

（3）地面倒泛水渗漏

1）地漏高出地面，周围积水，失去排水作用。

2）卫生间楼面与室内楼面相平，积水外流。

3）做找平层时，没有冲地筋向地漏找坡。

（4）楼地面与墙面交接处渗漏

1）楼地面与立墙交接处，砌筑立墙时，铺砂浆不密实，用混凝土浇筑泛水，交界处没有清理干净，或饰面块材勾缝不密实，孔隙成为渗漏通道。

2）楼地面坡度没有找好或不规则，交接处积水。

3）交接处沿立墙面防水层铺设高度不够。

二、外墙面防水

外墙面的渗漏表现为雨水向室内渗透。高层建筑的日益增多与外墙渗漏的多发性成正比。引发这一质量通病的因素很多，要特别注重分析。

1. 门窗渗漏

门窗渗漏引发的原因绝大多数是铝合金门窗的品质和安装不符合规定要求。

（1）材料

采用的型材的物理性能、化学成分和表面氧化膜不符合标准规定，其强度、气密性、水密性、开启力等不符合规定要求，是渗漏的主要原因之一。

（2）设计

施工图设计简单，对用料规格如用于窗的型材铝合金很少注明壁厚（不应小于1.2mm）、节点大样、性能和质量要求很少作出详细的标注。施工单位制作安装无依据。

（3）安装

①窗扇与窗框安装不严密，缝隙不均匀；窗框下槽排水孔不起排水作用。

②玻璃的尺寸不符合规定要求，玻璃嵌条、硅胶固定不牢固，留有空隙。

③窗框与墙体间缝隙过大或过小，造成填实不严密或无法填实，填嵌的水密性密封材料不符合规定的质量要求。

④窗框安装不平整、不垂直，不牢固，受振动产生裂缝。

⑤窗楣、窗台没有做滴水槽和流水坡度，或做了滴水槽深度不够，或做了流水坡，但坡度不够。

⑥室外窗台高于室内窗台，见图6-24。

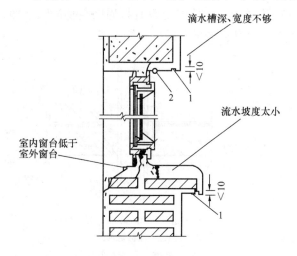

1—滴水槽；2—窗周边密缝材料

图6-24 窗渗漏示意图

2. 变形缝部位渗漏

变形缝部位的渗漏，表现为内外墙面发黑发霉，使内墙面基层酥松脱落，影响使用功能和美观。主要原因：

（1）变形缝的结构不符合规范要求，变形缝不具有适应变形的性能，应力的作用使墙体被拉裂，形成外墙面渗漏通道；

（2）变形缝内嵌填的材料水密性差，或封闭不严密。封闭的盖板构造不符合变形缝变形的要求，被拉开甚至脱落，见图6-25。

3. 阳台、雨篷渗漏

（1）阳台、雨篷的排水管道被堵塞，积水沿着阳台、雨篷根部流向不密实的外墙面，或流向根部与墙面交接处的裂缝。

（2）有的建筑为增加墙面的立体感，采用横条状饰面，上部没有找坡，下面未做滴水槽，致使雨天横条根部积水渗入墙内，形成墙面

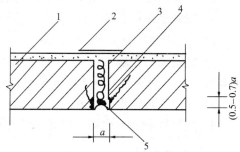

1—砖砌体；2—室内盖缝板；3—填充材料；
4—背衬材料；5—密封材料；6—缝宽

图6-25 变形缝渗漏示意图

168

"挂黑"。

4. 女儿墙渗漏

女儿墙根部产生裂缝是渗漏水的症结所在。排除设计和温差变形的原因外，施工方面的主要原因：

（1）女儿墙砌筑质量差，砂浆不饱满，砌体强度达不到设计要求，抗剪强度小。一有外因作用，极易产生水平裂缝。

（2）支撑模板施工圈梁时，横木架在墙体上留下贯穿孔洞，堵塞不严密。圈梁与砌体间黏结不密实，留下外墙面的通缝。

5. 外墙渗漏

（1）砌体质量。砌筑砂浆和易性差，不密实，强度低，雨水沿灰缝渗入墙体；外加剂的用量控制不严，砌体湿水措施不当，影响砂浆和砖的黏结。砌筑方法没有按施工规范操作，立缝砂浆饱满度不够，成为渗漏通道。

（2）基层处理。对基层面上的，特别是突出外墙面砌筑物上面的浮灰，粘连的砂浆等没有清除干净，抹灰后，形成空鼓。

（3）外墙抹灰。外墙底层打底的水泥砂浆，没有控制好配合比，打底砂浆掺入外加剂用量不准，砂浆含砂率高，不密实，降低了强度。打底厚度没有控制在规定范围之内。当底层灰厚度大于 20mm，没有分层施工，造成砂浆自坠裂缝。底层抹灰接槎处理，往往受脚手架影响，忽视接槎部位抹压顺序，外高内低的接缝留下渗漏隐患。

（4）框架结构与填充墙交接处的处理。交接处材质的密度不一样，温差收缩开裂。抹灰前没有采取必要防裂措施，留下渗漏隐患。

（5）外墙架孔的堵塞。穿墙的脚手架孔，堵塞马虎，采取的措施不当。

（6）外墙贴面砖，面层施工前，没有对基层的空鼓，裂缝进行修补。铺贴面砖、水泥浆不饱满，出现空鼓，勾缝不密实；外墙涂布涂料，没有选用具有防水功能的涂料。

【工程实例一】

某安居工程，混合结构，六层，共计 18 幢。交付使用不久，用户普遍反映卫生间漏水。施工单位立即派人返修。通过返修，对造成渗漏进行认真分析。

原因分析

（1）积水沿管道壁向下渗漏。现浇楼地板预留洞口位置准确，但洞口与穿板主管外壁间距太小，无法用细石混凝土灌实，存在空隙的情况下直接找平。管道周围虽然做二油一布附加层防水，粘贴高度不够，接口处密封不严密开裂。

（2）卫生间地面与立墙交接部位积水。做找平层时，没有冲地筋向地漏找坡，墙角处没有抹成圆弧，浇水养护不好。

（3）防水层渗漏。防水层做完后，没有进行 24h 的蓄水检验。在防水层存在渗漏的情况下，做了水泥砂浆保护层。

（4）外墙面洇湿。该卫生间楼板为现浇钢筋混凝土，楼板嵌固墙体内，四边支撑处负弯矩较大，支座钢筋的摆放位置不当，造成支座处板面产生裂缝。浇筑时模板刚度不够，拆模过早，楼板不均匀沉陷，出现裂缝。

【工程实例二】

南方某城市一纪念馆，混合结构，三层，建筑面积 6 000m²。外墙饰面为水刷石。于

1957 年建成。1997 年返修时，外墙装修决定改用大理石贴面。该工程完工后，第一次遇大雨，就发现室内大面积出现湿渍。主管单位负责人说：使用 40 年都没有渗漏，这是花钱买漏水，对改用大理石块材料提出异议。

原因分析

（1）大理石主要成分为碳酸钙（$CaCO_3$），空气中的二氧化硫与水汽结合，最终变成硫酸，对大理石产生腐蚀，但这是个渐变的过程。第一次遇大雨，就发生渗漏，不是大理石块材本身造成的。

（2）主要是施工不符合规范要求。对原水刷石饰面进行剥离后，对基层的不平整没有进行处理。对浮灰浮石没有彻底清除干净，基层面干燥，施工时墙面浇水不透，降低了黏结力。黏结层干缩开裂，空鼓。

（3）黏贴层砂浆不饱满，大理石勾缝不实，不平顺，不光滑。淋到墙面的雨水，沿着勾缝间的孔隙和毛细孔进入空鼓（空鼓变成水袋），向墙体渗透。

【工程实例三】

某地江南广场，框架剪力墙结构，裙楼 3 层，主楼 22 层。填充为轻质墙，外墙饰面选用涂料。工程投入使用不到 1 年，室内发霉，局部渗漏。

原因分析

（1）外墙抹灰装饰前，施工人员对框架结构与填充墙之间的缝隙进行填充处理，并在部分交接处加上了一层宽度为 300mm 的点焊网。钢筋混凝土结构与填充墙温差收缩率不一致，使漏加点焊网部位出现了开裂。

（2）外墙打底砂浆对于局部厚度大于 20mm，一遍成活，干缩开裂。

（3）外墙面分格缝采用分格条是木制的，取出后，缝内嵌实柔性防水材料不密实，留有渗漏隐患。

（4）折架时，部分连墙杆截留在墙体内未取出，浇筑外剪力墙，固定模板用螺杆孔堵实马虎，形成渗水通道。

【工程实例四】

某土木工程学院综合楼工程。框架结构，八层。工程被列为新型墙体应用技术推广示范工程。填充墙使用的陶粒混凝土空心砌块。陶粒混凝土空心砌块，干密度小（550～750kg/m³），保温隔热性能好，与抹灰层黏结牢固。是近年来兴起的一种新型建筑材料，得到广泛采用。该工程竣工还没有正式验收前，发现内外墙面多处出现裂缝，引起渗漏。

原因分析

（1）内墙有规则裂缝均出现在两种不同材料的结合处，是陶粒混凝土空心砌块强度低，收缩性大引起的。

（2）外墙面无规则的裂缝产生的原因：墙体材料、基层、面层、外墙饰面（面砖）等材料，均属脆性材料，彼此膨胀系数，弹性模量不同。在相同的温度和外力作用下，变形不同，产生裂缝渗漏。

小　结

屋面防水工程无论采用刚性或柔性，或刚柔并举，造成渗漏的主要原因，是没有形成一个完整封闭的防水系统。从外观表现形式来看，主要是裂缝和破损。抓住了分析的重点，就抓住了防水的关键，才能保证屋面防水工程质量。要加深对"防排并重"的理解。

地下建筑防水工程带规律性的质量通病，产生的原因，与屋面防水工程质量通病，有许多相同相通之处，加深理解刚性、柔性防水的利弊。

卫生间渗漏的主要原因，要重点抓住楼面板密实性、泛水、找坡、管道周边堵塞等进行分析。外墙面渗漏：客观原因，高层建筑受雨面积大，又受风力影响；主观原因，施工单位对外墙面防水认识不足，施工不精细，施工工艺不当，造成返修困难，又不容易根治。

复 习 思 考 题

1. 屋面防水工程容易出现哪些质量缺陷？有何共同的特征及产生原因？

2. 谈谈采用新型防水材料进行屋面施工的经验和教训。

3. 为什么说地下建筑防水工程是一个系统应用工程？

4. 你是如何理解"十缝九漏"的？结合施工谈谈体会。

5. 地下建筑防水工程常见的质量问题有哪些？从本质上分析产生的共同原因。

6. 简述涂料防水层渗漏的分析要点。

7. 卫生间屡屡出现渗漏的主要原因是什么？

8. 铝合金窗渗漏，应该重点从哪几个方面进行分析？

9. 外墙面渗漏有哪些主要原因？

第七章　装饰装修工程

《建筑装饰装修工程质量验收规范》（GB 50210—2001）明确指出：建筑装饰装修是"为保护建筑物的主体结构、完善建筑物的使用功能和美化建筑物，采用装饰装修材料或饰物，对建筑物内外表面及空间进行的各种处理过程。"该分部工程在投入与转换的过程中，工序一旦失控，就容易发生质量缺陷或质量事故。建筑装饰装修工程质量还直接影响建筑工程的合格验收。

第一节　抹 灰 工 程

抹灰工程一般指一般抹灰、装饰抹灰和清水砌体勾缝等分项工程。

一般抹灰工程又分为普通抹灰和高级抹灰。

一、一般抹灰

一般抹灰常见的质量缺陷：面层脱落、空鼓、爆灰和裂缝。这些质量缺陷往往又是并发性的，综合分析原因如下：

（1）抹灰工程选用的砂浆品种不符合设计要求

如无设计要求，又不符合下列规定：

1）湿度较大的室内抹灰，没有采用水泥砂浆或水泥混合砂浆。

2）基层为混凝土的底层抹灰，没有采用水泥混合砂浆、水泥砂浆或聚合物水泥砂浆。

3）轻集料混凝土小型空心砌块的基层抹灰，没有采用水泥混合砂浆。

4）水泥砂浆抹在石灰砂浆层上，罩面石膏灰抹在水泥砂浆层上。

（2）一般抹灰的主控项目失控

1）抹灰前，没有把基层表面尘土、污垢、油渍等清除干净，也没有进行洒水润湿。

2）抹灰所用的材料品种和性能、砂浆配合比，不符合设计要求。

3）抹灰工程没有进行分层刮抹，没有达到多遍成活。当抹灰总厚度大于或等于35mm时，没有采取加强措施。

4）在不同材料基体交接处表面的抹灰，没有采取防止开裂措施，或采用了加强网时，加强网与各基体的搭接宽度小于100mm。

1. 室内抹灰

（1）墙面与门窗框交接处空鼓、裂缝、脱落

1）抹灰时没有对门窗框与墙的交接缝进行分层嵌实，一次用砂浆塞满，干缩开裂。

2）基层处理不当，如没有浇水润湿。

3）门窗框安装不牢固、松动。

（2）墙面抹灰空鼓、裂缝、脱落

1）基层处理不好，清扫不干净，没有浇水湿润。

2）墙面平整度差，局部一次抹灰太厚，干缩开裂、脱落。

3）抹灰工程没有分底层、中层、面层多次成活，每遍抹灰厚度大于7～9mm，水泥砂浆每遍抹灰厚度大于5～7mm，抹麻刀石灰厚度大于3mm，抹纸筋石灰、石膏灰厚度大于2mm，极容易出现干缩开裂。

4）抹灰砂浆和易性差。

5）各层抹灰层配合比相差太大。

（3）墙裙、踢脚线水泥砂浆抹面空鼓、脱落

1）墙裙的上部往往洒水湿润不足，抹灰后出现干缩裂缝。

2）打底与面层罩灰时间间隔太短，打底的砂浆层还未干固，即抹面层，厚度增加，收缩率大，引起干缩开裂。

3）水泥砂浆墙裙抹灰，抹在石灰砂浆面上引起空鼓、脱落。

4）抹石灰砂浆时抹过了墙面线而没有清除或清除不干净。

5）压光时间掌握不好。过早压光，水泥砂浆还未收水，出现收缩裂缝；太迟压光，砂浆硬化，抹压不平。用铁抹子来回用力抹，搓动底层砂浆，使砂粒与水泥胶体分离，产生脱落。

（4）轻质隔墙抹灰层空鼓、裂缝

轻质隔墙抹灰后，在沿板缝处容易出现纵向裂缝；条板与顶板之间容易产生横向裂缝，墙面容易产生不规则裂缝和空鼓。主要原因：

1）对不同的轻质隔墙，没有根据其不同的材料特性采取不同的抹灰方法。

2）基层处理不好，洒水湿润不透。

3）结合层水泥浆没有调制好，黏结强度不够。

4）底层砂浆强度太高，收缩出现拉裂。

5）条板上口板头不平，与顶板黏结不严。

6）条板安装时黏结砂浆不饱满。

7）墙体受到剧烈振动。

（5）抹灰面起泡、开花、抹纹

1）压光时间太早，抹完罩面后，砂浆未完全收水，压光后产生起泡。

2）石灰膏熟化时间不够，抹灰后未完全熟化石灰粒继续熟化，体积急骤膨胀，突破面层出现麻点或开花。

3）底灰过分干燥，罩面后水分被底层吸收变硬，压光出现抹纹。

（6）抹灰面不平、阴阳角不垂直、不方正。

1）抹灰前挂线、做灰饼和冲筋不认真。或冲筋太软，抹灰破坏冲筋；或冲筋太硬，高出抹灰面，导致抹灰面不平。

2）操作人员使用的角抹子本身就不方正，或规格不统一，或不用角抹子。

（7）墙面抹灰层析白（反碱）

水泥在水化过程中产生氢氧化钙，在砂浆硬化前，受到砂浆水分影响，反渗到面层表面，与空气中二氧化碳合成碳酸钙，析出表面呈白色粉末状，俗称"析盐"。

（8）混凝土顶板抹灰面空鼓、裂缝、脱落

混凝土顶板有预制和现浇两种，后者为目前常采用。

在预制顶板抹灰，抹灰层常常产生沿板缝通长纵向裂缝；在现浇顶板上抹灰，往往容易在顶板四角产生不规则裂缝。主要原因：

1）基层处理不干净，浇水湿润不够，降低与砂浆的黏结力，若抹灰层的自重大于灰浆和顶板的黏结力，即会掉落。

2）预制顶板安装不牢，灌缝不实，抹灰厚薄不均，干缩产生空鼓、裂缝。

3）现浇顶板底凸出平面处，没有凿平，凹陷处没有事先用水泥砂浆嵌平嵌实。抹灰层过薄失水快，容易引起开裂；抹灰层过厚，干缩变形大也容易开裂、空鼓。

（现顶棚为混凝土包括预制混凝土板的基体，不再在基体上抹灰，用腻子抹平即可，应用非常普遍。）

（9）金属网顶棚抹灰层裂缝、起壳、脱落

1）抹灰的底层和找平层的灰浆品种不同，或配合比相差太大。

2）结构不稳定和热膨胀影响。金属网顶棚属于弹性结构，四周固定在墙上，中间用吊筋吊起，吊筋的位置不同，各交点受力不同，变形不同，热膨胀产生的变形各异。顶棚各处弯矩不同，使各抹灰层之间受到大小不同的剪力，会使各抹灰层之间产生分离，导致裂缝或脱落。

3）金属网锈蚀渗透，体积膨胀，使抹灰层脱落。

2. 室外抹灰

室外抹灰质量缺陷指的是外墙抹灰一般常容易发生的，主要有空鼓、裂缝，抹纹、色泽不均，阳台、雨篷、窗台抹灰面水平和垂直方向偏差，外墙抹灰后雨水向室内渗漏等。

（1）外墙抹灰层空鼓、裂缝

1）基层没有处理好，浮尘等杂物没有清扫干净，洒水润湿不够，降低了基层与砂浆层的黏结力。

2）基层凸出部分没有剔平，墙上留有的孔洞没有进行填补或填补不实。

3）抹灰没有分遍分层，一次抹灰太厚；对结构偏差太大，需加厚抹灰层厚度的部位，没有进行加强处理（如铺金属网等）。

4）大面积抹灰未设分格缝，砂浆收缩开裂。

5）夏季高温条件下施工，抹灰层失水太快。

6）结构沉降引起抹灰层开裂。

（2）外墙抹灰层明显抹纹、色泽不均

1）抹面层时没有把接槎留在分格条处、阴阳角处或水落管处。

2）配料不统一，砂浆原材料不是同一品种。

3）底层润湿不均，面层没有槎成毛面，使用木抹子轻重不一，引起色泽深浅不一。

（3）阳台、雨篷、窗台等抹灰面水平、垂直方向偏差

1）结构施工时，没有上下吊垂直线，水平拉通线，造成偏差过大，抹灰面难以纠正。

2）抹灰前没有在阳台、雨篷、窗台等处垂直和水平方向找直找平，抹灰时控制不严。

（4）外墙抹灰后渗漏

1）基层未处理好，漏抹底层砂浆。

2）中层、面层灰厚度过薄，抹压不实。

3）分格缝未勾缝，或勾缝不实，留有孔隙。

【工程实例一】

某住宅楼内墙采用轻集料混凝土小砌块。投入使用不久，内墙抹灰层出现多处裂缝。住户意见很大，投诉开发商。为了查清原因，施工单位从施工日志中查出了问题。

原因分析

（1）该地区处于中等湿度（年平均相对湿度为50%～75%），混凝土小砌块相对含水率大于40%（砌筑前被雨水淋湿），相对含水率超标。小砌块上墙后，墙体内部收缩应力造成面层裂缝。

（2）在浇筑混凝土柱时，预留伸入墙体拉结筋长度小于500mm，填充墙与梁柱交接部位，虽然钉挂了金属网，搭接宽度小于100mm。

（3）没有选用专用砌筑水泥砂浆。

（4）对空鼓和开裂处进行剥离返工时，发现墙体与现浇混凝土梁之间顶部，填充不密实。

【工程实例二】

某中学教学楼，混合结构。为了不影响秋季开学，进入室内抹灰工程施工阶段，赶工期导致面层多处开裂、空鼓，水泥砂浆抹面的踢脚线脱壳。

原因分析

（1）门窗框位置安装偏移，在与墙体连接不牢的情况下，没有进行纠偏和加固处理，缝隙一次嵌灰过厚，砂浆用量大，干缩，抹灰层开裂。

（2）基层平整度差，局部一次抹灰厚度大于10mm，干缩开裂、脱层。

（3）砖墙敷设管线剔槽太浅，抹灰层厚度偏薄，造成空鼓、开裂。

（4）踢脚线施工后于墙面纸筋灰罩面，在墙面与踢脚线交接处的纸筋面层没有被清除，用水泥砂浆直接抹除踢脚线，两种材料干缩比不同，强度各异，踢脚线空鼓。

【工程实例三】

某工程项目部，按规范要求水泥石灰砂浆（1:1:6）打底后，为节省水泥、用石灰膏代替水泥，拌和成石灰膏砂浆抹面。不久，墙面出现裂纹、溃散。

原因分析

（1）用石灰膏抹面违反规范要求，两种不同的灰层材料黏结在一起。石灰膏干缩率大于混合砂浆。剪应力致使面层出现裂缝。

（2）石灰膏软化系数接近零，受潮极容易溃散。

【工程实例四】

某乡镇小学，新建一栋2层砖砌体结构教学楼，抹面工程正逢夏季。秋季开学时，发现抹灰层多处有抹纹、起泡、开花，北向窗下内墙潮湿。

原因分析

（1）砂浆稠度小，和易性差，抹罩面灰后，水分很快被底层吸收，抹压不顺，出现抹纹。

（2）面层抹压不紧密，面层与底层间留有空隙。

（3）石灰淋制熟化时间少于30天。抹灰后继续熟化，体积膨胀，造成抹灰面开花。

（4）南向有外走廊挡雨水，故无墙面潮湿现象。北面窗台抹面高于窗框，水泥砂浆干缩，面层与下窗框之间形成缝隙，雨水沿缝隙渗入墙体。因赶工期外窗台漏做滴水槽。

【工程实例五】

某工程进入室内面层抹灰冲筋阶段，拉筋后，发现冲筋起壳、冲筋不直。

原因分析

(1) 基层没有清扫干净，没有洒水湿润，冲筋与基层黏结不牢。

(2) 配合比不当，含砂过多，冲筋一次太厚。

(3) 冲筋前未弹线找平、找直。

二、装饰抹灰

装饰抹灰工程，一般指水刷石、斩假石、干黏石、假面砖等工程。

装饰抹灰工程更注重装饰效果，对表面质量要求严格。

1. 水刷石

水刷石容易出现的质量缺陷：表面混浊、石粒不清晰，石粒分布不均，色泽不一，掉粒和接槎痕迹。

(1) 表面混浊、石粒不清晰

1) 石粒使用前没有清洗过筛。

2) 喷水过迟，凝固的水泥浆不能被洗掉；连接槎部位洗刷，使带浆的水飞溅到已经洗好墙面，造成污染。

3) 冲洗速度没有掌握好。过快水泥浆冲洗不干净；过慢使水泥浆产生滴坠（挂珠）。

(2) 石粒分布不均

1) 分格条粘贴操作不当，粘贴分格条素水泥浆角度大于45°，石子难以嵌进。分格条两侧缺石粒。

2) 底层干燥，吸收石子浆水分，抹压不均匀，产生假凝，冲洗后石尖外露，显得稀疏不均。

3) 洗阴阳角时，冲水的角度没有掌握好，或清洗速度太快，石子被冲刷，露出黑边。

(3) 掉粒

1) 底层干燥，抹压不实，或面层未达到一定硬化，喷水过早，石子被冲掉。

2) 底层不平整，凸处抹压石子浆太薄，干缩引起石子脱落。

(4) 接槎痕迹

接槎留有痕迹的原因类似外墙一般抹灰产生的接槎痕迹。主要是没有设置分格缝，或设置了分格缝，没有在分格缝甩槎，留槎部位没有甩在阴阳角、水落管处。

(5) 色泽不一

1) 选用的石粒、水泥不是统一品种或统一规格。

2) 石子浆拌和不均匀，冲洗操作不当，成为"花脸"。

(6) 阴阳角不顺直

1) 抹阳角时，没有将石子浆稍抹过转角，抹另一面时，没有使交界处石子相互交错。

2) 抹阴角时，没有先弹线找规矩，两侧面一次成活；或转角处没做理顺直处理。

2. 干黏石

干黏石容易出现的质量缺陷：色泽不一，露浆、漏黏，石粒黏结不牢固、分布不均匀、阳角黑边。

（1）色泽不一

1）石粒干黏前，没有筛尽石粉、尘土等杂物、石粒大小粒径差异太大，没有用水冲洗致使饰面浑浊。

2）石粒（彩色）拌和时，没有按比例掺和均匀。

3）干黏石施工完后（待黏结牢固），没有用水冲洗干黏石，进行清洁处理。

（2）露浆、漏黏

1）黏结层砂浆厚度与石粒大小不匹配。

2）108 配制素水泥涂刮不均匀，没有做到即括即撒。

3）底层不平，产生滑坠；局部打拍过分，产生翻浆。

（3）接槎明显

1）接槎处灰太干，或新灰黏在接槎处。

2）面层抹灰完成后，没有及时黏石，面层干固，降低了黏结力。

3）在分格内没有连续黏石，不是一次完成。

4）分格不合理，不便于黏石，留下接槎。

（4）阳角黑边

1）棱角两侧，没有先黏大面再黏小面石粒。

2）黏石时，已发现阳角处形成无石黑边，没有及时补黏小石粒消除黑边。

（5）棱角不通顺

1）对黏石面没有预先找直找平找方，或没有边粘石边找边。

2）起分格条时，用力过大，将格条两侧石子带起，形成缺棱掉角。

3. 斩假石

斩假石一般容易出现的质量缺陷：剁纹不均匀、不顺直，深浅不一、颜色不一致。

（1）剁纹不均匀、不顺直

1）斩剁前没有在饰面弹出剁线（一般剁线间距 10mm），也未弹顺线，斩无顺序，剁纹倾斜。

2）剁斧不锋利，用力轻重不一。

3）剁斧工具选用不当，剁斧方法不对。如边缘部位没有用小斧轻剁。

（2）深浅不一，颜色不一致

1）斩剁顺序没有掌握好，中间剁垂直纹一遍完成，容易造成纹理深浅不一。

2）颜料、水泥不是同一品种、同一批号，不是一次拌好，配足。

3）剁下的尘屑不是用钢丝刷刷净，蘸水刷洗。

4. 假面砖

假面砖容易出现的质量缺陷：面层脱皮、起砂，颜色不一，积尘污染。

（1）面层脱皮、起砂

1）饰面砂浆配合比不当、失水过早。

2）未待面层收水，划纹过早，划纹过深（应不超过 1mm）。

（2）颜色不一

1）中间垫层干湿不一，湿度大的部位色深，干的部位色浅。

2）饰面砂浆掺用颜料量前后不一，或颜料没有拌和均匀，原材料不是来自同一品种、同一批次。

（3）积尘污染

1）罩面灰太厚，表面不平整不光滑。

2）墙面划纹过深过密。

【工程实例一】

某南方证券交易所工程，正立面为斩假石饰面，施工完成后，局部出现小面积空鼓、颜色深浅不一。

原因分析

（1）混凝土基层面太光滑，残留在表面隔离剂没有彻底清除干净，使底层砂浆产生空鼓。

（2）中层砂浆强度高于底层砂浆强度，中层砂浆产生较大的干缩应力，拉起底层砂浆，加速底层空鼓。

（3）拌和面层石子浆时，白色石粒大小不一，漏掺石屑，石子浆层虽然分两次抹平，拍打次数过多，局部出现泛浆。

（4）分格缝设置太大，又受脚手架高度影响，局部分格缝区内分两次抹完、留有接槎痕迹。

（5）剁斩前，没有用软刷蘸水把表面水泥浆刷掉，致使石粒显露不均匀。

（6）剁石用力不一，剁纹深浅不一。

【工程实例二】

某中学综合楼，外墙为水刷石饰面。两个作业班同时施工，一个班负责施工南面和东面，一个班负责北面和西面。墙面施工完成后，整个墙面显得混浊，西面和北面墙面污染严重，南面与东面无此现象。

原因分析

（1）最后刷洗墙面时，没有用草酸稀释液清洗，致使整个墙面混浊。

（2）西、北两面污染严重。施工时正值刮西北风，本应停止施工，担心施工进度落后于另一作业班组，施工时又没有采取防风防尘措施，造成灰尘污染。

第二节 地 面 工 程

地面工程属于建筑装饰装修工程子分部。本节以整体面层、板块面层、木面层常见的质量缺陷作为分析的重点。

一、整体面层

整体面层一般包括水泥混凝土（含细石混凝土）面层、水泥砂浆面层、水磨石面层、水泥钢（铁）屑面层、防油渗面层和不发火（防爆）面层等。本节重点分析水泥砂浆面层、水磨石面层常见的质量缺陷。

1. 水泥砂浆面层

水泥砂浆面层主要的质量缺陷：裂缝、起鼓、起砂。

（1）裂缝

面层裂缝的特点：裂缝形状不一，深浅不一。引起裂缝的原因：

1）选用的水泥品种不当（宜选用硅酸盐水泥、普通硅酸盐水泥），等级小于32.5级，没有选用中粗砂。如选用石屑，粒径没有控制在1~5mm，含泥量大于3%。

2）垫层不实或垫层高低不平，致使面层厚薄不一。

3）水泥砂浆体积比失控（宜为1:2），水泥砂浆面层厚度小于20mm，稠度大于35mm，强度小于M15。

4）工序安排不合理，水泥初凝前未完成抹平，终凝前未完成压光。压光少于两次，养护不好。

5）较大面积的地面，没有留置变形缝。

6）低温下施工（室外气温在5℃以下）没有进行保温处理。

7）在中高压缩性土层上施工的建筑物，面层工程没有安排在主体工程完成以后进行。

（2）空鼓

水泥地面的空鼓多发生在面层与垫层之间，有时也会发生在垫层与基层之间。用小锤敲，会发出鼓声，喻为"空鼓"。空鼓会导致面层开裂或脱落。产生空鼓的主要原因：

1）垫层质量差：垫层是面层的"基础"，是保证面层质量的前提条件。垫层混凝土强度过低，会影响与面层的黏结强度。如采用炉渣垫层或水泥石灰渣垫层，配合比不当、控制用水不当，都会影响垫层的质量。

2）垫层清理不干净，浮尘杂物形成了垫层与面层之间的隔离层。

3）结合层操作不当：在垫层表面涂刷水泥浆结合层，可增强与面层的黏结力。如水泥浆配制不当（水泥:水用量随意性），或涂刷过早，形成粉层，使结合层失去了作用，反而成了隔离层。

4）水泥类基层的抗压强度小于1.2MPa，表面不粗糙、不洁净，湿润不够。

5）水泥砂浆拍打抹压不实。

（3）起砂

水泥地面起砂的特征，起初表现为表面粗糙、不光洁，会出现水泥粉末，后期砂粒松动脱落。

地面起砂的主要原因：

1）砂浆水灰比过大，砂浆稠度大于30mm：按规定的要求，水灰比应控制在0.2~0.25之间，但施工操作困难，故一般情况下，往往加大用水量，这样就极容易降低面层强度和耐磨性，引起起砂。

2）压光时间掌握不好：压光过早，凝胶尚未全部形成，使压光的表层出现水光，降低了面层砂浆的强度；压光太迟，水泥硬化，难以消除面层表面的毛细孔，而且会破坏凝固的表面，降低了面层的强度。另外从第一遍压光开始，到第三遍压光结束，间隔时间太长，也会影响水泥的终凝。

3）养护不到位：养护时间少于7d，干旱炎热季节没有保持面层湿润，失水。成品保护不好，地面未达到5MPa的抗压强度，如行走产生摩擦，使地面起砂。

4）在低温下施工，又没有采取相应的保温措施。

地面起砂还有一个重要原因是材料的品质不符合规定要求。从施工这个角度分析，主要是面层强度低，压光不好。

【工程实例一】

1999年某地住宅楼开发小区，当完成第一层楼面7d后，发现约有10 000m²的水泥地面起砂，所涉及的施工单位有20余家。

原因分析

经调查和掌握的资料表明，施工前进行了技术交底，每道工序都作了严格规范，严格按工艺要求进行施工，排除了材料质量、砂浆水灰比、拌和时间等因素。最后在核查该品种水泥时，发现初凝时间和终凝时间太短。压光、收光时间已在水泥终凝之后，找到了大面积起砂的原因。

【工程实例二】

2000年北方某高校食堂，在进行水泥砂浆面层施工时，室外气温在0℃左右，为防止地面受冻，采用炉火保温，室内温度控制在10℃左右。施工完不久，发现面层大面积出现松酥现象。

原因分析

采取保温措施时，严关门窗，没有将烟排出室外，大量的二氧化碳与水泥砂浆产生化学反应。

2. 水磨石面层

现制水磨石地面的质量缺陷，可以归纳为两大类：影响使用和美观。

（1）影响使用

1）面层出现裂缝的情况：分格条十字交叉处短细裂缝，多是面层空鼓造成；面层出现长宽裂缝，多是结构不均匀沉降，或楼板面开裂，或楼地面荷载过于集中。

2）空鼓：没有排除找平层空鼓，就进行面层石子浆施工；或水泥素浆刷得不好，失去黏结作用，或在分格条两侧、分格条十字交叉处漏刷素浆；或石子浆面层与找平层没有达到规定的黏结强度；或开裂引起振动；或养护和成品保护不好。

（2）影响美观

1）分格条显露不完全：

①没有控制好石子浆铺设厚度，使石子浆超过顶条高度，难以磨出；

②石子浆面层施工完毕，开机过迟，石子浆面层强度过高，难以磨出分格条；

③磨光时用水量过大，使面层不能保持一定浓度的磨浆水；

④属于机具方面的原因，磨石机自重太轻，采用的磨石太细。

2）分格条歪斜不直（铜质、铝质、彩色塑料条）、断裂、破碎（玻璃条）：

①面层石子浆铺设厚度低于分格条顶面高度，分格条直接受压于磨石机，致使歪斜或压弯或破碎；

②分格条固定不牢固。

3）石子分布不均匀：

石子分布不均匀有三种现象及原因：

①分格条两侧或十字交叉处缺石的原因。固定分格条的砂浆高度大于分格条高度的2/3，或夹角大于45°，无法嵌进石子，见图7-1；或十字交叉处被砂浆填满；或打磨没有按纵横两方向进行。

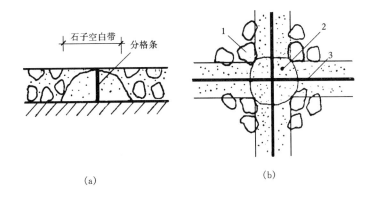

(a) 错误做法；(b) 质量缺陷

1—石粒；2—无石粒区；3—分格条

图 7-1 错误做法及产生质量缺陷示意图

②无规则石子分布不均匀的原因。石子浆拌和不均匀；铺平石子浆用刮杆时，没有轻刮轻打，造成石子沿一个方向聚集。

③彩色石子分布不均，石子浆颜色不一的原因。前者的原因类似以上所分析的。后者是因彩色石子不是使用同一品种，混杂；颜色和各种石子的用量配合比不一，搅拌不均匀造成的。

4）表面不光洁、洞眼：

①磨光时使用磨石不当。两浆三磨，往往重视第一遍磨光磨平，对最后一遍不够重视或漏磨，忽视了光洁度的要求。

②擦浆时没有用有色素水泥浆把洞眼擦满，或采用刷浆法堵眼，仅在洞口铺上了一层薄浆。

③打蜡前没有用草酸溶液把面层清洗干净，面层被杂物污染的部位会出现斑痕。

5）面层褪色：

水泥含有碱性，掺入面层中的颜料没有采用耐光、耐碱的矿物原料，使色泽鲜艳表层逐渐失去光泽或变色。

【工程实例一】

在学校餐厅，有 2 000m² 现制水磨石地面。地面施工完成后，空鼓面积达 15%，最大处近 10m²。局部出现不规则裂缝。查施工记录，使用普通硅酸盐水泥，其强度等级为 42.5 级，同批水泥均为合格产品。为赶施工进度，在结合层配制水泥素浆（水灰比在 0.7～0.8 之间），一次刷浆，三天后进行面层施工。

原因分析

（1）素浆水灰比太大（宜在 0.4～0.5 之间），一次刷涂干燥后，成为一层粉状隔离层。

（2）找平层砂浆稠度过大，出现干缩裂缝。

（3）不规则裂缝均为空鼓引起。

【工程实例二】

一地下洞库，主洞长 320.89m，跨度 19.6m。工程竣工 2 个月后，主洞库磨石地面中轴线附近发现一条细微裂缝，裂缝长度、宽度逐渐展伸，至竣工 6 个月时，已接近通长，裂缝宽度为 0.5~1.5mm。

原因分析

（1）中轴线上水磨石面层裂缝的正下方为混凝土垫层冲筋，水磨石面未设置分格条。

（2）地坪面积过大，60mm 厚细石混凝土垫层收缩，变形集中在冲筋两侧，垫层收缩应力大于水磨石面层抗拉强度，致使水磨石面层冲筋正上方产生裂缝。

（3）洞库湿度大，为赶工期对洞库进行通风降湿，加快了垫层混凝土、面层水磨石收缩。

二、块板面层

块板面层包括天然大理石和花岗岩、预制板块、塑料板面层等。

（1）大理石和花岗石、预制板块等常见的质量缺陷及原因

1）空鼓：

①基层面有杂物或灰渣灰尘。

②结合层使用水泥强度等级小于 32.5 级，干硬性水泥砂浆拌和不均匀，结合层厚度小于 20mm，铺设不平不实，没有槎毛，铺结合层砂浆前，没有湿润基层。

③水泥素浆涂刷不均匀或漏刷或涂刷时间过长，水泥素浆结硬，失去黏结作用。

④结合层与板材没有分段同时铺砌，板材与结合层结合不密实。

2）接缝高低偏差：

①板材厚度不均，几何尺寸不一，窜角翘曲，对厚薄不均的块材，没有进行调整，没有进行试铺。

②各房间内水平标高出现偏差，使相接处产生接缝不平。

（2）塑料板面层常见的质量缺陷及原因

塑料地面主要种类为聚氯乙烯，按尺寸规格分为块材和卷材。塑料面层施工方便，价格便宜，装饰效果好。又耐磨、耐凹陷、耐刻划，脚感舒适（有弹性），故常被用于地面饰面。塑料面层的质量缺陷：

1）分离：分离一般是指面层与基层的分离。产生的主要原因，基层强度低（混凝土小于 20MPa，水泥砂浆小于 15MPa），含水率大于 8%，基层面有杂物、灰尘、砂粒，或基层本身有空鼓、起皮、起砂等。

2）空鼓：

①基层没有做防潮层（尤其是首层），面层在铺贴前没有除蜡，影响黏结力。

②锤击或滚压方向不对，没有完全排尽气体。

③刮胶不均匀或漏刮。

④施工环境温度过低，降低了胶黏剂的黏结力。

3）翘曲：

①选择面层材料不合格。

②卷材打开静置时间少于 3 天。

③选择黏剂品种与面层材料不相容。

4）波浪：面层铺贴后，呈有规律波浪形起伏状，主要原因：

①基层表面不平整，呈波浪形。

②使用刮胶剂的刮板，齿间距过大或过深，因胶体流动性差，黏贴时不易压平，呈波浪形。

③涂刮胶剂或滚压面层没有选择纵横方向相互交叉进行。

【工程实例一】

某营业大厅按业主要求，铺设大理石板材，工期要求较紧，临时召集部分农民工参与铺设。竣工交付使用前，出现空鼓、接缝不平，板材开裂质量缺陷。业主以农民工技术素质差为由拒付工程款，施工单位认为对农民工进行职业上岗培训，掌握了操作技能，主要是业主工期太紧造成的。

原因分析

（1）为了赶工期，本应涂刷水泥素浆结合层，后改用大面积撒干水泥，洒水扫浆，造成水灰比失衡，拌和不均匀，失去黏结作用。

（2）基层不平，本应用细石混凝土找平后，再铺设干性水泥砂浆，因赶工期，省去了前道工序，局部干缩开裂。

（3）分段铺设板材，对前段铺设的板材，一直没有洒水养护，砂浆硬化过程中缺水，干缩开裂。

（4）没有认真进行产品保护，养护期间，人员在面层上扛重物，行走频繁。

结论：

业主的工期要求失去了科学性。但施工单位应该向业主事先说明赶工期会产生的质量缺陷，却没作交代。所产生的质量问题均系施工单位工序失控和工艺操作不当造成的。

【工程实例二】

某住宅工程，为降低造价又不失实用美观，地面采用塑料面层饰面，铺设前，基层干燥，又作了清洁处理。使用的胶黏剂符合质量标准，与面层塑料完全相容。铺设完毕后不久，局部出现空鼓。

原因分析

（1）操作人员为了便于胶黏剂涂刷，掺用了甲苯稀释剂。基层和面层涂刷后，立即进行粘贴。粘贴过早，稀释剂没有被完全发挥，致使面层粘贴强度差的部位起鼓。

（2）没有正确掌握涂刷胶黏剂的先后顺序。基层吸收性强于塑料面层，应先涂刷基层，后涂刷面层，使吸收程度接近一致。但涂刷时却相反，影响粘贴效果，产生空鼓。

（3）施工时温度过高，胶黏剂硬化过快。

【工程实例三】

某写字楼工程，地面采用塑料板饰面，因面积大，采购的塑料板为多品种、多批号，颜色与软硬程度也不一。为了避免出现质量缺陷，派专人进行严格分类，并作了同一房间，使用同一品种、同一批号、同一颜色的塑料板材的技术交底。施工完毕后，多处房间出现塑料板块地面颜色不一、软硬不一的质量缺陷。

原因分析

（1）铺贴前在温水中的浸泡时间不一，水温也没有控制好（有高有低），造成塑料板老化程度不同，颜色、软硬也不一致。

（2）浸泡后取出晾干的环境温度与铺贴温度不一致。

（3）没有掌握最佳浸泡时间（一般在75℃热水中浸泡10～20分钟），浸泡没有做小块试验。

三、木面层

木面层按铺设的层数分单层、双层两种，按构造不同又可分为空铺式和实铺式。

（1）实木地板面层（采用条材和块材）质量缺陷及原因

1）变形开裂：材质差，条形宽度大于120mm，含水率大于15%。

2）松动响音：

①木搁栅表面不平。

②没有垫实，锤钉不牢，钉子的长度短于板厚的2.5倍，下钉角度不对（应在30°～45°之间）。

3）受潮腐蚀：首层地面没有做防潮层，搁栅、垫块及板材背面没有进行防潮防腐处理。

4）外观疵点：面层没有刨平、磨光，颜色不均匀一致。

（2）实木地板面层（采用拼花实木地板）质量缺陷及原因

拼花实木地板使用比较普遍，因其构造简单，又经济。

其质量缺陷除与普通木条地板有相同之外，最为常见的是起翘、开裂。

1）起翘：

①木质块料含水率大于12%。

②基层或水泥砂浆层找平层未干透，木板条受潮体积膨胀。

③基层没有进行防潮处理。

2）开裂：

①铺、钉不紧密。

②板厚小于20mm。

③室内返潮。

【工程实例一】

某科研楼工程，设计地面全部采用实木地板（空铺式）面层。施工时，从材质到每一工序均达到规定标准。该工程交付使用半年后，出现多处变形开裂。

原因分析

通风构造层其高度及室内通风沟不符合设计要求，室内空气相对湿度大，围护结构内表面温度与室内空气温差大。

【工程实例二】

某住宅工程，地面采用实木地板（单层）铺设。两个木工作业班同时施工。竣工交付使用后，住户反映：地板松动不平，照明灯时亮时不亮。经检查，出现上述质量缺陷全系其中一个作业班施工的。

原因分析

（1）灯具照明故障。固定木搁栅时，损坏了部分预埋管线。

（2）地板松动不牢。安装固定木搁栅时，忽视了木搁栅与墙之间应留有空隙（宜留30mm间隙），实木地板又紧挤着墙（应留出8～12mm缝隙），使实木地板面层引起产生线膨胀效应。

第三节　饰面板（砖）工程

饰面板（砖）的工程质量，一般指饰面板安装、饰面砖粘贴的质量。一般常用的饰面材料有：天然石饰面板（大理石、花岗石）、人造饰面板（大理石、水磨石等）、饰面砖（釉面砖、外墙面砖等）和金属饰面板等。

饰面板（砖）工程质量，首先取决于材料的品质。故对材料及其性能指标必须达到规定的质量标准。必须进行复验的项目：

（1）室内用花岗石的放射性。

（2）粘贴用水泥的凝结时间、安定性和抗压强度。

（3）外墙陶瓷面砖的吸水率。

（4）寒冷地区外墙陶瓷面砖的抗冻性。

《建筑装饰装修工程质量验收规范》（GB 50210—2001）对饰面板（砖）工程质量的主控项目和一般项目都作出了明确的规定。所以分析饰面板（砖）容易出现的质量缺陷，要抓住主控项目和一般项目的质量要求。

一、饰面板工程

石材面板饰面，容易出现的质量缺陷：接缝不平、开裂、破损、污染、腐蚀、空鼓、脱落。

（1）大理石饰面

1）接缝不平：

①基层没有足够的稳定性和刚度。

②镶贴前没有对基层的垂直平整度进行检查，对基层的凹凸处超过规定偏差，没有进行凿平或填补处理。基层面与大理石板面最小间距小于50mm。

③在基层面弹线马虎，没有在较大面积的基层面上弹出中心线和水平通线。

④没有按设计尺寸进行试拼，套方磨边，校正尺寸，使尺寸大小符合要求。

⑤对于大规格板材（边长大于400mm）没有采用安装方法。

⑥大的板材采用铜丝或不锈钢丝与锚固件绑扎不牢固。

⑦安装时，没有用板材在两头找平；拉上横线，安装其他板材时，没有勤用托线板靠平靠直，木楔固定不牢。

⑧用石膏浆固定板面竖横接缝处，间距太大（一般不超过100～150mm）。

⑨没有进行分层用水泥砂浆灌注，或分层灌注，一次灌注太高，使石板受挤压外移。

⑩灌浆时动作不精不细，使石板受振，位移。

2）开裂：

①在镶贴前，没有对大理石进行认真检查，对存在裂缝、暗痕等缺陷的没有清除。

②结构沉降还未稳定时进行镶贴，大理石受压缩变形，应力集中导致大理石开裂。

③外墙镶贴大理石，接缝不密，灌浆不实，雨水渗入空隙处，尤在冬季渗入水结冰，

体积膨胀，使板材开裂。

④石板间留有孔隙，在长期受到侵蚀气体或湿气的作用下，使固体（金属网、金属挂角）锈蚀、膨胀产生的外推力，使大理石板开裂。

⑤在承重构造基层上镶贴大理石，镶贴底部和顶部大理石时，没有留有适当缝隙，以防结构沉降遭垂直方向压力而压裂。

3）破损（碰损）：

①大理石质地较软，在搬运、堆放中因方法不当，使大理缺棱掉角。

②大理石安装完成后，没有认真做好成品保护。尤其对饰面的阳角部位，如柱面、门面等缺乏保护措施。

4）污染：大理石颗粒间隙大，又具染色能力。遇到有色液体，会渗透吸收，造成板面污染。

①在运输过程中用草绳捆扎，又没有采取防雨措施，草绳遇水渗出黄褐色液体渗入大理石板内。

②灌浆时，接缝处没有采取有效堵浆措施，被渗出的灰浆污染。

③镶贴汉白玉等白色大理石，用于固定的石膏浆没有掺适量的白水泥。

④没有防止酸碱类化学溶剂对大理石的腐蚀。

5）纹理不顺，色泽不匀：

①在基层面弹好线后，没有进行试拼。对板与板之间的纹理、走向、结晶、色彩深浅，没有充分理顺，没有按镶贴的上下左右顺序编号。

②试拼编号时，对各镶贴部位选材不严，没有把颜色、纹理最美的大理石用于主要显眼部位，或出现编号错误。

6）空鼓、脱落：

①湿作业时，灌浆未分层，灌浆振捣不实，上下板之间未留灌浆结合处。

②采用胶黏剂粘贴薄型大理石板材，选用胶黏剂不当或粘贴方法不当。

薄型大理石饰面板，目前在国际上被普遍采用（厚度为 7～10mm）。饰面板改用薄型板石材，是发展趋势。这一材料的改革，减少板材安装前对板的修边打眼，可以省去固定锚固件，减少了工序，施工方便。

薄型板材一般采用胶黏剂粘贴，对采用新工艺中出现的质量问题，要把握分析的重点，及时总结经验和教训。

（2）碎拼大理石饰面

碎拼大理石饰面，可以创意配成各种图案，格调变化多，增强建筑的艺术美。

碎拼大理石容易出现的质量缺陷主要是颜色不协调、表面不平整。

1）颜色不协调：碎拼大理石饰面随意性很大，镶贴没有进行选料和预拼。

2）表面不平整：主要是块材厚薄不一，镶贴不认真，没有采取整平措施。

（3）花岗石饰面

品质优良的花岗石，结晶颗粒细，又分布均匀，用于室外，装饰效果很好。

花岗石比大理石抗风化、耐酸，使用年限长，抗压强度远远高于大理石。

用于饰面花岗石面板，按加工方法的不同，可分为剁斧板材、机刨板材、粗磨板材、磨光板材四类。

鉴于花岗石板材的安装方法同大理石板材安装方法基本相同，故常见的质量缺陷及产生的原因也基本相同。

花岗石板材饰面接缝宽度的质量要求略低于大理石板材的接缝要求。

花岗石饰面其接缝宽度的要求：

光面、镜面 1mm；粗磨面，磨面 5mm；天然面 10mm。

（4）人造大理石饰面

人造大理石饰面板，比天然大理石色彩丰富鲜艳，强度高，耐污染，质量轻，给安装带来了方便。

人造大理石根据采用材料和制作工艺的不同，可分为水泥型、树脂型、复合型、烧结型等几种。常用的为树脂型人造大理石板材，其化学和物理性能最好。

人造大理石饰面容易出现的质量缺陷及原因：

1）粘贴不牢：

①基层不平整。

②打底层没有找平划毛。

③板缝和阴阳角部位没有用密封胶嵌填紧密。

2）翘曲：

①板材选用不当。

②板材选用的尺寸偏大，大于 400mm×400mm 的板材容易出现翘曲。

3）龟裂：

①选用水泥型板材，特别是采用硅酸盐或铝酸盐水泥为胶结材料的，因收缩率较大，易出现龟裂。

②耐腐蚀性能较差，在使用过程中出现龟裂。

4）失去光泽：

①树脂型人造大理石板材，在空气中易老化失去光泽。

②使用在污染较重的环境。

【工程实例一】

某营业厅内墙采用薄形大理石板饰面，故决定采用直接粘贴法安装。粘贴按设计要求预先在基层上进行了弹线、分格，并进行选板、试拼。施工完成后，发现正厅面上部出现空鼓。

原因分析

（1）因基层平整，中层抹灰用木抹搓平后，没有用靠尺检查平整度，表面平整偏差大于 ±2mm 以上，为空鼓留下了隐患。

（2）在选材、试拼时，仅注意了纹理协调、通顺，忽视了石板有厚度不一的情况。按事先的编号顺序粘贴，无法先粘贴较厚的板材，为了使饰面平整，只有靠黏结剂涂刷厚度进行调整。

（3）采用的自行配制的环氧树脂黏结剂。从掺量的配合比（环氧树脂:乙二胺:邻苯二甲酸二丁脂:颜料 = 1:0.07:0.2:适量）分析，没有问题。但忽视了施工温度的要求和黏结剂的使用时间，（该黏结剂应在 15℃ 以上环境使用，当时气温在 5℃ 左右；黏剂要求在 1 小时内用完，贴上部板材时，已远远超过时间要求）大大降低了黏结强度。

【工程实例二】

某城市四星级宾馆，装修时朝南向的正立面外墙用安装红色大理石板饰面。一年以后，发现褪色加剧，隐约可见黑影，极大影响了装饰效果。门庭处大理石脱落。

原因分析

(1) 大理石主要成分为碳酸钙，用于室外，受日晒雨淋侵蚀，表面会很快失去光泽，红色又最不稳定。

(2) 连接件和挂钩，采用的是铁制品，又没有进行防锈处理，加之局部灌浆不实，基层受潮，使铁锈浸入大理石面板，逐渐渗透到表面，出现黑影。

(3) 铁锈膨胀、脱落、降低了砂浆的黏结力，造成面材脱落。

二、饰面砖工程

室内外饰面砖粘贴属于传统工艺。其具有保护功能，能延长建筑物的使用寿命，又具装饰效果。

饰面砖常用的陶瓷制品有瓷砖（釉面砖）、面砖、陶瓷锦砖（陶瓷马赛克）等。

粘贴饰面砖质量要求，主控项目：

饰面砖的品种、规格、图案、颜色和性能应符合设计要求。

饰面砖粘贴必须牢固。

一般项目质量要求主要有：

表面应平整、清洁、色泽一致、无裂痕和缺陷。

饰面砖接缝应平直、光滑，填嵌应连续、密实，宽度和深度应符合设计要求。

有排水要求的部位应做滴水线（槽）。滴水线（槽）应顺直，流向坡向应正确，坡度应符合设计要求。

饰面砖饰面

饰面砖常用于内外墙饰面，外墙一般采用满贴法施工。常见的质量缺陷：空鼓、脱落，开裂，墙面不平整，接缝不平不直、缝宽不均，变色、污染等。

1) 空鼓、脱落：

①饰面砖面层质量大，容易使底层与基层之间产生剪应力，各层受温度影响，热胀冷缩不一致，各层之间产生剪应力，容易使面砖产生空鼓、脱落。

②砂浆配合比不当，如果在同一面层上，采用不同的配合比、干缩率不一致，引起空鼓。

③基层清理不干净，表面不平整，基层没有洒水润湿。

④面砖在使用前，没有进行清洗，在水中浸泡时间少于 2 小时，粘贴上很快吸收砂浆中的水分，影响硬化强度。如没有晾干，面砖附水，产生移动，也容易产生空鼓。

⑤面砖粘贴的砂浆厚度过厚或过薄（宜在 7 ~ 10mm）均易引起空鼓。粘贴面砖砂浆不饱满，产生空鼓。过厚面砖难以贴平，只有多敲，会造成浆水反浮，造成面砖底部干后形成空鼓。

⑥贴面砖不是一次成活，上下多次移动纠偏，引起空鼓。

⑦面砖勾缝不严密、连续，形成渗漏通道，冬季受冻结冰膨胀，造成空鼓、脱落。

2) 裂缝：

①选用的面砖材质不密实，吸水率大于18%，粘贴前没有用水浸透，黏结用砂浆和易性差，粘贴时，敲击砖面用力过大。

②使用时没有剔除有隐伤的面砖，基层干湿不一，砂浆稠度不一、厚薄不均，干缩裂缝造成面砖裂缝。

由以上原因，可以分析出裂缝产生的直接或间接都与面砖的吸水率大小有关。

面砖吸水率大，内部孔隙率大，减小了面砖密实的断面面积，抗拉、抗折强度降低，抗冻性差。

面砖吸水率大，湿膨胀大，应力增大，也容易导致面砖开裂。

3）分格缝不均、表面不平整：

①施工前没有根据设计图纸尺寸，核对基层面实际偏差，没有对面砖铺贴厚度和排砖模数画出施工大样图。

②对不符合要求偏差大的部位，没有进行修整，使这些偏差大的部位产生分格缝不均匀。

③各部位放线贴灰饼间距太大，减少了控制点。

④粘贴面砖时，没有保持面砖上口平直。

⑤对使用的面砖没有进行选择，没有把外形歪斜、翘曲、缺棱掉角的剔除。

⑥不同规格、不同品种、不同大小的面砖混用。

4）接缝不顺直、缝宽不均匀：

①粘贴前没有在基层用水平尺找正，没有定出水平标准，没有划出皮数杆。

②粘贴第一层时，水平不准，后续粘贴错位。

③对粘贴时产生偏差，没有及时进行横平竖直校正。

5）污染、变色：

①粘贴时没有做到清洁饰面砖，或面砖黏有水泥浆、砂浆没有进行洗刷。

②浸泡面砖没有坚持使用干净水。

③有色液体容易被面砖吸收，先向坯体渗透再渗入到表面。

④面砖釉层太薄，乳足度不足，遮盖力差。

【工程实例一】

某写字楼工程外墙饰面为面砖。面砖饰面完工一个星期，遇大雨。发现室内转角处，腰线窗台处渗漏。业主与施工单位共同组织检查，通过锤击测声和观察，发现质量问题均是施工不按规范操作造成的。

原因分析

（1）室内转角处渗漏：外墙转角处全部采用大面压小面粘贴，窄缝内无砂浆，加之面砖底部浆太厚，砖底周围存在空隙。雨水通过窄缝渗入通道，流进墙体，见图7-2。

（2）勾缝不密实，不连续。

（3）腰线、窗台处，对滴水线的处理不符合要求，底面砖未留流水坡度。

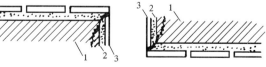

（a）大面压小面，窄缝无砂浆；（b）砖底有空隙

1—墙体；2—砂浆；3—面砖

图7-2 转角处渗漏示意图

【工程实例二】

南方某城市临街新建一栋医药大

楼，框架结构，12层。外墙面全部采用绿色釉面砖。竣工交付使用不到半年，饰面大面积开花（爆裂）。一年后，墙面全部泛黑，成为临街一大奇观。最后，不得不返工重修，改用玻璃幕墙。

原因分析

（1）釉面砖为陶质砖。表明光滑、易清洗、防潮耐碱，具有一定的装饰效果。但仅适宜用于室内。釉面砖热稳定性较差，坯和釉层结合不牢，室外自然温度变化大，温差造成釉面砖大面积爆裂。

（2）釉面砖爆裂，坯体外露，许多凹处聚集污染灰尘，污尘与水混合成为黑色液体，渗入坯体。

三、金属外墙饰面工程

金属外墙饰面，一般悬挂在外墙面。金属饰面坚固、质轻、典雅庄重，质感丰富，又具有耐火、易拆卸等特点，应用范围很广。

金属饰面按材质分有：铝合金装饰板、彩色涂层钢板、彩色压型钢板、复合墙板等。

金属饰面工程多系预制装配，节点构造复杂，精度要求高，使用工具多，在安装工程中如技术不熟练，或没有严格按规范操作，常容易发生质量缺陷。

外墙金属饰面安装工程，常见的质量缺陷有：安装不牢固、饰面不平整、表面划痕、弯曲、渗漏等。

（1）饰面不平直

1）支承骨架安装位置不准确，放线弹线时，没有对墙面尺寸进行校核，发现误差没有进行修正，使基层的平整度、垂直度不能满足骨架安装的平整度、垂直度要求。

2）板与板之间的相邻间隙处不平。

3）安装时没有随时进行平直度检查。

4）板面翘曲。

（2）安装不牢固

1）骨架安装不牢，骨架表面又没有做防锈、防腐处理，连接处焊缝不牢，焊缝处没有涂刷防锈漆。骨架安装不牢，必定影响饰面安装不牢。

2）在安装前没有做好细部构造，如沉降缝、变形缝的处理，位移造成安装不牢。

3）在安装时，没有考虑到金属板面的线膨胀，没有根据其线膨胀系数，留足排缝，热膨胀致使板面凸起。

（3）表面划痕

1）安装时没有进行覆盖保护，容易被划伤。

2）在安装过程中，钻眼拧螺钉时被划伤。

【工程实例】

某写字楼工程，正立面多处为凸形，外墙面用铝合金板饰面。安装完毕，发现局部色泽不一致，墙面下端收口处渗漏。

原因分析

（1）采用的铝合金板不是来自同一产品，在阳光照射下，因反射能力不一，造成色泽差异。采用收口连接板与外墙饰板颜色不一致。

（2）墙面下端收口处，虽然安装了披水板，披水板长度不够，没有把墙面下端封住，也没有进行密封处理，见图7-3。

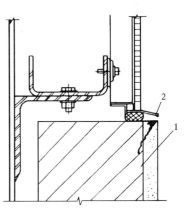

1—墙体；2—铝合金披水板
图7-3 墙面下端渗漏

第四节 涂 饰 工 程

一、水性涂料涂饰工程

水性涂料，一般都存在着黏结力不强、掉粉、变色、耐久性差等缺陷。但其具有材料来源广、成本低、施工比较简单，维修方便的优势，能保护建筑物的基体，并起一定的装饰作用。

水性涂料涂饰的质量，取决于材料的选用、基层的性能及处理、涂饰工具的选择和使用、操作工艺等诸因素。常见的质量缺陷：腻子黏结不牢、掉粉、起皮、孔眼、流坠、反碱、咬色等。

（1）腻子黏结不牢

腻子黏结不牢，是指用腻子刮批基层表面后，出现翘皮、鱼鳞状皱结或鱼鳞状裂纹，严重的还会出现脱落。

1）基层表面有尘灰、油污、杂物，形成了隔离层，或基层本身就有隔离剂未被清除。

2）使用的腻子稠度较大，胶性又小。

3）对基层存在较大的孔洞、凹陷处，一次嵌填腻子过多、造成干燥裂缝。

4）一次批刮腻子太厚，或在同一部位反复多次来回批刮，致使腻子起皮翻起。

（2）孔眼

在基层（尤其是混凝土表面）施涂浆料后出现针眼。

1）基层表面存在细孔，细孔内存有空气，批刮腻子用力不均，批刮不实，使腻子难以进入孔内。

2）打磨腻子不平整光滑，对粉末又没有清除干净，施涂后容易产生孔眼。

（3）掉粉

1）刷浆料与基层黏结力较差，材质本身就存在缺陷。

2）基层过于干燥或过于湿，浆料胶性小，降低了黏结强度。

（4）起皮

1）已批刮的腻子与基层附着力不强，施涂的浆料胶性太大，施涂膜层过厚，干缩卷起腻子。

2）浆料胶性太小，黏结力差，也容易产生卷皮。

（5）透底

膜层不能完全覆盖基层，施涂后仍显出基层本色，称为透底。

1）基层表面过于光滑，或沾有油污，膜层难以在其表面结固。

2）涂料含颜（填）料太少，降低了遮盖力。

3）施涂遍数不足，没有达到一定的涂层厚度。

4）涂层厚薄不均，或漏涂漏喷。

5）施涂浅色涂料难以遮盖深色涂料，或涂料不具相容性。

（6）咬色

涂料本来具有的色相，施涂后被改变颜色，称为"咬色"。

1）基层表面沾有油性污物，膜层被底色反渗，改变了本来的颜色。

2）基层的金属件（预埋件）表面没有作任何隔离处理（涂刷防锈漆等），锈蚀反渗到涂层表面。

（7）反碱（析白、反霜）

施涂涂料后，膜层表面出现毛状物，形似白霜，称之"反碱"。

1）基层含碱成分较高（如水泥砂浆基层、混凝土基层），施涂涂料后，碱析出膜层表面，形成白霜。出现这种情况，主要是对基层表面没有进行封闭处理。

2）使用涂料不具耐碱性，或本身就有碱性，如配制大白浆色浆，掺入的颜料为碱性。

（8）流坠

涂料施涂基层表面后，因浆料自重下流，形成挂幕或流痕。

1）基层表面过于光滑，或基层表面过于潮湿。

2）基层表面不平整，凹陷处太多，涂液滞留过厚，自重下流。

3）涂料稠度小，如使用喷涂，喷嘴移动速度、喷距不一，容易造成流坠。

【工程实例一】

某教学楼工程，按设计要求室外檐口、窗套、腰线采用聚合物水泥浆涂刷。主要基料采用 32.5 等级白色硅酸盐水泥，并按规定的配合比进行自行配制。刷涂前作了如下工序交底：

基层处理→填补缝隙→局部嵌批腻子→第一遍刷涂→第二遍刷涂。

施工完成后，发现表面粗糙，有疙瘩、颜色不一。

原因分析

（1）因在工序中少了一道打磨工序，对嵌批腻子的不平处遗漏打磨，留下不平整缺陷。

（2）使用的工具没有清理干净，在刷涂过程中不时有杂物掉入涂液中。

（3）设计要求颜色偏暖，第一次掺入了 5% 的普通硅酸盐水泥，达到色相要求。因工程所需涂料不是一次备齐，在以后涂料中没有控制好普通硅酸盐水泥的掺量，造成颜色不一。

【工程实例二】

北京市某公司大楼外墙采用奶黄色涂料涂饰，采用弹涂工艺。竣工验收时，发现大楼正立面两侧墙面均出现色点、起粉、变色、析白现象。

原因分析

（1）基层太干燥，色浆很快被基层吸收，致使色浆中的主要基料水泥水化缺水，降低了色浆与基层的黏结强度。

（2）掺入的颜料太多，颜料颗粒又细，不能全部被水泥浆包裹，降低了色浆强度，起粉、掉色。

（3）涂层未干燥，用稀释的甲基硅酸钠罩面，将湿气封闭，诱发色浆中的水泥水化分泌出氢氧化钙，即析白。析白不规则出现，造成涂层局部变色发白。

【工程实例三】

某海滨城市一度假村，外墙采用淡蓝色浆聚合物水泥浆喷涂。使用 2~3 个月后，发现颜色不一致、花脸和褪色现象。

原因分析

（1）颜料选择不当，没有考虑海滨空气中含盐。

（2）基层干湿程度不一，造成吸收性差异，致使颜色深浅不一。

（3）配制色浆材料货源不一致，配合比不一样，称量不准。

（4）一次拌料配制太多，变稠后随意加水稀释，降低了色浆的纯度（饱和度）。

二、溶剂型涂料涂饰工程

溶剂型涂料涂饰工程容易出现的质量缺陷，有些与水性涂料涂饰工程相同或类似，产生的原因也是相同或基本类似。本节重点分析不相同处。

（1）流坠

1）涂料的粘结强度低，涂刷时摊油不好，一次涂饰太厚。

2）温度与涂料结固时间相差太大。如气温低，涂料干燥时间慢，容易使涂料在成膜过程中因自重下流，产生流痕或坠滴。

（2）刷痕

1）涂料流平性差。主要是涂料中含颜（填）料太多，或填料吸油性大，或涂料稠度太高，没有进行稀释调整稠度。

2）基层面吸收能力过强，涂饰发涩，蘸油多，摊油、理油不顺，留下刷纹。

3）甩槎、接槎处涂刷处理不好，也容易出现刷纹。

4）使用的油刷过小，或刷毛过硬。

5）在木质基层表上没有顺木纹刷涂。

6）出现刷纹，没有用砂纸打磨平，再刷涂料，任其存在。

（3）起粒

涂饰涂料后，膜层中出现颗粒，有的颗粒突出膜层破坏膜层的封闭。

1）基层表面清理不干净，存在砂粒、灰粒。

2）涂料内颜（填）料用量过多或颗粒太粗，或砂粒等杂物混入涂料中。

3）涂料内存有气泡。

4）两种不同特性涂料被掺混使用。

5）喷涂时，气压过大，喷嘴与基层面距离太远，温度较高，涂料未喷到基层，已在空气中结固；或施工环境不清洁，刷（喷）过程中，灰尘、细灰粒被带进膜层中。

（4）皱纹

涂膜在硬化过程中，表层急剧收缩成曲形纹。

1）涂料掺入溶剂过多，溶剂挥发过快，未待涂料流平，面层已开始固结。

2）涂饰时或涂饰完，遇高温或烈日暴晒，使涂膜内外干燥不一，表层结膜在先，形成皱纹。使用长度油如防锈漆、油性调和漆更容易产生此现象。

（5）起泡

膜层出现大小不同的气泡，具有弹性。

1）基层潮湿，水分蒸发，使膜层产生气泡；木质基层含有芳香油、松脂，其挥发过程中也会使膜层产生气泡。

2）涂饰黑金属表面未作基层处理，铁锈、基层表面凹陷处潮气、降低了涂料黏结力，产生气泡。

3）喷涂时，空气压缩机中的水蒸气被带进涂料，形成气泡。

4）涂料稠度大，刷涂时被油刷带进空气。

5）底层涂层没有完全干燥或表面有水没有除净，即刷涂面层涂料。

（6）失光（倒光）

涂料涂饰后，光泽饱满膜层逐渐失光。

1）涂饰时，空气湿度过大，涂料中又未掺入防潮剂。

2）涂饰时，水分被带进涂料。

3）木质基层含有吸水的碱性植物胶，又来作封闭处理。金属表面油污未被清除干净，如刷涂硝基漆后，即产生白雾。

（7）回黏

涂膜形成后，久久不干，手触有黏感。

1）基层处理不洁，有油污、油脂、蜡、盐等杂物，造成涂料慢干回黏。

2）一次涂饰涂料太厚，施工后遭烈日晒，又未采取防晒措施。

3）催干剂使用不当，掺入量过多或过少。

4）涂料贮存时间过久，稠度过大，催干剂被填料完全吸收，容易产生膜层不干燥。

5）基层含水率太高，造成涂膜回黏。

（8）咬底

底层涂膜被面层涂料软化、咬起。

1）底层涂料与面层涂料不具相容性。

2）底层涂料还没有完全干燥，涂饰面层涂料。

3）涂饰面层涂料时，在同一部位反复涂刷多次。

（9）变色（发花）

涂饰涂料时，涂料分层离析，颜色产生差异。

1）涂料中的各种混合颜料，比重差异大，粉粒大小不同，重的下沉，轻的上浮。用时，未调和均匀。

2）颜料的润湿性不好，含有空气。

3）涂饰含有颜料比重大的涂料，没有选用软毛刷。涂饰时，没有进行反复多次搅拌。

（10）发笑（花）

膜层表面出现斑斑点点收缩，露出底层。

1）基层表面存有油垢，蜡质、残酸、残碱等。

2）基层表面过于光滑，高光泽的底层涂料未经打磨，即刷面层涂料。

3）涂料黏度大小，涂层太薄。

4）溶剂选用不当，挥发太快，未待涂膜流平，即产生收缩。

（11）橘皮

涂膜表面出现半圆形突起形似橘皮纹状。

1）在涂料中掺入稀释剂没有注意中、高、低沸点的搭配。如在涂料中掺入低沸点的溶剂太多，挥发速度太快，未待流平，表面已产生橘皮状。

2）涂饰时温度过高或过低，或涂料中混有水分。

3）喷涂时，选用喷嘴口径太小，喷涂压力太大，喷嘴与基层表面距离控制不当。

4）涂料黏度过大。

（12）裹棱

在基层的阳角线，积涂料过多，称之裹棱。

1）涂饰顺序不当。

2）棱线处的涂料没有理顺理平。

（13）反锈

涂饰黑色金属表面后，膜层表面初期略透黄色，黄色处逐渐破裂，露出锈斑。

1）基层表面的铁锈、酸液及水分没有清除干净，膜层太薄，水汽或腐蚀气体透过膜后，加速锈蚀，渗透到膜层表面，破坏膜层。

2）饰涂时留下针孔隐患，成为腐蚀通道，或漏刷。

3）基层没有做封闭处理。

【工程实例一】

某旅行社新建一栋六层砖混结构的办公楼。为了获得艺术装饰效果，外墙拟采用光泽高溶剂型外墙涂料。涂饰前发现墙面平整度差，担心在阳光照射下，暴露出明显缺陷，影响美观。后改用无光外墙乳液型涂料涂饰。验收前，承建商发现：成膜不良；多处出现不规则裂缝，且有发展趋势。决定对裂缝严重部位作返工处理。在返工过程中，总结了教训。

原因分析

（1）成膜不良。涂饰施工时，正值冬季，平均气温低于5℃。

（2）基层抹灰层过厚，干缩变形，造成膜层出现裂缝。

（3）抹灰层裂缝尚在发展，涂饰施工过早。

（4）涂料的渗透性差，对微细裂缝也不能弥合。

【工程实例二】

某餐饮楼大厅墙面（基层为水泥砂浆面），按设计要求，决定采用水包油型多彩内墙涂料饰面。该涂料的特点：涂层无接缝，整体性强，无卷边和霉变，有无缝壁纸之称；色彩丰富，图案变化多样，造型新颖，别具一格；耐油、耐水、耐擦洗；施工方便、效率高，可以缩短工期。涂饰前作了技术交底，并明确了验收要求。

其工序：基层处理→底涂→中涂→面涂

底涂主要是为了具有抗碱作用，保护面层免受碱性侵蚀；

中涂主要是为增强附着力和遮盖力，不影响面层色彩。

验收应符合下列条件：

无流挂、无露底。

多彩粒子用手擦磨，不会掉落。

花纹图案应均匀、清晰。

验收时，发现如下缺陷：

挂流、不规则花纹、不均匀光泽、剥落、涂膜表面粗糙。

原因分析

（1）挂流。喷涂太厚，尤其多发生在转角处。

（2）不规则花纹。喷枪压力不稳、遮盖力不够。

（3）不均匀光泽。中涂层吸收面层涂料不均匀。

（4）剥落（呈壳状）。表面潮湿；基层强度低；用水过度稀释中涂料；中涂料没有充分干燥。

（5）屑状脱落。用水稀释面层涂料。

（6）表面粗糙。涂料用量不足。

第五节　裱糊与软包工程

一、裱糊工程

裱糊适用室内饰面，是我国的传统装饰工艺。施工方便，使用寿命长。

为了保证裱糊的质量，对于基层处理的质量要求，《建筑装饰装修工程质量验收规范》GB 50210—2001 作的一般规定与涂饰工程对基层处理要求基本相同。

对于裱糊工程的质量缺陷产生的原因，主要是基层处理不好，胶黏剂使用不当和由粘贴方法不对引起的。如含碱的基层表面没有进行封闭，会造成壁纸污染，变色；如木质基层的染色剂没有作隔离处理，被胶黏剂溶解，造成壁纸被沾污。如胶黏剂渗透壁纸太快，壁纸同样会被污染。为了使分析有条理性，本节以出现质量缺陷的现象，采用综合分析的方法。

裱糊工程常见的质量缺陷：

（1）表面不平整

1）基层不平整，对凹凸部位没有进行批刮腻子，或嵌批腻子后没有进行打磨。

2）基层沾有杂物。

3）粘贴壁纸漏刷胶，或涂胶厚薄不均，铺压不密实，出现曲纹，使壁纸失去平整。

（2）壁纸不垂直

壁纸不垂直是指相邻壁纸不平行，壁纸上的花饰与壁纸边不平行，阴阳角处壁纸不垂直。

1）基层表面阴阳角垂直偏差大，又没有进行纠偏处理，造成壁纸的接缝和花饰不垂直。

2）裱糊前，没有吊垂直线，裱糊失去基准线，容易造成不平行，第一幅不平行，使后续裱糊的壁纸不平行。

3）对花饰与壁纸边不平行的壁纸，没有进行处理，直接裱糊上墙。

4）搭缝裱糊的花饰壁纸，对花不准确。

（3）离缝或亏纸

相邻壁纸间缝隙超过允许范围称为离缝；壁纸的上口与挂镜线（无挂镜时以弹的水平

线）下口与踢脚线连接处露底称为亏纸，见图7-4。

1）裁割尺寸偏小，裱糊后不是上亏就是下亏，或上下都亏。

2）搭接缝裁割壁纸，不是一刀裁割到底，裁割时多次改变刀刃方向，或钢尺偏移，造成间缝间距偏差超过允许范围。

3）裱糊后续壁纸与前一张壁纸拼缝时连接不准，就进行赶压，用力过大使壁纸伸张，干燥后回缩，产生离缝或亏纸。

（4）花饰不对称

1）在同一张壁纸上印有正花与反花、阴花与阳花，裱糊前未仔细区别，盲目裱糊，使相邻壁纸花饰不对称，见图7-5。

2）裱糊前，对裱糊墙面没有进行事先对称规划，忽视了门窗口两边、对称柱子、对称的墙面，采取连续裱糊，见图7-6。

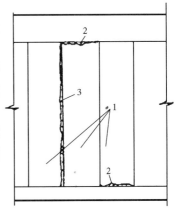

1—壁纸；2—亏缝；3—离缝
图7-4　离缝与亏纸

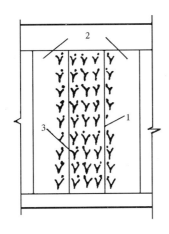

1—壁纸；2—对称；3—不对称
图7-5　花饰不对称

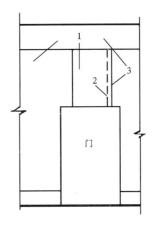

1—壁纸；2—对称；3—不对称
图7-6　接缝不对称

（5）搭缝

1）没有将壁纸的连接处推压分开，造成重叠。

2）对壁纸的收缩性能不了解，如对收缩性较大的壁纸可以搭缝，干燥收缩正好合缝；如对无收缩性的壁纸也作搭缝，就会产生重叠。

（6）翘边

1）基层不洁，或表面粗糙，或太干或潮湿，使胶黏剂与基层连接不牢。

2）胶黏剂黏结力小，特别是阴角处，第二张壁纸粘贴在第一张壁纸面上，容易翘边。

3）阳角处包角的壁纸的宽度小于20mm，阴角搭接宽度没有控制在2~3mm，黏结强度小于壁纸表面张力，容易翘边，见图7-7、图7-8。

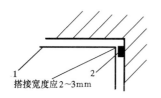

1—壁纸；2—翘边处

图 7-7　包阴角处翘边

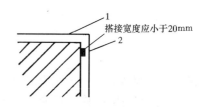

1—壁纸；2—翘边处

图 7-8　包阳角处翘边

（7）空鼓

1）基层潮湿，含水率超过规范要求；或基层表面不干净。

2）基层强度低，存在空鼓、孔洞、凹陷处，又未用腻子嵌实补平。

3）石膏板基层的表面纸基起泡或脱落。

4）基层或壁纸底面，涂刷黏结胶厚薄不均或漏刷。

5）裱糊壁纸时，反复挤压胶液次数过多，使胶液干结失去黏结力；或赶压用力太小，没有能把多余的胶液赶出，存集在壁纸下部，形成胶泡。

（8）死褶

壁纸裱糊后，表面上出现皱纹，称为死褶。

1）壁纸质量不好或壁纸较薄，或壁纸厚薄不均。

2）裱糊壁纸时，没有将壁纸铺平，就进行赶压，容易产生皱纹。

（9）反光

1）裱糊壁纸时，胶液沾黏到壁纸面上，又没有进行清洁处理，胶膜出现起光。

2）凹凸花饰壁纸，被用力赶压，造成局部被压平，失去质感。

（10）变色

1）壁纸受基层碱性侵蚀，造成壁纸脱色或变色。

2）基层潮湿，或环境湿度大，胶黏剂干燥缓慢，促使霉菌生长，引起变色。

3）壁纸暴露在强烈的阳光下，被照射变色。

4）壁纸贮存期间被污染。

【工程实例一】

某宾馆标准间全部采用裱糊壁纸饰面，投入使用一年后，朝北向房间壁纸出现颜色不一致，南向房间无此现象。

原因分析

北立面外墙面砖饰面，工序控制不严，墙面多处渗漏，基层潮湿，使壁纸颜色发黄变深。

【工程实例二】

某装饰公司承接一小区几户家庭装饰业务，在裱糊施工时，出现如下质量缺陷：

甲户：原墙面已涂饰了有光涂料，在裱糊前为了增加胶黏剂附着力，作了消光处理。裱糊完工后，出现起泡。

乙户：原墙面已裱糊纸面壁纸，因使用了三年，略显陈旧变色，故未作处理，直接在纸面壁纸上裱糊乙烯基壁纸，裱糊完工后，出现卷起。

丙户：铲除旧饰面，基层进行了处理后，裱糊壁纸过程中，就出现起泡、卷边。

原因分析

甲户：基层表面涂饰了有光涂料，裱糊壁纸，因未粘贴衬纸，胶黏剂干燥缓慢，使壁纸浸泡时间过长，延伸膨胀出现起泡。

乙户：乙烯基壁纸的强度比纸面壁纸大，乙烯基壁纸干燥收缩将纸面壁纸拉起。

丙户：壁纸刷胶后放置时间不够，使壁纸张力不均，平整壁纸难度大，产生起泡、卷边。

二、软包工程

软包工程一般指墙面、门等软包。

《建筑装饰装修工程质量验收规范》（GB 50210—2001）对软包工程的质量的主控项目作了如下规定：

软包面料、内衬材料及边框的材质、颜色、图案、燃烧性能等级和木材的含水率应符合设计要求及国家现行标准的有关规定。

软包工程的安装位置及构造做法应符合设计要求。

软包工程的龙骨、衬板、边框应安装牢固、无翘曲，拼缝应平直。

单块软包面料不应有接缝，四周应绷压严密。

软包工程质量要求的一般项目：

软包工程表面应平整、洁净，无凹凸不平及皱折；图案应清晰、无色差，整体应协调美观。

软包边框应平整、顺直、接缝吻合。其表面涂饰质量应符合涂饰工程的规定。

清漆涂饰木制边框的颜色、木纹应协调一致。

从以上的质量要求来看，软包工程是一个综合性很强的子分项工程，其与细部工程，涂饰工程有很多相同之处，有相同的质量要求。如涂饰工程的质量缺陷，也会出现在软包工程中。软包工程的饰面，与裱糊工程的饰面质量要求也有许多相同之处，所不同的表现在"裱糊"与"绷压"。

软包工程常见的质量缺陷：

（1）边框翘曲、开裂、变形

1）使用了劣质木材。

2）木材的含水率太高。

（2）面料下垂，皱折

绷压不严密，经过一段时间后，软包面料因失去张力，造成下垂及皱褶。

（3）面料开裂

单块软包上的面料进行了拼接，拼接处容易开裂。

（4）安装不平不直

1）安装前，没有吊垂线和拉水平通线。

2）边框的高度、宽度超出允许偏差范围（允许偏差为3mm）。

3）对角线长度超出允许偏差范围（允许偏差为3mm）。

（5）面料发霉变色

1）基层潮湿。

2）衬板没有进行封闭处理，吸潮。

【工程实例】

某宾馆1~5层标准间全部采用软包饰面，进行竣工验收时，总的感觉，观感质量不尽人意，整体协调美观欠佳。

原因分析

（1）面料图案不够清晰，清漆涂饰的木制边框出现刷痕，纹理显露差。

（2）同一房间使用的软包面料有细微色差，不是采用同一品种。

（3）软包边框与边框的垂直接缝不吻合，不顺直。

（4）安装软包时，面料局部被轻微污染。

（5）软包表面略有凹凸。

第六节　门　窗　工　程

门窗工程是建筑物的一个重要组成部分。其主要作用：采光、通风、隔离。用于建筑物的外立面，还发挥重要的装饰作用。《建筑装饰装修工程质量验收规范》（GB 50210—2001）把门窗工程归并到建筑装饰装修分部工程。

门窗按使用的材质分类，大致可以分为木门窗、金属门窗、塑料门窗。

门窗安装是否牢固既影响使用功能又影响安全，规范规定，无论采用何种方法固定，建筑外窗安装必须确保牢固，并将这一规定列为强制性条文。

本章重点分析门窗在安装过程中，容易出现的质量缺陷。

一、木门窗安装工程

规范主控项目对木门窗安装工程作出的质量要求：

木门窗框的安装必须牢固。预埋木砖的防腐处理、木门窗框固定点的数量、位置及固定方法应符合设计要求。

木门窗扇必须安装牢固，并应开关灵活、关闭严密，无倒翘。

木门窗配件的型号、规格、数量应符合设计要求，安装应牢固，位置应正确，功能应满足使用要求。

一般项目对木门窗安装工程作出的规定：

木门窗与墙体间缝隙的填嵌材料应符合设计要求，填嵌应饱满。寒冷地区外门窗（或门窗框）与砌体间的空隙应填充保温材料。

同时，对木门窗安装的留缝限值、允许偏差和检验方法也作了规定。

木门窗安装工程容易出现的质量缺陷及原因：

（1）木门窗窜角（不方正）

在安装过程中，卡方不准或没有进行卡方，造成框的两个对角线，长短不一。致使门框变形（框边不平行）。

（2）松动

1）门窗框与墙体的间隙太大，木垫干缩、破裂。

2）预埋木砖间距过大，与墙体结合不牢固，受振动，与墙体脱离。

3）门框与墙体间空隙，嵌灰不严密，或灰浆稠度大，硬化后收缩。

（3）门窗扇开关不活或自行开关

1）安装门的上下副合页的轴不在一条垂直线上。

2）安合页一边门框立框不垂直，向开启方向或向关闭方向倾斜。

3）选用的五金不配套，螺丝帽凸突。

二、金属门窗安装工程

金属门窗安装工程，一般指钢门窗、铝合金门窗、涂色镀锌钢板门窗安装。

规范主控项目对金属门窗安装工程作出的质量要求：

金属门窗框和副框的安装必须牢固，预埋件的数量、位置、埋设方式与框的连接方式必须符合设计要求。

金属门窗扇必须安装牢固，并应开关灵活、关闭严密，无倒翘。推拉门窗扇必须有防脱落措施。

金属门窗配件的型号、规格、数量应符合设计要求，安装应牢固，位置应正确，功能应满足使用要求。

一般项目对金属门窗安装工程作出规定：

铝合金门窗推拉窗扇开关力应不大于100N。

金属门窗框与墙体之间的缝隙应填嵌饱满，并采用密封胶密封。密封胶表面应光滑、顺直、无裂纹。

金属门窗扇的橡胶密封条或毛毡密封条应安装完好，不得脱槽。

有排水孔的金属门窗、排水孔应畅通，位置和数量应符合设计要求。

同时对钢门窗、铝合金门窗安装的留缝限值、允许偏差和检验方法也作了规定。

（1）钢门窗安装工程质量缺陷及原因

1）门窗框不方正、翘曲、框扇变形

堆放位置不正确（不是竖立堆放，堆放坡度大于20°），或杠穿入框内抬运，门窗上搭设脚手架，或悬挂重物、碰撞。

2）大面积生锈

搬运或安装时撞伤表面，损伤漆膜，防潮防雨措施不力。

3）安装不牢固

铁脚固定不牢或伸入墙体长度太短，或与预埋铁件脱焊、漏焊。

（2）铝合金门窗安装工程质量缺陷及原因

1）门窗框与墙体连接刚度小

①洞口四周的间隙没有留足宽度。

②砖砌体错用射钉连接。

③锚固定与窗角处间距大于180mm，锚固定间距大于500mm，外窗框与墙体周围间隙处，没有使用弹性材料嵌实。

2）门窗框与墙体连接处裂缝

门窗框内外与墙体连接处，漏留密封槽口，直接用刚性饰面材料与外框接触，形成冷热交换区。

3）门窗框外侧腐蚀

①用水泥砂浆直接同门窗框接触，对铝产生腐蚀。

②没有作防腐处理（接触处），保护膜没有保护好。

【工程实例一】

某美食城内外装饰施工正逢冬季，为保持室内温度，以利其他专业工种施工，外墙铝合金窗提前安装完毕。因赶工期忽视了安装质量和成品保护，出现了窗框翘曲变形、开关不灵活、窗框腐蚀、铝合金窗污染。

原因分析

（1）型材系列选的偏小，壁厚小于1.2mm，强度不足，产生翘曲变形。

（2）窗框与墙体间隙太小，无法嵌填隔离、密封材料，用水泥砂浆抹灰，直接接触窗框，被水泥砂浆腐蚀。

（3）不注意成品保护，提前撕掉窗框保护胶带，又没有采取其他保护措施，被砂浆、灰尘沾污。

【工程实例二】

南方某住宅小区工程，安装铝合金窗前，考虑材质较薄，平开窗刚度不足，用推拉开启。用户进住后，反映推拉不灵活、窗台渗水、亮子玻璃处也漏水。物业管理部门调查属实，反馈到施工单位。

原因分析

（1）推拉不灵活

墙体与窗框之间的空隙用水泥砂浆填实，两种材料膨胀系数不一样，窗框受热变形。

（2）窗台渗水

1）内扇聚集的雨水流入两轨之间，通过两端与竖框挺结合处流入墙体。

2）框与墙体间空隙填实不严密。

3）抹灰层饰面高于下框。

4）固定条固定间距太大，压条成波浪形，造成积水。

（3）亮子玻璃处漏水

安装工序不对：安装玻璃→装压条→打密封胶，造成密封胶薄层龟裂。（正确的做法：密封胶打底层→装玻璃→打密封胶→安装外层压条）

三、塑料门窗安装工程

塑料门窗主要是以聚氯乙烯或其他树脂为主要原料，辅以相应的辅助材料，经挤压成型，做成不同截面的型材，再按规定要求和尺寸组装成不同规格的门窗。

规范对塑料门窗安装工程的质量主控项目：

塑料门窗框、副框和扇的安装必须牢固。固定片或膨胀螺栓的数量与位置应正确，连接方式应符合设计要求。固定点应距窗角、中横框、中竖框150~200mm，固定点间距应大于600mm。

塑料门窗扇应开关灵活、关闭严密，无倒翘。推拉门窗扇必须有防脱落措施。

塑料门窗配件的型号、规格、数量应符合设计要求，安装应牢固，位置应正确，功能应满足使用要求。

塑料门窗框与墙体间缝隙应采用闭孔弹性材料填嵌饱满，表面应采用密封胶密封。密封胶应黏结牢固，表面应光滑、顺直、无裂纹。

一般项目对塑料门窗安装工程的质量要求：

塑料门窗表面应洁净、平整、光滑，大面应无划痕、碰伤。

塑料门窗扇的密封条不得脱槽。旋转窗间隙应基本均匀。

玻璃密封条与玻璃及玻璃槽口的接缝应平整，不得卷边、脱槽。

排水孔应畅通，位置和数量应符合设计要求。

同时对塑料门窗的安装允许偏差和检验方法也作了规定。

塑料门窗安装工程中，容易出现的质量缺陷：变形、安装不牢固、开关不灵活。

（1）变形

1）存放时，门窗没有竖直靠放，挤压变形。

2）没有远离热源。

3）在已安装门窗上铺搭脚手板，或悬挂重物，受力变形。

4）门窗框与洞口间隙填料过紧，门窗框受挤压变形。

（2）安装不牢固

1）单砖或轻质墙砌筑时，与门窗框交界处没有砌入混凝土砖，使连接件安装不牢，必然造成门窗框松动。

2）直接用锤击螺钉与墙体连接，造成门窗框中空多腔材料破裂。

（3）开关不灵活

安装顺序不正确。在安装门窗框前，没有将门窗扇先放入框内找正，检查是否开关灵活。

（4）表面沾污

1）先安装塑料门窗，后做内外粉刷。

2）粉刷窗台板和窗套时，没有进行粘贴纸条保护。

3）填嵌密封胶时被沾染，没有及时清除。

【工程实例】

一作业班组在安装塑料窗时，窗扇开关灵活。当窗框与墙体间隙用了规定材料（伸缩性能较好的弹性材料）填嵌，并用了密封胶进行密封后，出现窗扇开关不灵活现象。

原因分析

班长在进行技术交底时，强调窗框外围空隙填实必须严密。操作工人用矿棉条填实时，以为越紧密越好，用小锤击实，密封胶镶嵌。填实过紧，造成外框变形。

小　　结

抹灰工程的质量缺陷，如面层空鼓、裂缝、脱落，往往具有并发性，很少是单一原因引起的，分析时要注重综合归纳。

地面工程重点分析了整体面层（水泥砂浆面层的质量缺陷如裂缝、起鼓、起砂的原因），对其他面层的缺陷原因分析能起启发作用，分析时抓住基层、材料、结合层的关键，再从工艺上找原因。

饰面板（砖）工程，重点分析安装（粘贴）过程中容易出现的质量缺陷。

涂饰工程，无论是水性涂料、溶剂型涂料涂饰，产生的质量缺陷，一般都与材料的质量、基层的品质、环境、工艺有关。

裱糊与软包工程出现的质量缺陷，重点分析壁纸的品质、施工环境和使用环境、胶黏剂的选用以及工艺操作。软包工程主要是"绷压"出现的质量缺陷和产生的原因，与裱糊工程有相通之处。

门窗工程，重点分析安装不牢固。

上述的质量事故不仅影响使用功能，又影响安全。

复习思考题

1. 一般抹灰工程中容易出现哪些质量缺陷？产生的主要原因是什么？

2. 抹灰工程与基层的处理质量有何关系？你如何认识基层处理在抹灰工程中的重要作用？

3. 举例说明装饰抹灰工程中不同饰面常见的质量缺陷和产生的原因。

4. 举例说明基层质量对地面工程质量的影响。

5. 水泥砂浆面层常见的质量缺陷有哪些？

6. 简述块材地面施工的薄弱环节，哪些工序容易失控？

7. 分别简述饰面板（砖）工程中，容易产生的质量缺陷及产生原因。

8. 金属板饰面安装工程中产生安装不牢固的原因有哪些？

9. 基层品质不好，会给饰面板（砖）工程带来哪些质量缺陷？

10. 简述涂饰工程与基层处理二者之间存在的质量关系。

11. 涂饰工程中有哪些常见的质量缺陷？

12. 基层的质量不好，会使裱糊工程产生哪些质量缺陷？

13. 哪些质量缺陷，会影响裱糊的装饰效果？

14. 软包工程常见的质量缺陷有哪些？

15. 门窗安装工程中，容易出现哪些质量缺陷及产生原因？

16. 建筑外墙门窗必须确保安装牢固为什么被列为强制性条文？

第八章 保温隔热工程

保温隔热工程是建筑节能工作的主要内容之一。《民用建筑节能设计标准（采暖居住建筑部分)》（JGJ 26—95)、《夏热冬冷地区建筑节能设计标准》（JGJ 25—2003)、《公共建筑节能设计标准》（GB 50189—2005）相继颁布执行，到 2010 年，新建建筑能达到普遍实施节能率为 50%。

保温节能墙体材料，建筑保温、绝热材料，节能门窗及玻璃制品，围护结构体系节能工程施工已逐步在采用和实施，但由于材料的品质和施工工艺欠成熟，达不到预期的保温隔热效果，尤其表现在围护结构体系节能工程的施工。

为了能更好地分析产生质量问题的原因，先明确两个概念：

围护结构的保温性能：是指在冬季采暖房屋中，围护结构阻止热量由室内向室外的传递的能力。用传热阻 R_0（单位m²·K/W）表示，或用导热系数 K（单位 W/m²·K）表示。

围护结构的隔热性能：是指在夏季自然通风房屋中，围护结构内表面保持较低温度的能力。

第一节 保温绝热材料的品质

导热系数低于 0.175W/（m²·K）的材料，一般为绝热材料。建筑工程上使用的绝热材料，一般要求其导热系数不大于 0.15W/（m²·K），表观密度不大于 600kg/m³，抗压强度不小于 0.3MPa。影响材料的导热系数，主要取决于材料的密度，材料的含水率和材料的温度。

一、材料的密度

一般情况下，表观密度小的材料其孔隙率大，导热系数小。孔隙率相同，大孔隙的比小孔隙导热系数大。孔隙相互连通比孔隙不相互连通的导热系数大。如用松散的纤维制品，其导热系数最小，一定是最佳表观密度，当表观密度小于最佳表观密度时，孔隙连通，导热系数增大。

二、材料的含水率

材料的含水率增大，导热系数会增大。因为水的导热系数 0.58W/（m²·K），大于密闭空气的导热系数 [0.023W/（m²·K)]。受潮的绝热材料受冻结冰，导热系数为 2.33W/（m²·K）。

三、材料的温度

对建筑围护结构进行保温隔热，通常在常温状态下，不考虑温度对材料导热系数的影响（材料处在 0~50℃导热系数值一般没有变化），但在高温时，导热系数会随着温度升高增大。

四、材料的组分和内部构造

材料的组分和内部构造，会影响材料的表观密度和含水率，也会影响热流的延伸方向。材料在自然状态下的体积包含了内部孔隙的表观体积，当孔隙内含有水分时，其质量和体积均有变化。总表面积较大的粉状或颗粒状亲水性材料就具有较强的吸湿性。各向异性材料（如木材等）当热流平行于纤维延伸方向时，热流阻力小，热流垂直于纤维延伸方向时，热流阻力大，导热系数会有大小变化。

第二节　松散材料和整体式保温层工程

一、松散材料保温层工程

松散材料保温层一般用于屋面，楼地面、墙体夹层。常见的质量缺陷，达不到预期的保温效果。产生的原因主要是粒径的控制不严，含水率过高，铺设厚度不均，密度大小不一。

（1）保温材料粒径控制不严

1）粒径超过允许限值，没有选用最佳导热系数的粒值，如膨胀珍珠岩粒径小于0.15mm 的含量大于8%，膨胀蛭石的粒径没有控制在3～15mm，炉渣粒径没有控制在4～40mm。

2）粉末过多，又不进行过筛处理。

（2）保温材料含水率过高

1）材料进场后，露天堆放，雨淋受潮，又未进行晒干、烘干处理。

2）保温层铺设后，没有立即进行防水层施工，遇雨又无防雨措施。

3）发现保温层含水率超过15%，施工时未做排气。

根据试验，材料的含水率增加1%，其导热系数相应增大5%。

4）保温层不干燥，封闭式保温层的含水率高于该材料在当地自然风干状态下平均含水率。

（3）保温层铺设厚度不均

没有进行分层铺设，在坡屋面铺设前未设隔断，无法找平，造成移动堆积；在平屋面铺设后，抹浆找平时，摊铺砂浆用力不均，挤、压、推，造成了保温层有厚有薄。

（4）保温层密度大小不一

压实的程度与厚度没有经过试验确定，压得过实，表观密度大，增大的导热系数，压实不密，抗压强度小于0.3MPa，影响找平层的施工质量。

松散保温材料质量标准及检验方法（表8-1）。

松散材料保温层厚度允许偏差 +10%，－5%。

二、整体式保温层工程

整体式保温层施工，是指用松散保温材料做骨料，用水泥或沥青做胶结料，经搅拌均匀，现场浇筑而成。如黏土陶粒、页岩陶粒、粉煤灰陶粒、膨胀珍珠岩、膨胀蛭石等骨料。原使用较多的膨胀珍珠岩、膨胀蛭石与水泥搅拌，因吸水、含水率都较高，容易降低保温性能，故不提倡使用。

表 8-1 散松保温材料质量标准及检验方法

项 目	膨胀珍珠岩	膨胀蛭石	矿渣、炉渣	检验方法
粒径/mm	> 0.15 小于 0.15 的含量不大于 8%	3 ~ 15	5 ~ 40 不得含有机杂质、石块、土块、重矿渣、未燃尽煤块	用标准筛分及目测
堆积密度 / (kg/m³)	< 120	< 300	—	用称量法检查
导热系数 / (W/m·K)	< 0.07	< 0.14	—	—

整体式保温层施工，达不到预期的保温效果，如粒径的控制不严、含水率高等，这些都与松散材料保温层施工达不到预期效果，具有共同的产生原因。本节重点分析不同处：

（1）保温材料粒径人为变小

水泥胶结膨胀珍珠岩或膨胀蛭石宜采用人工搅拌。如采用滚筒式混凝土搅拌机进行拌和，骨料容易被滚筒里的叶片搅碎，使孔隙率减少用量增大，表观密度增大，导热系数增大。

（2）拌和料结块

用沥青拌和膨胀珍珠岩或膨胀蛭石，采用沥青的牌号不当（宜采用 30 号沥青，或再加适量的 60 号沥青），没有把沥青的软化点调整到 80℃ 左右，拌和时间太短（宜为 3 ~ 5min），对骨料又没有预加热至 110℃ 左右。

三、板状材料保温层施工

板块保温材料，是指用松散保温材料或化学合成聚酯与合成橡胶类材料加工制成。如泡沫混凝土板、蛭石板、矿物棉板等。

板状材料保温层施工，降低其保温性能，除上述分析的原因外，还有：

（1）板块材料强度不足

板块材料强度不足，主要是指抗压（抗析）强度低，表现为缺棱、缺角、破碎。

用破损的板块铺设保温层，会造成缝隙过大，找平层砂浆填补孔隙，增大了表观密度，降低了保温性能。

（2）板块铺设不平

1）基层不平。

2）板块几何尺寸（厚度）偏差过大。

3）铺设板块时，上口没有挂线，无法控制板块的平整度和坡度。

块状保温材料质量标准（表 8-2）。

表 8-2　板状保温材料质量要求

项　目	聚苯乙烯泡沫塑料类		硬质聚氨酯泡沫塑料	泡沫玻璃	微孔混凝土类	膨胀蛭石（珍珠岩）制品
	挤压	模压				
表观密度（kg/m³）	≥32	15~30	≥30	≥150	500~700	300~800
导热系数/W/(m·K)	≤0.03	≤0.041	≤0.027	≤0.062	≤0.22	≤0.26
抗压强度/MPa	—	—	—	≥0.4	≥0.4	≥0.3
在10%形变下的压缩应力/MPa	≥0.15	≥0.06	≥0.15	—	—	—
70℃，48h后尺寸变化率（%）	≤2.0	≤5.0	≤5.0	≤0.5	—	—
吸水率/(V/V，%)	≤1.5	≤6	≤3	≤0.5	—	—
外观质量	板的外形基本平整，无严重凹凸不平；厚度允许偏差为5%，且不大于4mm					

第三节　隔热屋面工程

隔热屋面工程，是指架空屋面、蓄水屋面种植屋面。所谓隔热，主要是利用传热阻大于屋面基层的传热阻，达到隔热目的。

本节主要是对架空屋面隔热效果差的主要原因进行分析。

（架空隔热是采用自然通风降温措施，适用于炎热多风地区。架空屋面由于架空板制作不精细，破损坍塌、影响美观，有逐渐减少的趋势）

（1）架空层高度不一

为了稳定架空板，压低架空层高度（一般以100~300mm为宜）低于100mm，影响通风；提高架空层高度（大于300mm），隔热效果提高并不明显。

（2）不设置通风屋脊

屋面宽度大于10m时，不设置通风屋脊，影响通风效果。

（3）架空板与女儿墙距离太近

架空板与女儿墙距离太近，影响风道通风散热。

【工程实例一】

某新建的老年公寓，地处夏热冬冷地区，屋面保温层采用聚氨酯硬泡体材料现场喷涂发泡法直接成型。

聚氨酯硬泡体材料主要由多元醇与异氰酸酯两组分液体原料组成，在一定状态下发生热反应，形成闭孔率不低于95%的硬泡体混合物，导热系数小，平时能承受80~120℃的温度，尺寸稳定，与沥青相容性好，是提倡使用的保温层材料。

工程交付使用后，保温性能并不理想。剥露检查发现：多处断裂、厚度不均匀，内檐沟与屋面交接处漏喷涂。

原因分析

（1）一般喷涂施工的气温应在15~35℃，当时施工时气温为5℃，催化聚合速度慢，发泡时间长，密度增大，使导热系数增高。影响发泡成型（不同施工季节可通过催化剂用量调节其反应速度）。

（2）施工作业面，喷涂的遍数不一，造成厚度不均匀。当日的施工作业面不是当日连续施工完毕。

（3）配合比不准确。两组分液体原料与发泡剂计量不准。

（4）檐沟与屋面交接处未做保温层，冬季在内檐沟与室内顶棚相应部位产生热桥，降低了保温效能。

[外墙周边往往由不同的材料组成，如钢筋混凝土柱、梁和砌块，其导热系数不同。钢筋混凝土导热系数大，形成热源密集的通道，故称为热桥（曾用名冷桥）。本例虽然都是钢筋混凝土结构，因漏喷涂部位，导热系数大，故可以理解为热桥]

【工程实例二】

南方某住宅工程，屋面保温层采用水泥膨胀珍珠岩搅拌整体现浇。热工性能差。

原因分析

地处南方多雨地区，不宜采用这种保温层做法。因保温材料的干湿程度与导热系数密切相关。水泥膨胀珍珠岩保温层施工时，就很难控制含水率，加上屋面渗漏，增大含水量（据试验含水率从干燥状态增加到20%。导热系数增加一倍），势必降低保温性能。应采用沥青（乳化沥青）膨胀珍珠岩。

第四节　外墙保温工程

围护结构（节能性）主要是指围护结构在设计和施工时，使用保温绝热材料，节约采暖和空调的能耗。屋面保温隔热工程，工艺和技术比较成熟，围护结构热工性能差，主要是指墙体和外墙保温性能低。

一、墙体保温工程

墙体保温所用的材料，必须具有重量轻、力学性能好、保温隔热等性能。如图8-1

图8-1　主体墙结露长霉

所示，主体墙结露长霉，是热阻小所致。

造成热阻小的原因：

（1）砌块选用不当，从表8-3、表8-4、表8-5可以得出：

表8-3　蒸汽加压混凝土砌块的技术指标

体积密度级别	B03	B04	B05	B06	B07	B08
强度级别	A1.0	A2.0	A2.5 A3.5	A5.0 A3.5	A7.5 A5.0	A10.0 A7.5
体积密度/（kg/m³）	300 330 350	400 430 450	500 530 550	600 630 650	700 730 750	800 830 850
干燥收缩（mm/m）≤			0.5			
冻后强度/MPa≥	0.8	1.6	2.0	2.8	4.0	6.0
导热系数/（W/m·K）≤	0.10	0.12	0.14	0.16	—	—

选用蒸压加气混凝土砌块，应采用密度等级小于B06级的砌块，各项指标最好优于B05级，干缩值要≤0.5mm/m，干态导热系数要≤0.16W/m·K。

表8-4　轻集料混凝土小型空心砌块砌体热工性能

主体材料	孔型	表观密度/（kg/m³）	空洞率（％）	厚度/mm	热阻/（m²·K/W）	热惰性指标 D_b
煤渣硅酸盐	单排孔	1 000	44	190	0.23	1.66
	双排孔	940	40	190	0.24	1.64
	三排孔	890	35	240	0.45	2.20
陶粒500级	单排孔	710	44	190	0.36	1.36
		550	44	190	0.43	1.30
	双排孔	510	40	190	0.74	1.50
	三排孔	475	35	190	1.07	1.72

表8-5　混凝土夹心砌块砌体热工性能

孔中材料		孔中材料导热系数/（W/m·K）	孔型	厚度/mm	热阻/（m²·K/W）	热惰性指标 D_b
插入	25mm模塑聚苯板	0.04	单排孔	190	0.32	1.66
	25mm硬质矿棉板	0.05	单排孔	190	0.33	1.70
	30mm矿棉毡	0.05	单排孔	190	0.31	1.66
填入	松散矿棉	0.45	单排孔	190	0.43	1.90
	水泥聚苯碎料	0.09	单排孔	190	0.36	1.91

选用轻集料混凝土小型空心砌块、干缩率应根据使用地区的不同来选择（范围应在0.065以内），热阻选择应≥0.45m²·K/W。

选用混凝土夹心砌块，单排孔（190mm的）应热阻>0.31m³·K/W。

（2）砌体裂缝

210

这里指的砌体裂缝，是砌体灰缝不实产生的裂缝；砌体与钢筋混凝土墙之间产生的裂缝；在裂缝处形成热桥。

（3）砂浆

轻质砌体，没有采用轻质保温砂浆，容易出现热桥，降低保温性能。

【工程实例】

北方某住宅小区，2～3层、混合结构，承重墙采用混凝土夹心砌块。进入冬季，内外温差大时，室内的热桥部位不同程度产生了冷凝水。

原因分析

混凝土夹心砌块是近年来对混凝土小型空心砌块的革新品种，是在空心处加入保温材料（发泡聚苯乙烯板、发泡聚苯乙烯颗粒等），增加砌块的热阻，可以代替普通烧结砖作承重结构。产生冷凝水，主要是没有考虑到混凝土砌块肋壁的导热系数大，冬季温度低时，容易产生热桥，不宜单独使用，应采用其他保温材料，复合保温。

二、外墙外保温工程

外墙保温工程，分为内保温和外保温两个系统。从满足使用功能和综合效益评估，外保温优于内保温，主要表现在：

外保温消除了热桥，稳定室内温度；

外保温保护了主体结构，使主体结构热应力减小；

外保温有利于重质材料（主体结构）在室内增强蓄热能力，冬暖夏凉；

外保温不会减小室内使用面积，提高建筑物的使用率。

现根据目前国内使用最多的膨胀聚苯板薄抹灰外墙保温、挤塑型聚苯乙烯板保温、现浇混凝土模板内置（聚苯板）保温，容易出现的质量缺陷进行分析：

（1）膨胀聚苯板薄抹灰外墙保温工程

膨胀聚苯板薄抹灰外墙保温，分为无锚栓和有锚栓两个系统，基本构造（表8-6、表8-7）。适用于严寒、寒冷地区和夏热冬冷地区，是当前保温隔热效果的最好的一种体系。常见的质量缺陷是裂缝（一般不影响保温性能），但影响美观。裂缝产生的原因：可以归纳为材料的质量和工艺操作两个方面。

表 8-6 无锚栓薄抹灰外保温系统基本构造

基层墙体①	系统的基本构造				构造示意图
	黏结层②	保温层③	薄抹灰增强防护层④	饰面层⑤	
混凝土墙体各种砌体墙体	黏结胶浆	膨胀聚苯板	抹面胶浆复合耐碱网布	涂料	

211

表 8-7 有锚栓的薄抹灰外保温系统基本构造

基层墙体①	系统的基本构造					构造示意图
	黏结层②	保温层③	连接件④	薄抹灰增强防护层⑤	饰面层⑥	
混凝土墙体各种砌体墙体	黏结胶浆	膨胀聚苯板	锚栓	抹面胶浆复合耐碱网布	涂料	

1）材料品质：

①膨胀聚苯板。垂直于板面方向的抗拉强度小于 0.1MPa，几何尺寸的稳定性大于 0.3%。

②黏结胶浆。与水泥砂浆拉伸粘结强度小于 0.4MPa，与膨胀聚苯板拉伸粘结强度小于 0.1MPa。

③抹面胶浆。与膨胀聚苯板拉伸黏结强度小于 0.1MPa，柔韧性（抗压、抗折）差。

④耐碱网布。单位面积质量小于 130g/m²；耐碱断裂强力（经、纬向）小于 750N/50mm；耐碱断裂强力保留率（经、纬向）小于 50%；断裂应变（经、纬向）大于 5%。

2）工艺操作：

①基层墙体的平整度超过规范的允许偏差，不仅影响粘结胶浆与膨胀浆苯板的粘合，还影响平整度。如果靠后续的采用抹灰层找平，抹灰过厚，引起开裂。

②使用两层网布，分两次抹灰成型，空鼓引起开裂。

【工程实例一】

北方某城市写字楼工程，18 层，框剪结构，外墙围护结构为轻集料混凝土小型空心砌块砌筑墙体，采用膨胀聚苯板薄抹灰外墙保温，竣工验收投入使用不到 5 个月，墙面出现多处不规则裂缝，窗洞口多处出现有规则八字形裂缝，部分墙面出现空鼓。不仅影响热工性能，又影响美观。

原因分析

（1）虽然采用不锈钢锚栓固定膨胀聚苯板，锚固深度不够（应不小于 25mm），造成膨胀聚苯板松动。

（2）抹灰找平层厚度为 18mm，引起开裂（抹灰面厚度应为 3～5mm，宜覆盖网布为宜）。

（3）涂料与薄抹层不相容，又不具有弹性，应力拉裂。

（4）窗洞口没有采用网布加强，出现八字形裂缝。

（5）操作工人对工艺不熟，受传统施工方法影响。

（2）挤塑型聚苯乙烯板外墙保温工程

该系统保温工程结构与膨胀聚苯板薄抹灰外墙保温工程同属一个体系。具有强度高，保温效果好的特性，适用地区广，在北方和长江流域被广泛采用。

施工过程中出现的质量缺陷及原因，与膨胀聚苯板薄抹灰保温基本类似。

（3）现浇混凝土（内置聚苯板）外墙保温工程

现浇混凝土（内置聚苯板）外墙保温适用于剪力墙结构的高层建筑。为国家建筑设部列为重点推广项目。技术特点：在浇筑混凝土墙体之前，把聚苯板放置在外模内侧，浇筑拆模后，聚苯板在墙体外侧构成封闭的保温层，再在保温层表面做砂浆防护层和装饰层。

该体系分为有网和无网两种。有网体系装饰层可做涂料或饰面砖，无网体系适宜做涂料。

有网体系体、无网体系结构分别见图 8-2、图 8-3。

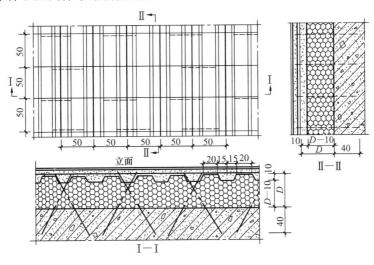

图 8-2　有网体系结构

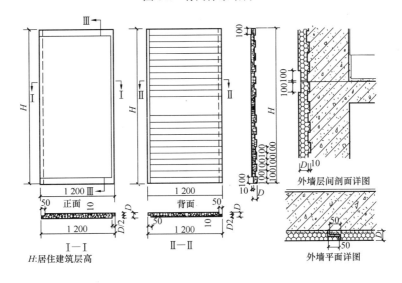

图 8-3　无网体系结构

现浇混凝土（内置聚苯板）外墙保温工程容易出现的质量缺陷：功能方面保温性能达不到设计要求，外观方面空鼓开裂、保护层不完全起保护作用。

产生质量缺陷的主要原因：

（1）保温性能降低

1）采用模型聚苯板，没有采用密度大于 $20kg/m^2$ 的，密度小受到混凝土浇筑时产生的侧压力，造成聚苯板厚度不一，影响保温效果；

2）支模刚度不足，浇筑时产生胀模，聚苯板外侧呈凸形，找平打薄，影响保温效果。

3）网体施工时，没有考虑斜叉丝和钢筋对热工性能的影响；

4）穿墙套管拆除后，没有用干硬性砂浆填实混凝土墙体洞口；聚苯板上孔洞没有用保温材料填实。

（2）保护层空鼓开裂

1）聚苯板表面沾有灰尘、油渍、污垢，又未清理干净；

2）抹灰层没有分底层和面层成活，抹灰层厚度过大；

3）保护层施工完毕后，没有进行养护；

4）对网体系的抹灰层；没有采用专用的抗裂砂浆；

5）墙体保护层没有分格（宜小于 $30m^2$）。

【工程实例二】

位于长江流域的某高层住宅群楼，剪力墙结构。外墙保温采用现浇混凝土（内置聚苯板，无网）。工程竣工投入使用正值冬季，住户反映保温性能差、梁部位出现结露发霉（图8-4）。

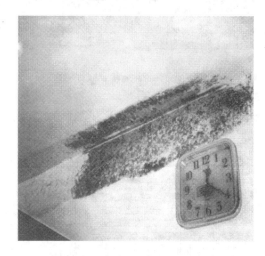

图 8-4　梁未保温导致结露长霉

原因分析

（1）聚苯板厚度为 50mm，偏差为 ±5mm（应为 ±2mm），长、宽为 $1\,000mm×1\,000mm$，偏差 ±8mm（应为 ±5mm）造成拼缝不严密（对接），接缝处没有用发泡聚氨酯胶黏结牢固；

（2）墙体浇筑时，对聚苯板顶面没有采取保护措施，使顶面沾有砂浆；

（3）对无网体系，虽然采用了抗裂聚合物砂浆做保护层，配合比不准，抗压强度、收缩率均低于性能指标；

（4）部分梁部位因面积小，漏做保温层，使该部位形成热桥。

小　结

保温隔热工程，达不到标准要求，除设计不合理外，本章重点分析了材料质量差和工艺操作不当，致使保温隔热性能低的原因。重点理解节能性围护结构的含义和必然的发展趋势，重点把握围护结构热阻不够和产生热桥的主要原因。

复习思考题

1. 做好围护结构保温隔热有何重大意义？
2. 保温性能达不到规定要求，有哪些原因？并有针对性地进行分析。

第九章　爆破拆除工程

为了适应城市基础设施建设和改建扩建土木工程的需要，爆破拆除技术得到了进一步提高。爆破拆除，是使建筑物或构筑物失稳，把爆破建筑物或构筑物所需要炸药总量适当分在炮孔中，进行分散，采取分段延时起爆，使炸药能量释放不同时，不集中，以获得有害效应最小，破碎质量最佳拆除效果。爆破拆除速度快、成本低、综合效益好，故在工程建设中得到了广泛采用。

一般的爆破方法有：表面爆破（适用于爆破地面大块石、水下岩石、改造工程）、浅孔爆破（适用于基坑、管沟、隧洞、平整边坡）、深孔爆破（适用于深基坑松爆、场地平整）等。

一般的起爆方法有：电力起爆和非电力起爆等。

爆破拆除是一门理论与实践综合的系统工程，包括对被爆破物的结构分析、爆破方案的选择与制定、爆破参数的确定（如材料抗力系数、最小抵抗线值、单孔装药量值、药孔间距、药孔列距、药孔深度、装药高度等）、线路敷设、安全距离计算、安全防护设施、爆破效果、存在问题分析等整个过程。

在整个爆破拆除过程中，只要其中有一个程序失误，就容易出现质量事故或重大质量事故。

第一节　瞎炮（拒爆）、早爆、冲天炮

一、瞎炮（拒爆）

引爆后，药包不爆炸。瞎炮（拒爆）

原因分析：

造成瞎炮（拒爆）的原因是多方面的，归纳起来有：爆破器材的品质、爆破器材的存放保管和使用，爆破设计、爆破施工等方面。

（1）爆破器材的品质

1）制造导火索时，芯线堵塞或空洞，阻止火焰沿导火索传播；

2）导火索漏装药芯、受拉变细、断裂、破损漏药，影响爆轰波的传播；

3）药中含有杂质（油类、沥青等），造成断火；

4）雷管锈蚀、裂缝，加强帽装反或歪斜，电雷管的桥线电阻以及延期雷管延期时间精度太差。

（2）存放保管、使用

1）存放超过贮存期；

2）不同生产厂家或同一生产厂家不同批量的同种爆破器材混放、混用；

3）对某些爆破器材的使用性能不了解；如用雷管或导火索起爆导爆管时，对效应范

216

围不清楚，一次起爆过多造成拒爆；

4）对导爆管固有延时性（0.5～0.6ms/m）与振波的传播速度（5 000m/s）之间的相互关系不了解，如爆区较长，未爆的网路被拉断或拉脱，造成拒爆。

（3）设计

1）电力起爆网路设计不合理，各组电阻不匹配，各支路电流差异大；

2）计算错误造成起爆电源能量不足（没有考虑电源内阻、干线电阻等），造成较钝感的雷管拒爆；

3）对关键的起爆网路，没有考虑到雷管等爆破器材本身的拒爆概率，没有采用复式和双重起爆网路设计，导致拒爆。

（4）施工

1）切取导火索没有形成垂直面，导火索的斜边插到加强帽里，堵住加强帽口，造成拒爆；

2）采用非电起爆时，切取导火索不符合设计长度，点燃多根导火索时慌乱，漏点引起拒爆；

3）用雷管或导爆索起爆导爆管时，捆扎不牢，约束力不够，雷管或导爆管索爆炸，把外层导管震开产生拒爆；

4）导爆管与毫秒雷管的连接处卡口不严，使水渗入雷管，造成拒爆；

5）电力起爆、对电爆网络的接头、连接、与地绝缘没有进行检测，由于可能存在的网路断路、短路、错接、漏接等，产生拒爆。

二、早爆

引爆后，药包比预定时间提前爆炸。

原因分析：

（1）同种爆破器材（不同厂家或同一厂家不同批量）混用，导爆管固有延时与振波传播速度不一，造成早爆；

（2）导火索燃速不稳定，或采用不同燃速的导火索，燃速快的早爆；

（3）电爆网中雷管分组不均，电流分配不均，电流充足的早爆；

（4）爆破区存在静电、感应电或高频电磁波等，引起电雷管早爆；

（5）用电设备较复杂的爆破区内，对有可能引起早爆的，没有改用导爆索、火雷管起爆。

三、冲天炮

爆破气体从炮孔中冲出，爆破体不出现开裂解体。

原因分析：

（1）炮孔的堵塞材料没有选用易于密实，摩擦力大的材料（一般可以用黏土及砂加水拌和而成，配合比（1:2）～（1:3），水15%～20%），堵塞长度，低于抵抗线长（应大于抵抗线长的10%～20%）；

（2）装药密度不够，或孔壁上裂缝太多，漏气；

（3）炮孔方向设置没有跟临空面平行，与临空面垂直（如没有条件，炮孔设置与水平临空面形成 45°角，与垂直临空面形成 30°角）。

第二节　超爆、爆炸块过大、爆面不规整

一、超爆

超爆，是指进行岩土爆破或对建筑物爆破拆除，超过规定的爆破界线。原因分析：

（1）没有在边线部位采取密孔法布孔，护层措施不当；

（2）没有采取较密布孔、减少单孔装药量、依次起爆的方法，一次爆破用炸药量过大。

二、爆炸块过大

原因分析

（1）没有根据破碎块尺寸的要求，炮孔间距过大，抵抗线太长，致使各炮孔单独向的自由面爆成漏斗，留下未爆炸的硬块，造成爆落的爆渣过大；

（2）炸药用量过少，破碎力度不够；

（3）在长条形爆破体上布孔间距过大，使爆炸能主要消耗在相邻炮孔间的破裂上；

（4）没有采用延长药包，分散布孔，使爆块过大。

三、爆炸面不规则

爆炸后，留下爆体的切割面凸凹不平。

原因分析

（1）没有采取挖制爆破方法，多布孔，少装药或隔孔装药（隔孔装药，使未装药的孔，成为导向孔）；

（2）爆孔未按设计爆裂线布置，炮孔深度不一，相互不平行；

（3）没有采用护层法施爆。

第三节　爆破震动过大

爆破震动，应理解为爆破引起地面最大振速（cm/s）对邻近建筑物（枞筑物）的破坏程度。振速值取决于起爆允许炸药量、爆破点至被保护物之间的距离，被保护物所在地面允许振动速度与传播地震波的介质等条件有关系数、爆破振动随距离衰减系数等有关。

原因分析

（1）采用爆速高、冲击作用强的炸药，作用于爆破体上的能量压力大，造成爆破振动过大。

（2）爆破一次装药量过大，使爆破震动强度超过了允许值。

（3）没有选用低爆速炸药，以降低地震波、冲击波的影响。

爆破震动过大，容易引起地基产生裂缝，影响邻近建筑物结构安全等。

一、地基裂缝

爆破震动过大，地基受挤压振动产生裂缝。原因分析：

（1）爆破时，基底以上没有预留一定厚度的保护层，使基地处于爆破压碎区范围之内，地基受到扰动；

（2）炸药用量过大，地基受到炮轰力产生松动；

（3）地基本身就存在裂缝，震动使裂缝增多间隙扩大，没有采用非爆破方法进行土石方开挖。

二、邻近建筑物裂缝

原因分析

（1）爆破用药量过大，产生巨大的地震波、冲击波，造成建筑物裂缝；

（2）布孔少，采用密装装药，爆轰能量大；

（3）没有采取分段、分次微差起爆，爆破震动强度超过建筑物的允许界值。

建筑物（构筑物）的破坏与地面最大震速的关系（表9-1）。

表 9-1　建筑物（构筑物）的破坏与地面最大震速的关系

序号	地面最大振速/（cm/s）		建筑物（构筑物）的破坏状况
	Ⅰ	Ⅱ	
1	0.75～1.5	1.5～3.0	抹灰层有细裂缝，掉白灰；原有裂缝有发展，掉小块抹灰
2	1.5～6.0	3.0～6.0	抹灰层有裂缝，抹灰成块掉落，墙体有裂缝
3	6.0～25.0	6.0～12.0	抹灰层有裂缝并破坏，墙体有裂缝，墙间联系破坏
4	25.0～37.0	12.0～24.0	墙体形成大裂缝，抹灰层量破坏，砌体分离
5	37.0～60.0	24.0～48.0	建筑物严重破坏，构件联系破坏，柱与支承墙间有裂缝，屋檐、墙可能倒塌

注：Ⅰ—系 А.В.Сафонов 等人的资料；Ⅱ—系 С.В.Медведев 的资料。

第四节　控　制　爆　破

控制爆破容易发生的质量事故：爆破体失控，未定向倒塌（塌落）。

一、爆破体失控

爆破体失控，一般是指未按预定设计将爆破体解体，或将应该保留的部分被爆破破坏。

原因分析

（1）爆破前期准备工作差，没有根据爆破体结构特点、爆破范围和部位，精心合理设计，致使起爆失控；

（2）用药量偏少，使爆破体不能解体，破碎；

（3）对需要部分爆破拆除部分保留的建筑物，没有设置分界处（隔离带）加以保护，造成应保留部分被破坏。

二、定向倒塌（塌落）失控

爆破体控制爆破后，未按要求定向或原位倒塌。

原因分析

（1）爆裂口设置方向不对（应设置在倒塌方向），或设置方向对，但设置长度不够；

（2）没有先爆破主要支承部分，使倒塌方向失控；

（3）炸药用量不够，不能使爆破后材料散离原位，上部靠自重原位塌落；

（4）起爆顺序不合理，没有采用毫秒雷管分段依次起爆，使倒塌方向失控。

为了有利于对爆破拆除工程质量事故分析，对爆破方法、炸药用量、爆破安全技术等分别见表 9-2 ~ 表 9-18。

表 9-2 爆破方法分类及适用范围

爆破方法	技术要点	适用范围
表面爆破	炸药直接放于岩石表面	适于爆破地面大块石、水下岩石和改造工程
浅孔爆破	钻孔直径 25 ~ 50mm，深 5 ~ 30mm	用于基坑、管沟、渠道、隧洞爆破或用于平整边坡、松动动土和改造工程
深孔爆破	钻孔直径 75 ~ 270mm，深 5 ~ 30mm	用于料场、深基坑松爆、场地整平及中型爆破岩石
药壶爆破	在浅孔或深孔底部先装少量炸药扩孔成壶形	适于爆破阶梯高度为 3 ~ 8m 的软岩石及中等坚硬岩石
小洞室爆破	导洞截面为 1m×1.5m（横洞）或 1m×1.2m 竖井	适于六类以上坚硬岩石，竖井适于场地整平、基坑开挖松动

表 9-3 深孔爆破不同炮孔直径中每米长硝铵炸药重量表

炮孔直径/mm	炸药重量/（kg/m）	炮孔直径/mm	炸药重量/（kg/m）
75	3.96	150	15.8
90	5.66	160	18.1
100	7.05	180	22.8
110	8.60	200	28.2
120	10.1	260	43.2
140	13.8	270	51.2

表 9-4 浅孔爆破炮眼深度与不同临空面及炮眼直径的关系

炮眼直径/mm	最大炮眼深度/m	
	两个临空面（如阶梯形）	一个临空面（如水平地面）
32 ~ 35	2.5	1.5 ~ 2.0
35 ~ 40	3.5	2.0 ~ 2.5
40 ~ 45	4.0	2.3 ~ 2.6
50	5.0	3.0 ~ 3.5

表 9-5　药壶扩大次数及用药量

土的分类 \ 用药量 \ 次数	次数						
	1	2	3	4	5	6	7
1～4	0.1～0.2	0.2	—	—	—	—	—
5	0.2	0.2	0.3	—	—	—	—
6	0.1	0.2	0.4	0.6	—	—	—
7	0.1	0.2	0.4	0.6	0.8	0.9	1.0

表 9-6　爆破 100m³ 冻土消耗的硝铵炸药用量（单位：kg）

冻 土 种 类	冻层厚度/m		
	0.5	1.0	60
黏土、建筑瓦砾	67	60	60
含小砾石的土壤	50	48	48
黑土及砂土	39	34	34

表 9-7　爆破 1m³ 建筑结构的耗药量

结 构 类 型	结 构 情 况	炸药消耗量/（g/m³）
爆破混凝土结构	材质较差（无孔洞）	110～150
	材质较好、单排切割式爆破	170～180
	材质较好、非切割式爆破	160～200
爆破钢筋混凝土的结构	布筋较密	350～400
	布筋稀少或梁柱构件	270～340
爆破毛石混凝土结构	较密实	120～160
	有空隙	170～210

表 9-8　爆破 1m³ 基础所需消耗的材料

种 类	炸药量/kg	雷管/个	导火索/m
砖砌基础	0.30～0.45	3～4	3～4
石砌基础	0.40～0.55	3～4	3～5
混凝土基础	0.50～0.65	4～5	4～6
钢筋混凝土基础	0.60～0.70	5～6	5～7

表 9-9　钢筋混凝土柱体拆除爆破用药量

含筋率 μ/%	单位体积炸药消耗量 q_n/（kg/m³）	含筋率 μ/%	单位体积炸药消耗量 q_n/（kg/m³）
0.8	0.43～0.45	5	1.0～1.13
1	0.48～0.49	10	1.74
3	0.84		

表 9-10　建筑物墙体拆除爆破的硝铵炸药用量

墙厚/m	孔深/m	硝铵炸药用量/（kg/m³）			
		石灰砂浆砌体	水泥砂浆砌体	混凝土墙体	钢筋混凝土墙体
0.45	0.30	2.00	2.20	2.40	2.50
0.50	0.35	1.80	1.98	2.16	2.34
0.60	0.40	1.50	1.65	1.80	1.95
0.70	0.45	1.30	1.43	1.56	1.69
0.80	0.55	1.00	1.10	1.20	1.30
0.90	0.60	0.90	0.99	1.08	1.17

表 9-11　静态爆破 SCA 破碎剂钻孔参数

被破碎物体		钻 孔 参 数				SCA 使用量/（kg/m³）
		孔径 d/mm	孔距 a/cm	抵抗线 ω/cm	孔深 l	
软质岩破碎		40～50	40～60	30～50	H	8～10
中、硬质岩破碎		35～65	40～60	30～50	$1.05H$	10～15
软、硬质岩石切割		35～40	20～40	100～200	H	5～15
素混凝土、大块石		35～50	40～60	30～40	$0.8H$	8～10
钢筋混凝土	基础、柱	35～50	15～40	20～30	$0.9H$	15～25
	梁墙、板	35～50	10～30	20～30	$0.9H$	15～20

注：H 为物体计划破碎高度；排距 $b = 0.6～0.9a$。

表 9-12　静态爆破破碎剂单位体积用药量

破碎剂类别	单位体积用药量/（kg/m³）	破碎剂类别	单位体积用药量/（kg/m³）
软质岩石	8～10	素混凝土	8～5
中硬质岩石	10～15	钢筋混凝土（含筋少）	5～20
硬质岩石	12～20	钢筋混凝土（含筋多）	20～30
岩石切割	5～15	弧石	5～10

表 9-13　静态爆破单位炮孔长度装药量

炮孔孔径/mm	28	30	32	34	36	38	40	42	44	46	48	50
药量（kg/m）	0.98	1.13	1.29	1.45	1.63	1.81	2.01	2.21	2.43	2.65	2.90	3.12

表 9-14　爆破材料仓库的安全距离

项　目	单位	炸药库容量/t				
		0.25	0.5	2.0	8.0	16.0
距有爆炸性的工厂	m	200	250	300	400	500
距民房、工厂、集镇、火车站	m	200	250	300	400	450
距铁路线	m	50	100	150	200	250
距公路干线	m	40	60	80	100	120

表 9-15　雷管库到炸药仓库的安全距离

仓库内雷管数量/个	到炸药库距离/m	仓库内雷管数量/个	到炸药库距离/m
1 000	2.0	75 000	16.5
5 000	4.5	100 000	19.0
10 000	6.0	150 000	24.0
15 000	7.5	200 000	27.0
20 000	8.5	300 000	33.0
30 000	10.0	400 000	38.0
50 000	13.5	500 000	43.0

表 9-16　爆破飞石的最小安全距离

爆　破　方　法	最小安全距离/m	爆　破　方　法	最小安全距离/m
炮孔爆破　炮孔药壶爆破	200	小洞室爆破	400
二次爆破、蛇穴爆破	400	直井爆破、平洞爆破	300
深孔爆破、深孔药壶爆破	300	边线控制爆破	200
炮孔爆破法扩大药壶	50	拆除爆破	100
深孔爆破法扩大药壶	100	基础龟裂爆破	50

表 9-17　露天爆破人员的安全距离

爆破种类及爆破方法	最小安全距离/m	爆破种类及爆破方法	最小安全距离/m
1. 露天爆破		(1) 边线控制爆破	200
（1）裸露爆破法、二次爆破	400	(2) 拆除控制爆破	100
（2）炮孔法、炮孔药壶法	200	(3) 基础龟裂爆破	50
（3）深孔法、深孔药壶法	300	4. 扩大炮孔药壶	50
（4）药壶法	200	5. 深孔扩大药壶	100
（5）小洞室法	400	6. 挖底工程	100
（6）直井法	300	（1）爆破非硬质土	100
2. 定向爆破	300	（2）爆破硬质土	200
3. 控制爆破		7. 拔树根	200

表 9-18　爆破工程外形尺寸允许偏差及检验方法

项　次	项　　目	允许偏差/mm			检验方法
		桩基、基坑、基槽、管沟	场地平整	水下爆破	
1	标高	− 20	+ 100 − 300	− 400	用水准仪检查
2	长度、宽度（由设计中心线向两边量）	+ 200	+ 400 − 100	+ 100	用经纬仪、拉线和尺量检查
3	边坡坡度	− 0	− 0	− 0	观察或用坡度尺检查

【工程实例一】

某场地平整工程采用洞室爆破碎基岩（侏罗纪页岩，$f=b$），一次装药207kg，引爆后，巨大的空气冲击波、爆破振动、飞石等危害效应，使距70m的砖混结构仓库遭到破坏：临近爆破点一侧门窗玻璃振落或振碎；砖柱产生裂缝；预制混凝土楼板接头处产生裂缝；仓库四周到处散落大量岩块。

爆破设计：

最小抵抗线长度：8m；

竖井深度：8m；

竖井截面：上口 1.50×1.50（m），下口 1.20×1.20（m）；

竖井用挖出的碎块岩回填。

施工情况：

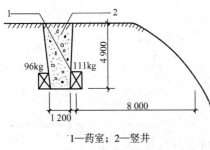

1—药室；2—竖井

图9-1 装药示意图

用炮眼法爆破开挖竖井，挖下至4m，岩质变硬，于井底两侧各开挖一个药室（图9-1）。竖井用岩石碎渣回填至地面。

原因分析

（1）最小抵抗线设计长度为8m，施工时造成最小抵抗线只有4m，导致为强抛掷爆破，产生大量飞石。

（2）最小抵抗线改变了方向，造成飞石飞向仓库。竖井浅，宽深比为 $1.5/4 \approx 0.4$，回填的岩渣远远低于原始岩层的密实度，形成了指向仓库的岩层薄弱面（图9-1）。

（3）岩石变硬，增大了抵抗线长度，造成产生大量飞石。

（4）爆破地震效应，使砖柱产生裂缝（通过安全验算：仓库地基振动速度为3.22 cm/s，因小于5.0cm/s，对建筑物不会构成危害效应，是共振的结果）。

（5）正常的建筑物安全距离经过验算为14m，仓库距离为70m，空气冲击波不足以破坏仓库建筑结构。

（6）经安全验算，个别飞石的安全距离为205m，对仓库建筑结构无危害效应。

综合以上分析，最主要原因，施工中减少最小抵抗线长度，又未调整用药量，相当于在保持最小抵抗线长度不变的情况下，药量增大了8倍，使松动爆破变成加强抛掷爆破。

【工程实例二】

某建筑物为框架结构，四层。采用控制定向爆破，考虑到如下情况：原地塌落，柱高10.5m塌落时可能危及南侧8m处的建筑物；采用北方向整体倾倒，可能危及北侧15m处的建筑物；采用两侧向中间坍塌，层高10.5m，大于楼宽，可能相互架立，不倾倒。最后决定采用折叠倾倒法爆破除拆方案（图9-2）。

起爆后，没有达到双向折叠的目的。

原因分析

（1）在具体设计中，是根据倾倒方案，用图解法求得立柱

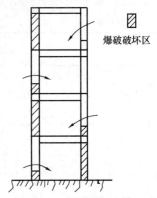

图9-2 四层框架折叠倾倒破坏区范围

224

的破坏区高度，但忽略了每层柱的截面的变化和强度的不同，疏松区、充分破碎区未达到折叠倾倒要求。

（2）采用毫秒雷管，难以精确确定各段起爆时间间隔。

（3）有些主柱没有充分破碎，稳定立矩大于倾覆力矩。

（4）爆破立柱，设计参数没有按钢筋混凝土柱控制爆破选择。

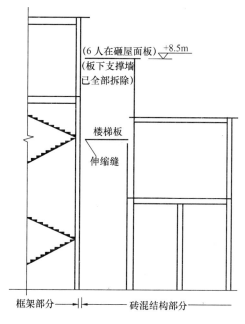

图 9-3　旧楼结构

【工程实例三】

某厂技术改造工程中，需要对长 50m 框架，结构厂房进行整体倾倒，采用非电分 10 段微差起爆，2、5、7、9 段产生拒爆，致使厂房未倒，给安全和施工带来了严重隐患。

原因分析

微差分段起爆网路，时间间隔和起爆顺序设计不合理，先爆炮孔的振波、冲击波破坏了后爆炮孔的网路，发生拒爆事故。

除爆破拆除工程之外，随着城市的发展，近几年来，人工拆除旧楼工程也为多见，倒塌事故屡屡发生，造成人员伤亡和财产损失。故提供如下案例，并作原因分析。

【工程实例一】

广东某镇一旧楼，部分为框架结构，部分为混合结构，中间由伸缩缝隔开（图 9-3）。因基建需要拆除。拟定的拆除方案：先拆墙，后拆楼板，11 月 29 日上午农民工把旧楼砖墙全部拆完，伸缩缝右侧屋面板、楼梯板一边支撑在砖柱上另一边仅靠掉落在伸缩缝的碎砖、灰砂摩擦支撑。当天下午 6 人上屋面锤折屋面钢筋混凝土板，伸缩缝内碎砖、灰砂被震落，失去摩擦支撑，屋面板下倾落在楼梯板上，一齐坍塌。

原因分析

拆除方案错误，先拆墙后拆板，屋面板、楼梯板支撑失稳。

【工程实例二】

某旧楼，混合结构，二层。为便于新建工程施工，拆除方案决定留下后墙作挡土用。拆除数日，农民工在后墙内侧挖基坑，整个后墙瞬间向内侧倾倒，砸伤多人。

原因分析

拆除前后墙由于楼层压力、楼板水平撑及一横隔墙共同作用下，稳定多年。拆除后，后墙成为悬臂构件，承受不了后墙一侧土的水平推力。事后，对后墙挡土能力进行验算，安全系数应大于 2.5，验算结

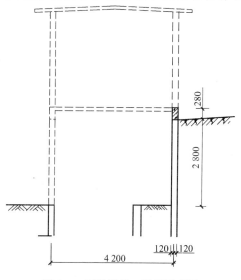

图 9-4　旧楼拆前、拆后示意图

果仅为 0.145。旧楼拆除前、拆除后(图 9-4)。

【工程实例三】

北方某城市拆迁公司,在拆某旧楼中,不采取边拆边清,将拆下砖块集中堆积第三层木楼板上,致使木楼板塌落,相继二层楼板塌落,将在一楼的农民工 8 人压在下面。

原因分析

(1) 没有制定拆除安全措施,属于野蛮拆除。

(2) 砖块堆积重达 16t,超过木楼板允许承受荷载 5.9 倍。

小　结

爆破与拆除工程的质量事故,往往会给施工及安全带来严重隐患。分析的重点,要抓住爆破器材的质量、设计、施工三个主要方面的原因。对土建施工企业的专业管理人员来讲,爆破拆除工程,熟悉又陌生,应掌握本章的相关基础知识。

复习思考题

1. 爆破拆除工程有哪些常见的质量事故?

2. 简述产生拒爆的原因。

3. 结合自己耳闻目睹的爆破拆除工程中出现的质量事故,进行系统地综合地分析原因。

第十章 冬期施工工程

常温下施工，相对冬期施工而言，影响因素较少。冬期施工（当日平均气温降低到5℃或5℃以下，或者最低气温降低到0℃或0℃以下，用一般常温下的施工方法难以保证工程质量，必须采取特殊措施施工才能满足质量要求），对建筑材料的选用，施工方法的选择等，都有其特殊性，在施工全过程中，稍有不慎，极容易出现工程质量事故。

冬期施工工程质量事故的特点：

（1）出现工程质量事故的频率高，据有关方面统计，约占全年工程质量事故的三分之二以上。

（2）工程质量事故中，地基与基础工程和混凝土工程占多数。

（3）工程质量事故具有隐蔽性和滞后性。即质量问题发生在冬季，待到第二年春融后才显现出来。

（4）工程质量事故的处理难度大。

《建筑工程冬期施工规程》（JGJ 104—97）自1998年6月1日颁布执行以来，对提高冬期施工的工程质量起到了积极作用，但冬期施工常见的质量事故屡有发生。本章重点对影响建筑结构安全的土方工程、地基与基础工程、砌筑工程、混凝土工程中容易发生的质量事故进行归纳分析。

第一节 土 方 工 程

为了准确地把握冬期土方工程质量事故的分析，应该了解如下相关知识：

一、冻土的定义及构造特征

（1）冻土的定义

凡是含水的松散岩石和土体，当其处于0℃或0℃以下时，液态的含水转变成结晶状态（即使是部分），且胶结了松散的固体颗粒，称为冻土（岩）。

（2）冻土的构造特征

冻土的构造特征主要取决于土中各成分（固相、水相、气相）在空间的相对位置，使土体在冻结过程中形成网状构造、层状构造、整体构造（图10-1）。

1）网状构造：水在土体中冻结是多维（多向）的，冻土被冰体分成网状形式。

2）层状构造：水在土体中冻结是一维（单向）的，水在土孔隙中冻结，形成冰夹层、冰透镜体，与土颗粒相互以层状形式存在，形成层状冻土。

网状和层状冻土强度低于整体构造冻土，流变性大，冻胀和融沉变形大，融解时承载力降低。土方工程冬期施工最不利因素，是网状构造和层状构造冻土。

3）整体构造：水在土体的孔隙中冻结，形成孔隙冰，牢固胶结矿物颗粒，冰晶体小于孔隙尺寸，土体中颗粒骨架未被明显分开，形成整体冻土。整体构造冻土，土体不产生

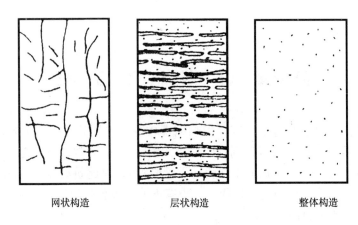

| 网状构造 | 层状构造 | 整体构造 |

图 10-1 冻土构造示意图

冻胀，冻结时具有很高的强度，融解时土体强度与融土强度区别不大，一般不产生融沉。

二、冻土的分类及分布

（1）根据冻土在地层中自然状态存在时间长短分类

1）多年冻土：冻结状态持续三年以上；

2）季节冻土：每年冬季冻结，夏季全部融化；

3）瞬时冻土：（冬季）冻结仅持续数小时或数日。

（2）地基土冻胀的分类

根据《建筑地基基础设计规范》（GB 50007—2002）按季节冻土地基冻胀量大小及其对建筑物的危害程度，根据地基土的冻胀性分为五类：

Ⅰ类不冻胀：一般冻胀率 $K_d \leqslant 1\%$。冻结时无水分迁移，在天然情况下，有时地面呈冻缩现象。即使对敏感的浅基础也无任何危害。

Ⅱ类弱冻胀：一般 $K_d = 1\% \sim 3.5\%$。冻结时水分迁移很少，地面或散水坡无明显隆起，道路无翻浆现象。一般对浅埋基础的建筑物也无危害，在最不利条件下，可能使建筑物产生细小的裂缝，但不影响建筑物结构安全。

Ⅲ类冻胀：一般 $K_d = 3.5\% \sim 6\%$。冻结时有水分转移，并形成冰夹层，地表面或散水明显隆起，道路翻浆。浅埋基础的建筑物将产生裂缝。在冻深大的地区，非采暖房屋还会因切向冻胀力而产生变形。

Ⅳ类强冻胀：一般 $K_d = 6\% \sim 12\%$。冻结时有大量水分转移，形成较厚和较密的冰夹层。道路翻浆严重，浅埋基础的建筑物可能产生严重破坏。在冻深较大的地区，即使基础埋深超过冻深，也会由于切向冻胀力而使建筑物破坏。

Ⅴ类特强冻胀：一般 $K_d > 12\%$。

多年冻土可分为不融沉、弱融沉、融沉、强融沉和强融陷五类。融沉性质分类见表10-1。

表 10-1 多年冻土的分类

融沉分类等级	Ⅰ	Ⅱ	Ⅲ	Ⅳ	Ⅴ
融化下沉系数 $A_0/\%$	< 1	1 ~ 5	5 ~ 10	10 ~ 25	> 25
按 3m 计算融沉量/cm	< 3	3 ~ 15	15 ~ 30	30 ~ 75	> 75

（3）冻土的分布

我国多年冻土及冻深大于0.5m的季节性冻土的面积约占全国总面积的68.6%。多年冻土主要分布在东北大小兴安岭、青藏高原及西部高山区，占全国面积的22.3%；季节性冻土，分布在长江流域以北十余个省，约占全国总面积46%。从冻土的分布，可见土方工程质量受冻土的影响之大。

三、冻土的融化特性

（1）冻土融沉

冻胀性土融沉变形：

1）融化下沉：冻结土的冻胀量在土体融化时，在自重作用下沉陷变形。用A_0表示。

2）压缩沉降：冻结土在融化时，在外荷载作用下压缩沉降。用a_0表示。压缩沉降，会造成建筑物不均匀变形，产生裂缝和倾斜。

（2）冻土融化的强度

冻土融化因土体中水的增加，孔隙比、压缩性等变大，内摩擦角、黏聚力减小，承载力下降；当土中水排出，土体再固结后，又能恢复一定的承载力。

四、挖方

土方工程在进行挖方时，常见的质量事故：

（1）基坑（槽）挖至坑底标高残留冻土层过厚，地基融沉。

原因分析

1）基础在冻土层上，冻土层融化，产生压缩变形；

2）地基土质不均匀，冻土层厚度不一，融化速度（阴阳面）不同，压缩变形不一致，沉降不均匀。

（2）土方开挖后长时间暴露基坑（槽），地基融沉。

原因分析

1）基坑（槽）长时间暴露，容易造成冻胀和融沉。

2）土中水结冰，土中水体积膨胀，引起土颗粒相对位移（土的冻胀程度受土的类别、土中水分迁移条件、土的含水量、冻结速率、外部压力等条件制约），土的冻胀程度差异，是导致建筑物发生冻胀破坏的主要原因之一。

3）地基融沉原因见本节（1）分析。

五、填方

土方工程在进行填方时，常见的质量事故：

土方回填后，沉降、承载力下降。

原因分析

（1）按常温条件下虚铺填土厚度（厚度应比常温施工减少20% ~ 25%），按常温施工预留沉降量。

（2）对于大面积回填土，虽然可采用含有冻土块的土回填，但冻土块的粒径大于15cm，含量（按体积计）超过了30%，铺填时又没有把冻土块散开分层夯实。

（3）大面积土方回填时，每层土的回填时间间隔过长。回填上层土时，下层土已经冻结，如此循环，形成巨厚冻结回填土层，造成融沉。

（4）采用触探法检测回填土的密实度，容易触探到冻土块，取值不准（应尽量采取钻探取样进行密实度检验）。

（5）填土前，不对基坑（槽）进行清理，使冻胀性土或冰雪埋在填土层之下，冻土含水量较大，融沉加剧。

【工程实例】

某混合结构住宅楼，建筑面积 54.64m×8.40m，层高 2.80m。条形毛石基础、设基础圈梁一道。该工程位于大兴安岭山脉以西；北纬 50°34′，东经 120°11′，年平均气温 -5℃，最低气温 -40℃，当地标准冻深 3.50m，属多年冻土地区。该工程地质资料提供，上部属强冻胀土、中部持力层为砾混土，下部轻亚黏土，融后为软弱层，压缩变形大。

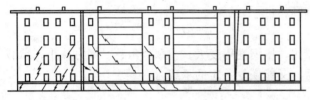

图 10-2　南立面裂缝示意图

工程交付使用后不久，一层西南墙角出现斜裂缝，内横墙同时出现水平沉降裂缝。第二年沉降继续发展，整座楼向西倾斜，西面沉降缝两侧分别下沉 26.5cm 和 26.1cm，东面沉降缝上宽下窄，裂缝宽度最大达 25.1cm，已属危房（图 10-2）。

原因分析

（1）施工组织措施不当。地槽土方开挖完毕，一个月后才开始施工砌毛石基础，基槽暴露时间太长，期间又受西伯利亚寒流影响，受到一次冻害。

（2）地基不均匀沉降。外墙四周产生冻胀，室内暖气采暖，内墙地基融化冻土上限下移，土体压缩，地基产生锅底式下沉，下降不均匀导致相对位移（即在上部压力下地基表面出现局部沉陷，使上部结构失去支撑稳定，墙体出现大量破坏裂缝）。

（3）暖气地沟积水和化粪池渗漏，多年冻土上限下移，冻土融沉、地基变形。

第二节　地基与基础工程

一、强夯法地基加固工程

强夯法是目前加固处理一般软弱地基的一种有效方法。在我国华北、西北、中南及沿海地区已经得到了推广应用。

强夯的作用原理，一般认为是当土的上体表层受到瞬时强力冲剪、压缩的同时土体产生振动，将能量以波的形式向土体空间传播，孔隙水压增高，迫使水向低压区渗透；当夯击停止后，孔隙水压消散，土体重新固结，能有效解决地基土冻胀，所以在我国寒冷地区工程地基处理中逐步得到了应用。

《建筑地基处理技术规范》（JGJ 79—91）对强夯法冬期施工定义为：当冬季气温在零度以下土壤开始冻结到第二年春节冻土全部融化（季节冻土层）为止的整个冻结期。

强夯法冬期施工出现的质量问题：地基强度、地基承载力达不到设计要求，并出现沉陷。

原因分析

(1) 冬期进行强夯地基时，无冬期施工措施。不了解土的冻结深度和表层土的冻结速度。没有根据冻土层的厚度确定冻土层的处理方法。

（如果土的冻结深度在20cm以内，含水量较低时，可以直接夯入地基中，严格控制夯沉量和夯坑底标高；如果冻土层厚度大于20cm，且含水量高，应将冻土层清除后再强夯）

(2) 无防冻措施。

(3) 选择夯锤及夯击能量没有根据冻土的厚度和冻结强度并依据地区经验进行选择，当没有地区经验时，可参考表10-2。

表 10-2　强夯法破碎冻土夯锤及夯击能量选择参考

冻土层厚度/ cm	< 20	20 ~ 50	50 ~ 100	> 100
锤底静压力/ kPa	20 ~ 25	25 ~ 30	30 ~ 50	> 50
单击夯击能/ kN·m	800 ~ 1000	1000 ~ 1200	1200 ~ 1500	> 1500

(4) 冬期强夯不试夯就大面积展开。不试夯很难决定强夯参数和冻土处理方法，严重的导致强夯失败。

(5) 强夯时，把地表冰雪或冻胀性较强的土块夯入地基深层，产生融沉，使基础产生不均匀沉陷。

二、桩基础工程

冬期桩基础工程施工，容易出现的质量事故：桩位超过容许偏差，桩承载力达不到设计要求，后者更与冻害有关（即防冻保温措施不当）。

原因分析

(1) 冬期进行沉管灌注桩施工，当地表有冻土层时，不采取引孔措施，导致桩位偏差过大。因地表土冻结后，强度高，桩管在快进入冻土层时，摆动过大。

(2) 灌注的混凝土温度过低，容易在桩管内壁冻结，灌注困难。甚至在冻土层出现混凝土早期受冻。

(3) 成孔时采用泥浆护壁，泥浆温度低于5℃，不能保证泥浆不冻结。

(4) 干作业成孔桩施工，成孔后没有立即浇注混凝土，又没有及时覆盖保温，使冷空气进入孔内，造成孔内土壁冻结。

【工程实例一】

某浅基础工程，施工垫层时正值冬期。为了防止融沉造成基础不均匀下沉，决定采用砂石垫层，但春融后，仍出现基础不均匀沉降，造成墙体开裂。

原因分析

(1) 砂石是属于非冻胀材料，但周围土透水性不好，在冻结期间，砂石含的水不能自由排出，含水量大于起始冻胀含水量，产生冻胀和融沉。

(2) 没有对砂石进行加热，严格控制含水率，虽然分层夯实，施工完毕后没有及时做好保温防冻。

（3）在一般情况下，冬期不宜施工砂石垫层。

【工程实例二】

某混凝土灌注桩工程，冬期施工时，为了保证桩基础工程质量，试验桩严格按照规程（混凝土拌合物、搅拌、运输、浇筑）操作。成桩后，按照《建筑基桩检测技术规范》（JGJ 106—2003）规定进行单桩竖向抗压静载试验，达不到设计荷载要求。

原因分析

（1）在灌注试桩时没有采取隔离措施（桩身与冻土层），没有消除在冻结深度内冻结的基土对其承载力的影响。

（2）试压期间，没有采取保温措施（如搭暖棚），温度没有保持在零度以上，不排除试验用的仪表和设备油路运转不正常，造成数据有误。

第三节 砌 筑 工 程

冬期施工砌筑工程，操作工艺一般与常温下施工相同。但因气温在零度以下，如何解决"保温"，成为了关键。

冬期砌筑工程的施工方法有：

外加剂法；冻结法；蓄热法；电气加热法；暖棚法。

外加剂法施工方法简单，成本低，多为施工单位采用。

冻结法施工（不掺外加剂）用的是普通水泥砂浆或混合砂浆砌筑墙体，不需加热保温的一种施工方法。对没有特殊要求、受力配筋砌体、不受地震条件限制的之外的其他工程，可采用冻结法施工。

在砌体工程中，砌体主要承受压力（有时也用来承受轴心拉力、弯矩和剪力）。影响砌体抗压强度的主要因素，在冬期，与砂浆的强度、砂浆的和易性、砌筑质量与灰缝的厚度有关。现重点对外加剂法和冻结法砌筑墙体产生的质量问题进行分析。

一、砌筑工程外加剂法

外加剂法是指水泥砂浆或混合砂浆中掺入一定量的防冻剂，用来进行砌筑。

我国外加剂品种较多，但砌筑工程中大多采用氯盐。

掺用氯盐防冻剂常见的质量问题：砌体强度达不到规定要求，影响装饰效果。

原因分析

（1）强度不高

没有按不同负温度选择氯盐掺量。

1）掺量过少，砂浆会出现大量的冰结晶体，水泥水化反应缓慢，甚至停止，早期强度不高。

2）掺量过多，砂浆后期强度下降。

（2）砌体析盐

氯盐掺量太多，导致砌体大量析盐，又增大吸湿性，降低保温性能。

（3）滥用

含有氯盐的砂浆吸湿大，保温性能不好。影响结构安全和使用功能。

1）用于热工要求高的工程。

2）用于湿度大于60%的建筑物。

3）用于经常处于地下水位变化范围及地下未设防水层的结构。

4）用于配筋、铁埋件未作防腐处理的砌体。

5）用于对装饰有特殊要求的工程。

二、砌筑工程冻结法

冻结法施工的砂浆，要经过冻结、融化、硬化三个阶段。

冻结阶段，砂浆强度（冻结强度）高。

融化阶段，砂浆转变为塑状，强度最低，砌体稳定性最差。

硬化阶段，强度增长，因冻结最终强度有一定损失。

冻结法施工常见的质量事故，砌体强度低，砌体稳定性差。

原因分析

（1）砌体强度低

砂浆早期受冻强度低（–5～25℃时），影响砌体强度，没有提高砂浆强度等级（如无设计要求时，当气温等于或低于–15℃时，应按常温施工提高一级），弥补砂浆强度的损失。

（2）砌体稳定性差

1）砂浆融化时，会造成砌体的变形和沉降，下沉量比常温施工增大10%～20%，没有控制好采用冻结法的砌体极限高度。

2）砌体融化阶段，没有暂停施工，砌体产生超应力变形（不均匀沉降、裂缝、倾斜）。

【工程实例】

北方某一混合结构工程，两层。承重墙砌体采用冻结法施工。正准备交付使用，出现墙体开裂、倾斜，影响结构安全。

原因分析

主要是冻结法砌筑墙体作业程序安排不当。

（1）水平工作分段之间高度差太大。

（2）砌筑时在一个工作段范围不是连续作业，每日的砌筑高度和临时间断处的高差大于1.2m。

（3）忽视砌体在解冻期的安全隐患：

1）解冻期没有验算结构的承载力、稳定性是否有保证；

2）没有注意沉降、倾斜、砂浆硬化情况的观察和采取针对性措施；

3）没有进行解冻期结构安全稳定性验算，忽略了在上部荷载作用下，砌体强度可能不够，产生受压，或者失稳的验算。

第四节 混凝土工程

混凝土工程冬期施工，与常温条件下混凝土施工，最大区别是要采取保温防冻。

混凝土冬期施工冻害主要是：混凝土中的水结冰，除强度降低外，物理、力学性能亦遭到损失，故冬期是混凝土工程质量事故的多发季节，而又往往具有滞后性。

混凝土冬期施工方法的选择，基本原则：在混凝土浇筑时、浇筑后，如何使混凝土尽快增长强度并防止混凝土早期遭受冻害。

混凝土养护期间的方法（图 10-3）。

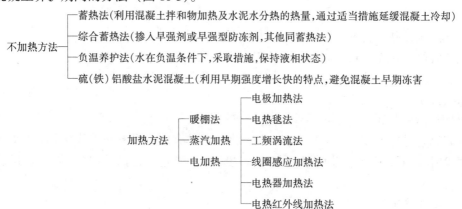

图 10-3 混凝土养护期间的方法

一、混凝土冻害

混凝土冻害（抗冻耐久性），一般是指已经达到设计强度，在长期处于水浸或潮湿环境条件下，吸水不断增加，冻胀春融，降低其物理和力学性能，或最终导致破坏。本节重点是分析混凝土早期冻害。

混凝土早期冻害，是指养护硬化期受冻。评定混凝土早期冻害的主要指标是抗压强度。故要控制受冻允许临界强度。

受冻允许临界强度，是指新浇筑混凝土在受冻前已达到规定的初始强度值，遭到冻结后通过保温养护 28d，强度达到设计值的 95% 以上。

新浇混凝土受到冻害，因处于塑性阶段，化冻后，在终凝前立即振捣，加强养护，一般不会影响混凝土强度。

二、混凝土冬期施工

混凝土冬期施工质量事故，主要表现为强度达不到设计要求，产生的主要原因：是冻害。引发冻害的原因（排除气候温度的影响）主要是材料的品质、外加剂使用、工艺操作及养护不当造成的。

（1）材料品质

1）水泥：

①水泥的水化反应速度是随温度的降低减缓，为了尽快获得早期强度，没有选择活性高、水化热大的品种；

②采用水泥强度等级低于42.5级。

2）骨料：

①级配不好，含有冰块和易被冻坏的矿物质。

②骨料含有活性二氧化硅成分过高，产生碱骨料反应。碱骨料反应的充分条件是水分，冬期冻结无不与水有关，造成开裂破坏的膨胀反应。

③骨料中含有机物质，消耗水化产物，延缓混凝土强度增长速度，还会降低后期强度。

3）砂：

①没有优先选用2区砂。采用1区砂时，没有适当提高砂率，采用3区砂时，又没有适当降低砂率，影响混凝土的密实性与强度。

②对砂忽略了骨碱活性检验。

4）水：

混凝土拌和用水含有导致延缓水泥凝结硬化的杂质。

5）外加剂：

混凝土中掺入适量的外加剂，能提高混凝土在负温下的硬化，预防早期受冻。但往往由于采用不符合质量标准，或选用品种不当，或掺量不当，影响混凝土早期强度。

（2）工艺操作

1）混凝土拌和物加热：加热的方法选用不当，温度控制达不到提高水化热，早期增长强度的预期效果。

2）混凝土搅拌：混凝土搅拌时间过长，影响和易性，浇筑时容易产生分层离析；搅拌时间过短，影响和易性，影响强度。

3）混凝土运输：混凝土运输不注意保温或保温措施不当，使温度降低过快，甚至影响混凝土的热量损失。

4）混凝土浇筑：

①混凝土浇筑时，没有采取防冻保护。发现混凝土受冻没有进行二次加热搅拌。

②浇筑混凝土，不宜留置施工缝处留了施工缝，应留施工缝处却不留施工缝（如温度应力影响大的长度构件）。

③分层浇筑时，没有控制已浇筑层的温度（不宜低于2℃）。

④在冻结层上浇筑混凝土，冻胀变形大，容易引起混凝土冻害。

【工程实例一】

某高校新建两幢高层教师住宅楼，框架结构，分别由两家施工企业承建。浇筑第二层柱时，由同一厂家供应混凝土，工人的技术水平、操作工艺、环境条件基本相同。后经回弹检测，其中一幢楼二层柱混凝土强度高于另一幢。

原因分析

因基本施工条件相同，后经检查施工日志发现：早期养护时间起始不一。

（1）其中一家是晚4h进行保温养护的，新浇混凝土受到冻害，水分50%已结冰。虽然混凝土还具有塑性，二次振捣，仍影响强度。

（2）混凝土的水分变为固相时（结冰），会产生膨胀和侧压力，这个应力值一般会大于混凝土浇筑后内部形成的初期强度值，致使混凝土受到早期冻害降低强度。

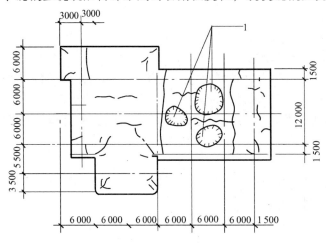

1—冻害严重部位

图 10-4 屋面裂缝分布示意

【工程实例二】

某框架结构建筑，浇筑屋面混凝土时，当日气温为5℃左右，下午大风气温骤降至 -5℃，浇捣时振捣器产生故障，仍继续施工。完工后未进行保温养护。因急于归还模板，在低温下提前拆模。拆模时发现屋面板底呈麻面。春融时，板面剥落，出现很多裂缝（图 10-4）。

原因分析

（1）板面剥落。骨料下沉挤密和混凝土硬化收缩，使产生的泌水积存在表层下面，气温下降，孔隙水结冰冻胀推挤，使板面剥落。

（2）混凝土强度低。经检查，在冻害严重部位，骨料有明显结冰痕迹，与钢筋没有黏结力，水灰比大于0.6，局部漏振。

（3）裂缝。由于板面冻胀、硬化、温度等原因引起的收缩，受到楼面结构梁、柱和板相互约束产生的应力，当混凝土抗拉强度低于收缩应力时，产生网状龟裂。

【工程实例三】

某剪力墙结构工程，负温下采用大模板施工工艺，早期受冻，强度低于设计要求。

原因分析

（1）剪力墙结构混凝土板一般较薄，采用钢模板散热快，又没有采用岩棉或聚苯保温，产生冷桥，造成混凝土早期受冻。

（2）混凝土拌合物温度低（一般控制在20℃左右）。

（3）本工程采用电热法施工，管理失控，电器断路又未及时发现。

（4）板墙混凝土浇筑完毕后，因顶部留筋太多，采取保温措施困难而不做保温。

【工程实例四】

某大跨度工业厂房，采用预应力钢筋混凝折线型屋架。投入使用两年后，屋架下弦和屋架上弦沿受力钢筋部位产生裂缝，严重部位，混凝土保护层脱落，露筋。

原因分析

（1）该工业厂房施工时正值冬期，为了防止混凝土受冻害。在混凝土中掺入氯盐外加剂，氯盐掺量又不加限制（应不得大于水泥重量的1%）。

（2）振捣不密实。

（3）氯盐导致钢筋生锈严重，造成混凝土沿钢筋方向开裂。

（4）根据《建筑工程冬期施工规程》（JGJ 104—97）的规定：在预应力结构工程中不得掺用氯盐。

小　　结

为了准确地对冬期施工质量事故原因进行系统分析，对于土方工程和地基与基础工程，重点理解冻土的物理和力学性能；对于砌筑工程和混凝土工程，重点理解冻结的概念。冬期施工，都与温度有关。冬期施工出现的质量事故与负温有直接的关系。

复 习 思 考 题

1.冬期施工工程质量事故具有哪些特点？

2.简述冻土的构造特征。

3.冬期施工土方工程，质量事故产生的原因有哪些共性？

4.分析冬期施工砌体强度低的原因。

5.冬期施工混凝土工程容易出现哪些质量事故？举例分析。

参 考 文 献

1. 建筑工程施工质量验收统一标准. (GB 50300—2001). 2001.

2. 建筑地基基础工程施工质量验收规范. (GB 50202—2002). 2002.

3. 砌体工程施工质量验收规范. (GB 50203—2002). 2002.

4. 混凝土结构工程质量验收规范. (GB 50204—2002). 2002.

5. 钢结构工程施工质量验收规范. (GB 50205—2002). 2002.

6. 屋面工程质量验收规范. (GB 50207—2002). 2002.

7. 地下防水工程质量验收规范. (GB 50208—2002). 2002.

8. 建筑地面工程施工质量验收规范. (GB 50209—2002). 2002.

9. 建筑装饰装修工程质量验收规范. (GB 50210—2001). 2001.

10. 吴兴国. 建筑施工验收. 北京: 中国环境科学出版社. 2003.

11. 建筑施工手册(第四版)编写组. 建筑施工手册(第四版). 北京: 中国建筑工业出版社. 2003.

12. 项玉璞, 曹继文. 冬期施工手册. 北京: 中国建筑工业出版社. 2005.

13. 赵键, 马驰. 建筑节能工程施工手册. 北京: 经济科学出版社. 2005.

14. 本书编委会编. 建筑业 10 项新技术(2005)应用指南. 北京: 中国建筑工业出版社. 2005.

15. 范锡盛, 王跃. 建筑工程事故分析及处理实例应用手册. 北京: 中国建筑工业出版社. 1994.